本书作者沈寓实博士（左二）、李岚博士（中）等专家学者于2023年6月在"AI产业发展主题研讨"座谈会上宣布《聚焦ChatGPT——生成式人工智能的应用与前沿》等前沿理论成果预发布

本书作者沈寓实博士（右三）和郐贺铨院士（左三）、邓智华教授（右二）等专家领导于2023年12月在DEC 2023数字化生态大会上见证《聚焦ChatGPT——生成式人工智能的应用与前沿》前沿理论成果预发布

本书作者沈寓实博士（右三）、丁洁瑶律师（左四）、刘星妍（左三）等和尤芳达院士（左二）、徐锭明参事（左一）等专家领导于2025年6月见证《聚焦ChatGPT——生成式人工智能的应用与前沿》新书发布

本书主要作者与邓智华教授合影（左起：靳中美，李岚博士，邓智华教授，沈寓实博士，刘星妍；2024年）

郎贺铨院士（右）和沈寓实博士在2022年世界互联网大会乌镇峰会合影

陈清泉院士（左）和沈寓实博士在2024年香港世界青年科学大会香江诺贝论坛合影

沈寓实博士（左）和李岚博士在人民大会堂前合影（2023年）

李岚博士（左）、海云继梦法师（中）和沈寓实博士在"AI时代的认知与边界"论坛合影（2025年）

聚焦
ChatGPT
生成式人工智能的应用与前沿

沈寓实 李岚 丁洁瑶 主编

靳中美 郭哲滔 刘星妍 许木娣 编著

清华大学出版社

北京

内 容 简 介

本书系统地探讨生成式人工智能这一革命性技术，剖析其深层原理、应用前景与未来发展方向，为读者提供一个俯瞰生成式人工智能全貌的宏观视角。本书从基础原理的阐释到技术应用的广泛探索，构建了一个全面的知识体系，涵盖自然语言处理、深度学习等前沿领域，为读者奠定坚实的理论基础。通过对 ChatGPT 在智能客服、内容生成、教育、医疗等多个领域中的成功应用案例的分析，展现生成式人工智能如何在不同场景中释放其巨大的潜能，推动社会和经济的深刻变革。除技术层面外，本书针对生成式人工智能引发的关于伦理、法律和社会责任等关键问题进行深入探讨，并提出前瞻性和建设性的解决方案，引导读者审慎思考技术对人类社会的长远影响，确保技术发展与人类价值观的共融共生。

在内容结构上，本书从基础到前沿，层层深入，逻辑严密，既适合为初学者打下坚实的基础，又为专业人士提供了深入研究的广阔空间。

本书适合对人工智能感兴趣的初学者、专业人士，以及相关行业从业者、政策制定者和法律专家阅读。

图书在版编目（CIP）数据

聚焦 ChatGPT：生成式人工智能的应用与前沿 / 沈寓实，李岚，丁洁瑶主编 . -- 北京：清华大学出版社，2025. 8. -- ISBN 978-7-302-69933-0

Ⅰ. TP18

中国国家版本馆 CIP 数据核字第 2025EH7444 号

责任编辑：黄　芝　张爱华
封面设计：刘　键
版式设计：方加青
责任校对：王勤勤
责任印制：丛怀宇

出版发行：清华大学出版社
    网　　　址：https://www.tup.com.cn，https://www.wqxuetang.com
    地　　　址：北京清华大学学研大厦 A 座   邮　编：100084
    社 总 机：010-83470000   邮　购：010-62786544
    投稿与读者服务：010-62776969，c-service@tup.tsinghua.edu.cn
    质 量 反 馈：010-62772015，zhiliang@tup.tsinghua.edu.cn
印 装 者：三河市东方印刷有限公司
经　　销：全国新华书店
开　　本：170mm×230mm 印　张：16.25 插　页：1 字　数：293 千字
版　　次：2025 年 8 月第 1 版 印　次：2025 年 8 月第 1 次印刷
印　　数：1 ～ 2500
定　　价：79.80 元

产品编号：102790-01

编委会
EDITORIAL COMMITTEE

主编简介
EDITOR'S PROFILE

沈寓实，博士，MBA，教授，自然科学研究员，格鲁吉亚国家科学院外籍院士，国家级特聘专家，中关村高端领军人才，"十四五"科技创新先锋人物，"中国改革开放海归40年100人"和"福布斯中国·青年海归菁英100人·影响力人物"入选者，北京市人民政府"留学人员创新创业特别贡献奖"获得者，"第十三届发明创业奖人物奖特等奖"和"当代发明家"荣誉称号获得者。在网信领域有20年以上的科研和管理经验，网络空间战略专家，国际知名云计算、人工智能、大数据、网络安全、视频编解码和无线通信专家，跨国公司高管，国际华人和科技社团领袖，在中美相关政产学研各界均有深厚渊源。长期致力于推进中国新一代网络计算体系核心技术的自主创新和国际合作，是"非冯诺依曼网络计算体系"的主要创造性提出者之一和主要实践者之一。拥有清华大学电子工程学士学位，美国加州大学圣迭戈分校电子计算机硕士和博士学位，以及美国华盛顿大学工商管理学硕士学位。飞诺门阵（北京）科技有限公司创始人、董事长及首席科学家，清华海峡院智能网络计算实验室主任；曾任微软全球华人协会（CHIME）主席、微软亚洲人力资源总会（Asian ERG）主席、微软云计算中国区总监、世纪互联集团副总裁及云CTO等职；曾促成微软云平台Microsoft Azure和国际云安全联盟（CSA）落地中国。

李岚，博士，教授，美国微软生成式人工智能商业云首席技术总监，格鲁吉亚国家科学院外籍院士，国家级特聘专家，清华大学珠三角研究院未来设计创新中心特聘专家。在生成式人工智能、自然语言方向深耕数十年。作为微软极少数华人高管和杰出技术代表，从头深度参与了微软在国际上掀起的AGI产业颠覆式的变革，以超前的眼光引领着此轮波澜壮阔、影响深远的全产业升级与转化。

本科毕业于清华大学，博士毕业于美国加州大学洛杉矶分校；毕业后加盟微软总部，历任高级软件工程师、高级项目经理、资深软件构架师等职；现任微软总部人工智能首席研发总监、技术合伙人，兼任西雅图清华校友会顾问；曾任西雅图清华校友会会长、微软华人协会（CHIME）副主席。

丁洁瑶，律师，就职于中国知名红圈律师事务所，在数字经济前沿领域具有丰富的法律服务经验，聚焦企业发展中面临的数据流动、产品合规及资本运作等核心议题，为企业提供覆盖技术研发、跨境运营、资本市场的全周期、一体化的法律服务。曾参与多项人工智能与数据合规领域国家级立法研究项目及多个行标、团标、行业白皮书的撰写与制定，深度了解人工智能与大数据行业的立法前沿与司法实践，受聘担任中国行为法学会数据要素法治决策咨询专家委员会专班成员。

人工智能（AI）技术的历史可以追溯到 60 多年前，从早期的简单规则应用到如今的深度学习、自然语言处理、计算机视觉等高级技术，近年来 AI 发展速度尤为迅猛，正逐步渗透到我们社会生活的方方面面。2022 年年底，ChatGPT的横空出世开启了生成式 AI 时代，其强大的自然语言处理能力和广泛的应用场景，让全球见证了 AI 技术的巨大潜力。而到了 2024 年年初，Sora 这一文生视频 AI 的推出，更是将 AI 的能力推向了新的高度，展示出 AI 在内容创作领域的无限可能。

生成式 AI 的出现不是偶然的，摩尔定律延续生效带来芯片技术的升级，特别是算力的显著增长为数据训练提供了源源不绝的动力，光纤通信容量记录的不断刷新适应了海量数据传输的需要，5G 赋能智能终端和物理实体支撑了 AI 大模型下沉和催生 AI Agent（智能体），在深度神经网络技术进展的加持下"大力出奇迹"得以涌现。生成式 AI 的发展也正好适应了智能化社会日益增长的需求，面向消费应用的业务都值得用大模型重塑，具身智能和人形机器人打通了大模型与物理世界的联系，产业数字化在新起点再出发，大模型助力企业数字化转型，赋能新质生产力。

沈寓实博士、李岚博士和丁洁瑶律师等专家编写的《聚焦 ChatGPT——生成式人工智能的应用与前沿》一书，阐述了 AI 的发展历史，生成式 AI 的原理、关键技术、应用场景、行业现状、发展趋势，还就 AI 人才、法律治理、伦理规范等热点问题进行了分析并提出建设性建议，本书展示了充满无限可能的 AI 发展的未来图景。本书系统性地概括了与生成式 AI 有关的技术，用简洁的文笔、生动的比喻给出通俗的解读，学术性和科普性并存，前瞻性和实用性兼具。从本书介绍的 AI 发展历程中的人和事看，我国还是旁观者和跟随者，面对充满机遇和挑战的新时代，中国在 AI 的后续发展中应当做出无愧于时代的贡献。希望本书能够激发更多的思考和讨论，促进 AI 技术的深入研究和广泛应用，以创新促进 AI 的发展，以智能的涌现服务经济社会高质量发展。

中国工程院院士

在这个充满无限可能的时代，人工智能正以其独特的魅力和力量，深刻地改变着我们的世界。作为一位长期致力于电动汽车和智慧能源研究的科学家，我深知技术革新对于推动社会进步的重要性。汽车产业也正处于大变革时期，在电气化、信息化的加持下，汽车的功能已经从代步工具转向交通能源和信息的融合体，甚至是物理世界、信息世界、人文世界的融合体。虽然目前电动汽车与电网的互动是"无序""无规律"的，但相信随着人工智能的发展，可以将无序变得有序。未来电动汽车和电网可以在信息网的支持下产生友好互动，当然这需要具有引领性的顶层建设与顶层规划来支持。在新的技术革命下，通过芯片、操作系统、算法、互联网等要素协作，汽车正在从代步工具变为第三空间。未来在无人驾驶的技术支持下，我们甚至可以在车里做任何事情。所有这些展望，都需要社会各界对新技术、新应用有广泛的共识。

沈寓实博士、李岚博士和丁洁瑶律师等资深专家编写的《聚焦 ChatGPT——生成式人工智能的应用与前沿》一书，以其深入浅出的趣味性阐释及典型的行业应用案例，探讨了人工智能的历史、现状、未来，以及生成式人工智能技术的无限潜力，这对于培养公众的科学素养，激发创新思维具有重要意义。我走上研发电动车的道路，正是因为在年轻时对世界所怀有的好奇心、对汽车行业的兴趣，以及对汲取更多知识并在这基础上有所建树的渴望。所以，作为科技工作者，我很愿意支持这样推广科学知识、传播先进文化的内容。

人工智能作为当代科技革命与产业变革的核心驱动力，正以前所未有的力量重塑生产力格局，成为新时代生产力的杰出代表。其蓬勃发展根植于深厚的跨学科土壤之中，从精密的计算机科学到深奥的认知科学，从前沿的神经科学到精妙的心理学，各领域知识的深度融合与交叉碰撞，为人工智能技术的持续创新提供了不竭的灵感源泉与坚实支撑。展望未来，我们坚信，激发年轻一代对科学的无限热爱与探索欲，是培养未来科技领军人才、推动人工智能领域持续突破的关键所在。越来越多的青年才俊投身于这场科技盛宴，带着对未知世界的好奇与渴望，他们将以创新的思维和不懈的努力，攻克技术难关，应对时代挑战。

中国工程院院士

香港工程科学院院士、副院长

英国皇家工程院院士

序言三
PREFACE 3

人工智能作为一门学科于 1956 年登上国际科技舞台，早期在欧美和日本等科技发达国家传播和发展，主要进行一些理论探索和基础技术研究。例如，IBM 的阿瑟·塞缪尔提出"机器学习"一词，MIT 的约瑟夫·维森鲍姆开发了最早的自然语言聊天机器人 ELIZA，早稻田大学建造了第一个人形机器人 WABOT-1 等。后来人工智能经历了一段"寒冬"和"平淡"时期，直到 21 世纪初伴随深度学习等技术的突破和大数据时代的到来，人工智能的发展才真正走出低谷，在图像识别和自然语言处理等领域取得显著进展，为人工智能产业化振兴提供了强劲的动力。到 2023 年，人工智能领域又迎来了一个新的里程碑——大模型的崛起。这些人工智能大模型，如语言大模型 GPT 系列，以其超大规模数据、强大学习能力和广泛应用潜力，推动了人工智能技术的跨越式发展。

在人工智能的整体发展进程中，我国起步相对较晚，在当年全球人工智能大家庭中，我们甚至一度拿不出一套完整教材，这也是激励我撰写被誉为"智能三部曲"的我国首批著作《人工智能及其应用》《机器人原理及其应用》《智能控制》的初衷，希望通过系统介绍人工智能基础知识和领域应用，探讨机器人学基本原理，研究智能控制的"交集结构理论"等，为我国智能科学技术学科领域的知识传播和创新发展鸣锣开道、添砖加瓦。近年来，我国在人工智能和大模型领域取得了显著的进展，我国人工智能论文发表多年来一直排名世界第一，提出了许多创新性的理论和方法，为国际人工智能科技发展贡献了中国智慧。同时，在人工智能技术应用方面，我国也取得了显著成就，智能语音处理、图像识别和无人驾驶等技术领域应用广泛，不少成果达到国际先进甚至领先水平，不仅极大地提高了生产效率和服务质量，还推动了新质生产力和整个社会生产力的发展，促进产业结构转型升级。

　　我与本书作者沈寓实博士相识十余年，当年他是微软总部云计算等核心领域的研发负责人之一，也曾全面负责微软云计算从研发到战略以及生态系统在大中华区的构建，长期深耕在人工智能、大数据和云计算领域，紧跟科创前沿和时代步伐，专注技术颠覆性创新和行业生态构建；沈寓实博士还是知名侨领，曾任美西最大华人高科技社团"微软华人协会"的理事会主席。多年来我一直关注着他的成长和不断取得的成绩，很欣慰地看到这位年轻人对行业整体发展做出的杰出贡献。十一年前他联合张亚勤院士等编著的《云计算 360 度：微软专家纵论产业变革》一书曾被 DCCI（中国互联网数据中心）评为"中国互联网 20 年最值得藏阅的 100 本书（1994—2014 年）"；2020 年年底，他的理论著作《非冯诺依曼网络计算体系》作为我国首部面向人工智能时代和基于非冯理论的网络计算体系性专著，入选我国"十四五"国家重点出版物专项规划；他的学术成果在行业中产生了深远影响。

　　近日沈寓实博士来访并带来了他近期主编的《聚焦 ChatGPT——生成式人工智能的应用与前沿》一书。该书的合作者之一李岚博士是微软总部人工智能首席研发总监兼技术合伙人，曾任美国西雅图清华校友会会长；另一位合作者丁洁瑶律师也是行业的资深专家。这本书不仅系统地介绍了大模型的发展历程、关键技术和应用案例，更是对人工智能未来发展趋势的一次深刻洞察与探讨。大模型的构建与应用，因其包含诸多跨学科知识与技能，需要我们研发者和从业者时刻保持开放创新的心态，利用所学深究其技术与价值，助推人工智能发展，并最终运用这些先进技术促进传统行业数字化转型。尤其在复杂的动态环境中，例如在运动控制领域，大模型的优势显而易见，有望为智能制造、精密工程、自主导航等领域带来重大的技术突破和创新。我相信随着技术的不断发展和完善，大模型将推动人工智能向更高层次迈进。

　　《聚焦 ChatGPT——生成式人工智能的应用与前沿》一书通过纵横延展的阐述以及饶有趣味的融合应用案例，为读者呈现了大模型的深层原理和应用潜力，无疑是一部值得一读的佳作，必将为大模型在我国的广泛应用发挥重要作用。它不仅有助于学生和研究人员更深入地理解大模型，还能激发人们对人工智能的兴趣和探索精神。更重要的是，通过一代又一代科学家和工程师们的不懈探索与分享，我们将可以逐步构建和完善具有中国特色的人工智能学科体系。这有助于更深入理解人工智能的精髓，培养更多高水平人工智能专业人才，为我国的科技创新和产业发展提供有力的技术指引和人才保障。

　　回顾我国人工智能技术发展的脚步，从早期的机器翻译和专家系统研究，到如今深入探索智能机器人和深度学习等前沿领域，每一次的科技进步都凝聚了无数科研人员的心血与智慧，每一代科研工作者的努力都为下一代传递了宝贵的经验和知识积累，也为他们继续攻坚克难提供了充足的养料。正是这种薪火相传的科研精神和不懈努力，推动我国人工智能不断取得新的突破和进步。作为人工智能科技工作者，我们有责任和义务为建设智能强国、成就中国式现代化贡献力量。展望未来，人工智能技术将持续赋能千行百业的发展，造福千家万户百姓。相信在国家统一规划和大家共同努力下，我国的人工智能领域将不断取得新的突破和成就，为全球人工智能技术发展和我国社会主义现代化建设做出更大的贡献。

中南大学信息科学与工程学院教授

第八届湖南省政协副主席

国际导航与运动控制科学院院士

纽约科学院院士

湖南省自兴人工智能研究院首席科学家

智能社会以人们预想不到的速度到来了!

人工智能已经从科幻小说中走进了现实世界,成为推动社会各行各业发展的关键力量。其中,生成式人工智能更是引人注目,不仅在技术上取得了突破性进展,更在各个领域展现出广泛的应用前景。不论是作为个体还是机构主体都必须快速面对,在心理适应上、技能学习上、职业规划上、安全意识上、道德标准上等多维度全面迎接这场技术和社会的变革。

本书正是在这样的背景下,提供了一个全面而深入的视角来理解生成式人工智能的过去、现在和未来,追溯人工智能的发展历程,探讨生成式人工智能的理论基础与流派,包括概率模型、贝叶斯学派、最大似然估计等,为读者展示从20世纪50年代的初生之时到今天日新月异的多彩画面。本书除在理论层面上深入探讨,更是深入分析了生成式人工智能在自然语言处理、计算机视觉、语音识别与合成等领域的具体应用,让读者能够直观感受到这一技术的强大力量。同时对人工智能产业竞争现状进行了分析,对人工智能产业人才建设进行了讨论,为我们提供了另一个视角来审视这一领域的未来发展。

特别是,基于本书作者深厚的法学思维和研究基础,本书尤为重视生成式人工智能带来的法律挑战。生成式人工智能在人类权益、科技伦理、国家安全、个人隐私、法律责任等方面都遇到了前所未有的难题。本书对这些问题展开了讨论,对其全球监管态势进行了全面的梳理,尤其在数据、算法、著作权、开源等法律问题上,本书作者深入探讨了各种复杂情形,提出了相应的法律应对策略,为读者供了有益的借鉴和引导。

生成式人工智能的画卷逐渐展开,我们站在了前所未有的时代交汇点上。本书为我们提供了一扇独特的窗口,使我们能够快速理解和探索生成式人工智能带来的各种问题，有幸见证并参与到这场智能革命的大讨论中，让我们共同期待一个健康、有序、可信、可持续的智能社会的发展。

北京大学法学院教授
北京大学人工智能研究院人工智能安全与治理中心主任

在历史的长河中，科技的每次飞跃都会带来社会经济结构的深刻变革，特别是在社会经济史与创新创业研究领域。在社会经济史的背景下，我们可以看到，历次工业革命都伴随着生产力的指数级增长和生产关系的重构。随着新一轮科技革命和产业变革进度不断加快，学科交叉融合不断发展，科学研究范式发生深刻变革，科学技术和经济社会发展加速渗透融合，基础研究转化周期明显缩短，国际科技竞争向基础前沿前移。今天，我们以同样的视角审视人工智能、大模型技术与经济分析的交汇点，它们正成为推动全球经济发展的新引擎。人工智能、大数据等数字技术与应用正引领着第四次工业革命，以其强大的数据处理能力和模式识别能力，为经济分析提供了前所未有的工具和方法，这不仅极大提高了相关研究领域的质量和水平，也为政策制定者提供了更为科学的决策支持。

目前，人工智能逐渐从决策式转换为生成式，这种范式革新将对目前人类的生产力和创造力带来巨大的提升。ChatGPT 应用的出现和爆发使数字经济的创新正式进入智能时代，特别是以"人在回路"（human-in-the loop）的方式进行创新的应用领域逐步开始成为主流，通过 AI 与人的深度协同，让 AI 不断地自我学习，最终走向"完全智能化"。其中，人工智能等数字技术的发展，不仅需要机器自我学习、深度学习、计算机视觉、机器人技术、大数据、云计算等前沿领域科技的发展，其背后还涉及数学、物理学、计算机、仿生学、材料学等众多相关基础科学的建设与支持。这种种因素都在推动基础科学和知识体系与人工智能技术相互融合，推动人工智能技术的发展和创新。

《聚焦 ChatGPT——生成式人工智能的应用与前沿》，是沈寓实博士、李岚博士和丁洁瑶律师等多位行业资深专家联袂推出的精品力作，书中除了对人工智能、大模型等技术发展进行了历史梳理，还对相关的国内外产业应用、国际市场形势、技术影响下全球经济发展趋势进行了举例与分析，运用新的视角审视了经济活动中从生产到分配、从消费到再投资的每一个环节中人工智能等科技的渗透与重塑。在探索未来的征途上，理解事物的发展背景、宏观形势以及影响因素是至关重要的。世界是复杂多变的，每个现象、每项技术、每个行业都不能孤立存在，都是在特定历史条件下由诸多内外部因素交织作用的结果。

回顾我国近年来的人工智能产业发展，产业体系已初步建成，产业发展态势良好，开放服务平台、攻坚联合实验室、人才招引工作可圈可点，基本上已覆盖全产业链协调发展的产业集群。良好的发展态势促使我们持续加强基础科学研究，从源头和底层解决关键技术问题，应对国际科技竞争，实现高水平自立自强。未来属于那些能够洞察先机、顺应潮流、灵活应变、时刻准备着的探索者们，在人工智能和大模型技术飞速发展的今天，我们要不断从历史中汲取智慧，以更加开放和审慎的态度，迎接经济新纪元的到来。我相信，随着人工智能技术的不断进步，它必将与经济分析、创新创业深度融合，共同开启人类社会的新篇章。

国际欧亚科学院院士
北京创新学会副会长

在这个信息爆炸、技术飞速发展的时代，人工智能已经成为推动社会进步和创新的关键力量。人工智能正以破竹之势重塑世界，以数据为燃料，以算法为引擎，推动着从工业制造到客户服务，从医疗健康到教育培训等各个行业的深刻转型。各类智能系统不仅提升了操作效率，优化了决策过程，还开辟了前所未有的创新路径，由技术发展带动社会结构、经济模式乃至文化认知方方面面的发展，引领我们进入一个更加智能、高效和互联的新时代。我所任职的 Oracle 公司一直致力于推动人工智能技术的创新和应用，作为公司生成式人工智能服务副总裁，我也有幸见证并参与了这一变革的浪潮。

随着机器学习和深度学习技术的不断进步，人工智能正实现从狭窄的专用智能到广泛的通用智能的跨越，在自然语言处理、图像语音等技术的加持下，人工智能应用变得更加个性化、智能化和人性化。其中，生成式人工智能的发展标志着人工智能领域的一次重大飞跃，通过创造性地模拟或增强人类的生成过程，开启了无限的可能性，更是在某些领域超越了人类的想象。从文本到图像，从音频到视频，生成式人工智能基于大量数据学习模式生产出全新的、逼真的内容。作为创新的催化剂，人工智能应用已经渗透到艺术创作、娱乐、设计、医疗诊断、数据增强等多个领域，极大地丰富了内容生产的多样性，也为解决现实世界问题提供了新的视角和工具。随着技术的不断成熟，生成式人工智能正成为推动创新、激发想象力和塑造未来世界的关键力量。

《聚焦 ChatGPT——生成式人工智能的应用与前沿》一书介绍了人工智能的发展历程，深入探讨了生成式人工智能的科学原理和技术创新，并举例阐述了目前行业巨头的发展情况、各自技术优势与战略布局。作者以独特的视角，将近年来媒体中出现的高频、复杂的技术概念、行业热词，转化为一系列生动、有趣的名词阐释和场景应用案例；以逻辑极其贴切的方式，帮助广大非专业读者产生对新技术领域的框架和结构性理解。

从 ChatGPT 的突破性成就到各种人工智能应用的实际案例，沈寓实博士和李岚博士等以生动的笔触和丰富的实例，带领我们一探究竟。本书非常适合广大非专业读者作为入门书籍来阅读，通过一个个有趣的例子了解目前正在影响着我们社会生活的技术背景，理解未来技术革新推动下社会变革的趋势与动向。我相信这对于我们每个人来说都是至关重要的，我也相信这本书能够激发更多人对人工智能的兴趣。随着各行各业的人对人工智能相关领域的理解逐渐广泛和深入，我们将迎来更多样的跨学科合作、更开放的交流探讨，以及更负责任的应用实践，共同开启一个更加智能、更加美好的未来。

甲骨文生成式人工智能服务副总裁

随着科技的飞速发展，人工智能已经逐渐渗透到人们生活的方方面面。而近年来，生成式人工智能技术成为研究的热点，其中最引人注目的无疑是ChatGPT。这款由 OpenAI 开发的大型语言模型，以其卓越的性能和广泛的应用前景，引发了全球范围内的关注和讨论。

本书正是为了深入探讨 ChatGPT 以及生成式人工智能技术的原理、应用和未来发展而编写的。本书汇集了来自全球的专家学者和实践者的研究成果与经验，旨在为读者提供一个全面的视角来了解生成式人工智能技术的现状和未来。作者深入挖掘 ChatGPT 在自然语言处理、机器学习、智能客服、智能写作等领域的应用案例，并探讨其在教育、医疗等行业的潜在价值。同时，本书也关注生成式人工智能技术的伦理、法律和社会影响，以及如何制定相应的政策和规范来应对这些挑战。

本书共分为七部分。

第一部分系统而全面地介绍了人工智能，特别是生成式人工智能的发展历程、定义、挑战以及理论基础与学派。

第二部分详细探讨了生成式人工智能在多个领域的应用，如自然语言处理、计算机视觉以及语音识别与合成等，展示了生成式人工智能在多个领域的强大能力和广阔应用前景。这些内容不仅有助于读者深入了解生成式人工智能的应用现状和发展趋势，也为相关领域的研究者和从业者提供了有价值的参考和启示。

第三部分聚焦于当前人工智能领域的热点话题——ChatGPT，对 ChatGPT 及其相关技术进行了全面而深入的分析与探讨。这些内容不仅为读者提供了宝贵的技术参考和启发，也为推动人工智能领域的发展和创新贡献了新的智慧和力量。

第四部分聚焦于人工智能巨头在生成式人工智能领域的竞争，通过对人工智能发展时间线的梳理，深入剖析了主要人工智能企业的研究动态、应用情况以及技术竞争态势。从产业发展的高度，审视了 OpenAI、谷歌、微软和脸书等人工智能巨头在生成式人工智能领域的战略布局和竞争态势，并通过清晰的时间脉络，从前瞻性视角揭示了该领域的发展趋势和未来走向。

第五部分旨在为对生成式人工智能感兴趣的读者提供从入门到深造的全面指导。无论你是初学者还是希望进一步提高的从业者，都能在这部分找到适合自己的学习资源和提升方法。

第六部分全面而深入地探讨了人工智能产业人才建设的多个关键方面，旨在为地方政府和企业在构建和优化人工智能人才体系方面提供有价值的参考和指导。这些内容不仅有助于读者了解人工智能产业人才建设的现状和挑战，还为制定和实施有效的人才战略和政策提供了有力的支持。

第七部分集中探讨了生成式人工智能的法律治理问题，从全球视角深入分析该领域法律监管问题，为读者呈现了一个全面而深入的生成式人工智能法律治理框架。这些内容不仅有助于了解全球范围内生成式人工智能的法律监管态势，还为在数据合规、著作权保护和开源软件使用等方面提供了实用的法律指导和参考。

通过阅读这本书，读者将能够全面了解到生成式人工智能技术的最新动态和前沿进展，深刻领会 ChatGPT 等技术的革命性影响及为社会各领域所带来的崭新机遇。本书不仅致力于知识的传递，更在于激发读者对人工智能未来的无限期待与深入思考，为相关领域的研究和实践提供宝贵的参考与灵感。

我们希望本书能够成为读者深入了解生成式人工智能技术的重要参考书，同时也能够促进该领域的学术交流和技术发展。本书具有鲜明的独创性和开拓性，无疑是生成式人工智能领域的一股清流，将为读者的学习和职业发展提供有益的帮助和指导，激发他们对生成式人工智能领域的兴趣和创新潜能。

作者
2025 年 4 月

目录

CONTENTS

第一部分
人工智能与生成式人工智能 / 1

第1章　人工智能简史 / 2

1.1　计算机与人工智能：初生之时 / 2

1.2　人工智能学科的创立：早期探索 / 4

1.3　人工智能的初应用：成长期 / 6

1.4　人工智能实用化：专家系统与神经网络 / 7

1.5　智慧"双擎"：机器学习与神经网络的崛起 / 9

1.6　人工智能的沃土：大数据时代 / 10

1.7　人工智能的革命：深度学习与生成式人工智能的应用 / 11

1.8　人工智能的繁荣：无处不在 / 12

第2章　生成式人工智能概述 / 13

2.1　生成式人工智能简介 / 13

2.2　生成式人工智能的发展历程与挑战 / 14

第3章　生成式人工智能的理论基础与学派 / 16

3.1　生成式模型简介 / 16

3.2　生成式模型的种类：家族大事记 / 16

3.3　生成式模型的挑战与未来：无限可能 / 17

3.4 概率模型与贝叶斯学派 / 18

3.5 最大似然估计与频率学派 / 19

3.6 各学派的比较 / 20

3.7 贝叶斯学派与频率学派的比较 / 22

3.8 生成式模型与判别式模型的比较 / 23

第二部分
生成式人工智能的应用 / 27

第 4 章　自然语言处理 / 28

4.1 自然语言处理简介 / 28

4.2 主要的训练原理 / 30

4.3 文本生成 / 38

4.4 机器翻译 / 40

4.5 情感分析 / 44

第 5 章　计算机视觉 / 47

5.1 计算机视觉中的几个核心任务 / 47

5.2 基本的原理和方法 / 48

5.3 图像生成 / 49

5.4 图像分割 / 50

第 6 章　语音识别与合成 / 55

6.1 语音识别技术 / 56

6.2 语音合成技术 / 58

第三部分
热点分析：聚焦 ChatGPT/ 61

第 7 章　ChatGPT 的技术原理与应用 / 62

7.1 ChatGPT 简介 / 62

7.2 ChatGPT 兴起的原因及意义 / 66

7.3 ChatGPT 的技术核心 / 70

7.4 ChatGPT 与其他大语言模型的核心区别 / 74

7.5 ChatGPT 对 Transformer 模型架构的优化 / 107

7.6 ChatGPT 的应用案例 / 117

第 8 章 AutoGPT/ 124

8.1 AutoGPT 的技术特点 / 124

8.2 AutoGPT 在各领域的应用 / 132

第四部分
人工智能巨头在生成式人工智能领域的竞争 / 139

第 9 章 人工智能产业竞争现状与时间线 / 140

9.1 人工智能发展的时间线 / 140

9.2 围棋高手——智能机器人 AlphaGo / 142

9.3 人工智能发展的其他关键节点 / 144

9.4 OpenAI 的研究与应用 / 150

9.5 谷歌人工智能的研究与发展 / 151

9.6 微软人工智能的研究与发展 / 153

9.7 脸书人工智能的研究与发展 / 154

9.8 亚马逊人工智能的研究与发展 / 155

9.9 百度人工智能的研究与发展 / 157

9.10 生成式人工智能和多模融合大模型的竞争 / 158

9.11 多模融合技术的实例 / 161

9.12 多模融合的基本原理与应用 / 163

9.13 多模融合的发展经历 / 164

第五部分
入门与深造 / 167

第 10 章 如何入门生成式人工智能 / 168

第 11 章 深造与提高 / 171

11.1 学术研究方向与国际会议 / 171

11.2 跟踪前沿进展的方法和途径 / 176

第六部分
人工智能产业人才建设：地方政府和企业推动数字经济发展的新动能 / 179

第 12 章 人工智能产业人才建设 / 180

12.1 人工智能产业人才的构成 / 180

12.2 人工智能产业人才建设发挥重要作用 / 181

12.3 多方协同加快梯队建设速度 / 182

第 13 章 人工智能科学家 / 184

13.1 人工智能科学家的独特价值 / 184

13.2 地方政府引入人工智能科学家的必要性 / 185

13.3 "多管齐下"采取有效措施 / 185

第 14 章 人工智能卓越工程师 / 187

14.1 人工智能卓越工程师的魅力 / 187

14.2 具有代表性的人工智能卓越工程师 / 187

第 15 章 人工智能经营管理人才 / 192

15.1 传统行业的人工智能战略经营管理人才 / 192

15.2 人工智能原生科技企业经营管理人才 / 193

15.3 企业家层次的经营管理人才 / 193

15.4 中层管理者经营管理人才 / 194

15.5 小结 / 195

第 16 章　人工智能行业应用人才 / 196

16.1　人工智能行业应用专家 / 196

16.2　人工智能技能人才 / 198

16.3　地方政府应提供强有力的保障 / 199

16.4　总结与展望 / 201

**第七部分
生成式人工智能的法律治理 / 203**

第 17 章　生成式人工智能的全球监管态势 / 204

17.1　第一梯队国家的现状 / 205

17.2　主要第二梯队国家或地区的现状 / 207

17.3　主要第三、四梯队国家的现状 / 211

第 18 章　生成式人工智能的重点法律关注 / 213

18.1　数据合规 / 213

18.2　著作权 / 217

18.3　开源软件 / 222

第一部分
人工智能与生成式
人工智能

第 1 章　人工智能简史

人工智能（Artificial Intelligence，AI）的历史可以追溯到 20 世纪初，那时的人们对人工智能还一无所知。

1.1　计算机与人工智能：初生之时

1. 艾伦·图灵和图灵机

艾伦·图灵（Alan Turing），1912 年 6 月 23 日出生于英国伦敦，这位计算机科学之父，仿佛是一颗璀璨的明星，在人工智能的星空中闪耀着光芒。这位才华横溢、令人惊叹的天才数学家，不仅是计算机科学的奠基人和人工智能领域的先驱，还勇敢地为自己的信仰和身份而战。他在剑桥大学学习数学时，就表现出了卓越的天赋。20 世纪 30 年代，年仅 24 岁的图灵发表了一篇名为《可计算数与决定性问题》的论文，为我们揭示了计算机科学的奥秘，提出了图灵机的概念。

图灵机犹如一道划破长夜的闪电，瞬间点亮了计算机科学的苍穹。在那个计算机尚未问世的时代，图灵却以超凡的洞察力预见了这一领域的无限潜力和光辉未来。图灵机是一个抽象的计算模型，它具有无限的存储空间和可以执行任意规则的计算能力，揭示了计算的本质和理论极限。图灵机的突破之处在于：它将计算问题抽象化，能解决任何可计算的问题，为后来的计算机科学和人工智能奠定了理论基础。

第二次世界大战期间，图灵受邀加入英国政府密码学校，参与破解德国的"恩尼格玛"密码机。他和他的团队成功破解了德国的密码，为盟军的胜利做出了重要贡献。

图灵的另一个重要贡献是"图灵测试"。这是一种测试计算机智能的方法，即判断一个计算机系统是否具有与人类相当的智能。这个测试为人工智能的目标提供了一个明确的标准，为后来的研究者提供了方向。

2. 冯·诺依曼和计算机体系结构

在"图灵测试"被提出后不久，美国学者冯·诺依曼（John von Neumann）提出了一种计算机体系结构，这种体系结构就像是一幢大楼的蓝图，它为计算机的发展奠定了基础，也为人工智能的实现提供了可能。

这个时期，人们开始摸索人工智能的奥秘，就像在黑暗中寻找光明。虽然这个阶段的成果有限，但它为后来的人工智能研究奠定了基础，就像一个婴儿的出生，预示着新生命的开始。

3. 麦卡洛克 - 皮茨模型

把时间回溯到 20 世纪 40 年代，有一个很有趣的实验正在进行。美国心理学家沃伦·麦卡洛克（Warren McCulloch）和数学家沃尔特·皮茨（Walter Pitts）对大脑如何处理信息充满了好奇。他们经常在实验室里讨论，试图找到一种模型来解释生物神经元的工作原理。

例如，小鸟会根据光线的强弱判断白天或黑夜。当光线足够强时，小鸟会判断现在是白天，于是它会唱歌；当光线不够强时，小鸟会判断现在是黑夜，于是它会安静地睡觉。

有一天，他们灵光一闪，想到了一个简单的模型：用一组神经元表示输入信号，另一组神经元表示输出信号，通过神经元之间的连接传递信息。为了测试这个模型，他们开始进行实验。他们设计了一个简单的电路，模拟神经元的工作，他们发现这个模型确实能够完成一些基本的逻辑运算。这让他们非常兴奋，因为这意味着他们找到了一种可能的大脑工作原理。

这个模型被称为"麦卡洛克 - 皮茨模型"。该模型由一些简化的神经元组成。每个神经元可以接收来自其他神经元的信号，这些信号可以是正数（激励）或负数（抑制）。每个神经元都有一个特定的"阈值"，当接收到的信号之和超过这个阈值时，神经元就会"激活"，向其他神经元发送信号；否则，神经元保持静止。这个模型虽然简单，但却能完成一些基本的逻辑运算，如"与""或""非"等。这意味着这个模型可以作为一个简单的计算机，执行一些基本的任务。

仍以小鸟根据光线强弱判断白天或黑夜为例，我们可以把这个过程描述成一个简单的麦卡洛克 - 皮茨模型。假设小鸟有两个神经元：一个用来检测光线强度；另一个用来控制唱歌行为。当光线强度足够强（或超过阈值）时，检测光线的神经元就会被激活，向控制唱歌的神经元发送信号。接收到信号的神经元也会被激活，使小鸟唱歌。当光线强度低于阈值时，检测光线的神经元不会被激活，小鸟就不会唱歌。

当麦卡洛克和皮茨的研究成果公之于众时，其他科学家对这个模型产生了浓厚的兴趣。尽管这个模型非常简单，但它为后来的研究者提供了一个很好的启示。在接下来的几十年里，科学家们不断改进麦卡洛克 - 皮茨模型，增加了更多的神经元和连接。他们发现，通过训练这些神经元之间的连接权重，神经网络可以学会完成更复杂的任务。这为后来的深度学习算法奠定了基础。

》》》 1.2　人工智能学科的创立：早期探索

1. 达特茅斯会议和人工智能元年

1956 年 8 月，在美国汉诺斯小镇宁静的达特茅斯学院中，约翰·麦卡锡（John McCarthy，被誉为"人工智能之父"）、马文·明斯基（Marvin Minsky，人工智能与认知学专家）、克劳德·香农（Claude Shannon，信息论的创始人）、艾伦·纽厄尔（Allen Newell，计算机科学家）、赫伯特·西蒙（Herbert Simon，诺贝尔经济学奖得主）等美国科学家正聚在一起，讨论着一个完全不食人间烟火的主题：用机器来模仿人类学习以及其他方面的智能。

会议足足开了两个月的时间，虽然大家没有达成普遍的共识，但是却为会议讨论的内容起了一个名字：人工智能。因此，1956 年也就成为人工智能元年。

2. 马文·明斯基和人工智能实验室

马文·明斯基和他的团队在 MIT（麻省理工学院）创建了世界上第一个人工智能实验室，研究工作涉及符号推理、语言理解、知识表示等领域。在明斯基的领导下，MIT 人工智能实验室成为全球最先进的人工智能研究机构之一。在这里，研究者们像孩子一样探索着一个个充满神奇的玩具箱，不断尝试新的想法和方法，为人工智能的发展做出了重要贡献。

明斯基的研究不仅关注理论，还涉及实际应用。他和他的团队开发了许多具有代表性的早期人工智能系统，例如 SHRDLU，这是一个能够通过自然语言来理解和操作一个虚拟世界的系统。这些早期实验为后来的人工智能研究提供了宝贵的经验。

3. 阿瑟·萨缪尔和下棋程序

20 世纪 50 年代末期，IBM 科学家阿瑟·萨缪尔（Arthur Samuel）开发了一个下棋程序，能够自我学习并改进棋技。这个程序是世界上第一个自我学习的计算机程序，标志着机器学习的诞生。萨缪尔开发的程序通过不断和自己对弈，学习如何在不同的棋局中制定策略。这个程序的成功显示了计算机可以通过学习和适应来提高自身的性能，为后来的机器学习和深度学习技术奠定了基础。

4. 约翰·麦卡锡和 LISP 编程语言

20 世纪 50 年代末期，约翰·麦卡锡发明了一种名为 LISP 的编程语言。LISP 是专为人工智能研究设计的编程语言，它具有高度的灵活性和表达能力，适合处理符号计算和知识表示。LISP 成为人工智能研究的主要工具之一，影响了后来的编程语言和人工智能系统的设计。

5. 弗兰克·罗森布拉特和感知机

弗兰克·罗森布拉特（Frank Rosenblatt），1928 年 7 月 11 日出生在美国纽约州布法罗，他是神经网络和感知机模型的奠基人。他在康奈尔大学学习电子工程和数学，后来成为康奈尔大学的心理学教授。罗森布拉特是一个执着于探索的研究者，他深入地研究生物神经元的奥秘，并将这些原理应用于计算机科学。

1957 年，罗森布拉特提出了感知机模型。感知机是神经网络的早期形式，可以说是人工智能领域的一个重要里程碑。感知机的基本思想是模拟生物神经元的工作原理，通过输入、权重和激活函数实现简单的线性分类任务。罗森布拉特的感知机模型是一种简单的人工神经网络，其突破之处在于它是第一个模拟神经元行为的计算模型，为神经网络和深度学习的发展奠定了基础。该感知机模型的另一个重要贡献是它提供了一种基于数据的学习算法。通过不断调整权重，感知机可以学会从输入数据中找到潜在的规律。这为后来的监督学习和无监督学习提供了启示。

回溯到那个计算资源匮乏的时代，罗森布拉特却能从生物神经元纷繁复杂的奥秘中汲取灵感，并勇敢地将其原理融入计算机科学的研究之中。他的这一创举，犹如一位技艺高超的魔术师，将生物学的奇妙之光洒向计算机科学的沃土，从而为人工智能的发展开辟了一片崭新的天地。尽管感知机在实际应用中存在一定的局限，但罗森布拉特那种勇于探索、敢于创新的科学精神，却如同璀璨的星辰，永远照耀着后来者的前行之路，值得我们每一个人去学习和传承。

6. 约瑟夫·维森鲍姆和聊天机器人

20 世纪 60 年代中期，约瑟夫·维森鲍姆（Joseph Weizenbaum）发明了 ELIZA（艾丽莎）——一种早期的聊天机器人程序。ELIZA 是一个模拟心理医生的程序，它能使用简单的模式匹配技术来回应用户的输入。尽管它并不真正理解人类的情感，但它仍然成功地模拟了人类与计算机之间的对话。这个程序让人们惊讶地发现，计算机竟然可以与人类进行交流。ELIZA 成为后来许多聊天机器人和自然语言处理技术的灵感来源。

7. 机器翻译：跨越语言障碍

20 世纪 60 年代，研究者开始探索机器翻译技术，试图让计算机能够自动翻译不同语言的文本。尽管早期的机器翻译系统表现得相当笨拙，但这个领域的研究促进了自然语言处理和计算语言学的发展。如今，我们已经拥有像谷歌翻译这样的高级机器翻译工具，让人们可以轻松地跨越语言障碍进行沟通。

))) 1.3　人工智能的初应用：成长期

20 世纪 70 年代，人工智能面临了一个挑战。学者发现，人工智能系统在执行任务时，都需要大量的人工干预和专业知识指导。换言之，计算机在很大程度上仍然依赖于人类专家的决策和判断。这种依赖性不仅限制了人工智能系统的自主性和智能性，还大大增加了其在实际应用中的复杂性和成本。因此，学者开始积极地探索一种全新的方法，旨在让计算机能够像人一样，自主地学习并积累知识，而不仅仅是被动地依赖人类的指导。

1. 汤姆·米切尔和机器学习算法

20 世纪 70 年代，汤姆·米切尔（Tom Mitchell）教授开发了一种名为 Concept Learning 的机器学习算法。这种算法可以让计算机自主地学习分类问题，例如将图像分类为"狗"或"猫"。

2. SHAKEY：会思考的机器人

1972 年，斯坦福研究所的研究人员开发出了一台名为 SHAKEY 的机器人。SHAKEY 是世界上第一个能够感知周围环境、做出决策并执行任务的机器人。它的外表有点像一台微型推车，但它却有着出奇制胜的智慧。SHAKEY 可以识别并规避障碍物，甚至能够在简单的环境中完成任务。这个机器人展示了人工智能如何与现实世界互动，成为后来机器人技术发展的基础。

3. MYCIN：医学诊断助手

1976 年，斯坦福大学的研究人员开发了一款名为 MYCIN 的计算机程序。MYCIN 是一种基于知识的专家系统，专门用于协助医生诊断感染性疾病。这个程序通过向医生提问，收集患者的病史和症状，然后给出可能的诊断和治疗建议。虽然 MYCIN 从未在实际医疗环境中使用，但它展示了人工智能在医学领域的潜力，并为后来的智能医疗系统铺垫了道路。

4. 施乐公司和突破性的计算机技术

在 20 世纪 70 年代，美国的施乐（Xerox）公司在其研究中心（PARC）开发出了一系列具有创新性的计算机技术。其中包括 WYSIWYG（所见即所得）文本编辑器、桌面图形用户界面、计算机网络技术和激光打印机等。这些技术都是为了提高人工智能系统的易用性和功能性而设计的。施乐 PARC 的研究成果深刻影响了整个计算机行业，包括苹果、微软等公司的产品设计。

5. 约翰·霍兰德和遗传算法

1975 年，美国计算机科学家约翰·霍兰德（John Holland）提出了一种名为"遗传算法"的优化技术。遗传算法作为一种模拟自然界进化过程的计算模型，以其独特的方式解决着复杂问题。设想这样一个场景：一群小机器人在迷宫般的环境中探寻宝藏，它们需要找到一条通往目的地的最佳路径。这时，遗传算法便赋予了这些机器人如同生物般的繁衍能力。每一代机器人都会从父母那里继承经验，并通过随机变异来探索新的路线。这种模拟生物进化的过程，使得机器人在不断试错中逐渐优化自身的行动策略。经过多代的繁衍与进化，最终会有机器人找到通往宝藏的最佳路径。

遗传算法为人工智能领域带来了新的优化手段。它不仅能够处理迷宫寻路这类问题，还广泛应用于众多其他复杂问题的求解中。无论是函数优化、机器学习，还是自动驾驶、生产调度等领域，遗传算法都展现出了强大的求解能力和广泛的应用前景。

6. 人工智能的寒冬

20 世纪 70 年代，人工智能的发展遭遇到了一次寒冬。由于技术的不成熟和对人工智能未来潜力的过度乐观估计，大量的投资被倾注到了这个领域，但实际的技术进展却未能满足人们的期待，因此投资者开始对人工智能的未来产生了怀疑。

在这段时间里，由于缺乏有效的应用场景和商业模式，人工智能的研究进入了低谷期。很多大型公司开始关闭其人工智能研究部门，甚至有些研究机构也遭遇了关闭和裁员的命运。这场寒冬一直持续到了 20 世纪 80 年代，当时的技术进步和研究方法的改变带来了人工智能的第二次浪潮。

》》》 1.4　人工智能实用化：专家系统与神经网络

1. 专家系统

20 世纪 80 年代，人工智能领域的研究重心转向了专家系统。这些系统试图通过模拟人类专家的知识和推理能力来解决特定领域的问题。

在这个阶段，明斯基提出了"框架论"（Frame Theory）这个概念，认为人类知识可以表示为一系列相互关联的框架，通过模拟这些框架，可以让计算机具备一定的认知能力。

尽管专家系统在 20 世纪 80 年代和 90 年代初期被认为是人工智能领域的一项革命性技术，并在医疗诊断、金融分析、工业控制等特定领域取得了显著成果，但它们在商业应用中却遭遇了许多挑战，导致它们并未如预期般广泛普及。其中，知识获取困难是一个主要的问题。构建专家系统需要大量的专业知识和经验数据，而这些知识的获取、整理和验证往往需要领域专家的深入参与和大量时间。此外，随着领域知识的不断更新和变化，专家系统也需要不断进行更新和维护，以保持其准确性和有效性。另一个挑战是维护成本高。由于专家系统的复杂性和专业性，它们的维护往往需要专业的技术人员和大量的资源投入。这不仅增加了企业的运营成本，也限制了专家系统在商业应用中的推广和普及。

尽管专家系统在人工智能发展史上具有重要意义，并为特定领域提供了有价值的解决方案，但它们的局限性和挑战也表明，人工智能的发展需要更加全面和均衡的技术路线。随着机器学习、深度学习等技术的兴起，人工智能领域开始寻求更加通用和可扩展的解决方案，以适应不断变化的商业需求和技术发展。

2. 神经网络与反向传播算法

1986 年，科学家大卫·鲁梅尔哈特（David Rumelhart）和杰弗里·辛顿（Geoffrey Hinton）等发表了一篇名为《学习表示的并行分布式处理》（*Parallel Distributed Processing*：*Explorations in the Microstructure of Cognition*）的论文，引入了反向传播算法。这个算法提高了神经网络训练的效率，使得神经网络在各种问题上取得了更好的性能。反向传播算法的提出，为后来深度学习技术的发展奠定了基础。

另外值得一提的是，20 世纪 80 年代末期，约翰·霍普菲尔德（John Hopfield）和大卫·坦克（David Tank）提出了一种名为"Hopfield 网络"的神经网络模型。该模型解决了某些优化问题，并将神经网络的研究推向了一个新的高度。

3. 资源调度问题

20 世纪 80 年代，人工智能研究者开始聚焦于一个核心问题：如何让计算机为错综复杂的任务制订周密的计划并高效地调度资源。这一问题的重要性在空中交通控制系统中得到了充分的体现。

设想这样一个场景：一个繁忙的大型机场，在短短数小时内需要有序地安排数百架飞机的起降。这不仅要确保每架飞机都能准时、安全地起飞或降落，还要避免任何可能导致交通拥堵或安全事故的风险。面对如此复杂的挑战，人工智能规划与调度技术便成为不可或缺的助力。借助先进的算法和强大的计算能力，人工智能规划与调度技术能够帮助空中交通管制员迅速、准确地评估各种情况。无论是突发的天气变化、机械故障，还是航班的临时调整，这项技术都能在短时间内为每架飞机制订出最合适的起降计划。人工智能规划与调度技术的应用范围远不止于空中交通控制。在工业生产中，它可以帮助企业优化生产流程、提高生产效率；在物流领域，它能够确保货物准时、高效地送达目的地；在能源管理方面，它则有助于实现资源的合理分配和节约利用。可以说，这一技术在现代社会的多个重要领域中都发挥着举足轻重的作用。

4. 游戏领域的成就

20 世纪 80 年代，人工智能在游戏领域取得了一系列重要的成就。例如，1983 年，一款名为 Mephisto 的国际象棋程序成为世界上第一个击败国际大师的计算机程序。这个胜利让人们看到了人工智能在复杂游戏中的潜力。此外，当时还有许多人工智能游戏程序开始出现，如冒险游戏 Zork 等，给人们带来了趣味横生的游戏体验。

))) 1.5 智慧"双擎"：机器学习与神经网络的崛起

1. 机器学习替代符号主义

20 世纪 90 年代，人工智能领域的研究风格发生了变化。传统的符号主义方法逐渐被一种更为实用的方法所取代，这种方法是机器学习。机器学习的核心思想是让计算机从数据中学习，而不是依靠人为设计的规则。这一时期的研究者开始意识到，为了让计算机真正理解和处理复杂的问题，需要利用大量数据来训练它们。

在这个时期，一个名为"维纳斯计划"的项目吸引了众多研究者的关注。这是一个模拟火星登陆的计划，目的是让计算机模拟火星车探测火星地形。在这个项目中，研究者使用了大量火星地形数据来训练神经网络，使其能够识别火星地表的特征。这个项目成功地展示了机器学习在解决实际问题中的潜力。

此外，这个时期还涌现出了许多著名的机器学习算法，如支持向量机（SVM）、随机森林、AdaBoost 等。这些算法都具有强大的分类和预测能力，被广泛应用于各个领域。

在这个阶段，一个名叫"贝叶斯网络"的概念逐渐崭露头角。贝叶斯网络是一种概率图模型，它用于表示变量之间的不确定性关系。这个网络以18世纪数学家托马斯·贝叶斯（Thomas Bayes）的贝叶斯定理为基础，被用于处理各种不确定性问题。

2. 杨立昆和卷积神经网络

在20世纪90年代那个人工智能蓬勃发展的时期，有一位杰出的年轻科学家崭露头角，他就是杨立昆（Yann LeCun）。1998年，杨立昆提出了一种革命性的模型——卷积神经网络（Convolutional Neural Network，CNN）。这一创新性的模型将神经网络与图像处理技术巧妙地结合起来，提升了计算机在图像识别和处理方面的能力。杨立昆的这一贡献为计算机视觉领域的飞速发展奠定了坚实的基础。在他的引领下，卷积神经网络成为计算机视觉任务中的标配模型，广泛应用于图像分类、目标检测、图像生成等多方面。他的工作不仅推动了人工智能技术的进步，也向我们展示了神经网络在解决复杂问题中的巨大潜力。

))) 1.6　人工智能的沃土：大数据时代

1. 无人汽车的萌芽

进入21世纪，人工智能的发展步伐愈发加快，开始在众多实际应用领域中大放异彩。一个著名的例子是21世纪初，美国达特茅斯学院举办的一场无人驾驶汽车比赛。在那场比赛中，参赛车辆需要在没有人类驾驶员操控的情况下，自主完成一系列复杂且富有挑战性的任务。这次竞赛不仅检验了当时无人驾驶技术的最新成果，更激发了无数研究者和技术爱好者对于未来自动驾驶汽车的无限期待与热情。

2. 智能应用走进生活

人工智能对于家庭生活的改变同样是这个时代不可忽视的重要篇章。智能家居系统的出现，让家变得更加智能和舒适。无论是自动调节室内温度、照明，还是播放符合心境的音乐，智能家居都能根据居住者的需求和偏好，提供个性化的居家体验。此外，家庭用的语音助手，如亚马逊的Alexa、苹果的Siri等，更是成为现代家庭生活中不可或缺的"智慧伙伴"。它们能够随时提供预报天气、播放音乐、搜索信息等便捷服务，让人们的生活更加轻松和高效。

3. 推荐算法的出现

在这个时期，一个叫作"Netflix奖"的比赛吸引了全球范围内的关注。这是一个由美国流媒体巨头Netflix发起的比赛，目的是寻找更好的推荐算法。参赛者需要设计一个算法，能根据用户过去的观影记录，预测他们对于未来电影的评分。最终，一支名为"贝尔科研"的团队凭借出色的算法赢得了这场比赛，获得了 100 万美元的奖金。这场比赛的成功举办，无疑为机器学习领域的发展注入了新的活力，同时也让我们看到了未来人工智能技术在个性化推荐、用户行为预测等方面的广阔应用前景。

))) 1.7　人工智能的革命：深度学习与生成式人工智能的应用

1. "沃森"在智能上超越人类

这个时期，有一件足以载入人工智能发展史册的重要事件震撼上演，那就是 IBM 的超级计算机"沃森"在 2011 年的一场精彩对决中，成功击败了美国著名智力竞赛节目《危险边缘》的冠军选手。这一胜利不仅彰显了计算机在知识处理和推理能力上的巨大飞跃，更成为人工智能领域的一个里程碑式事件。它象征着计算机开始具备与人类相媲美的智能水平，预示着人工智能时代的加速到来。

2. AlexNet 网络

2012 年，一位名叫亚历克斯·克里泽夫斯基（Alex Krizhevsky）的研究人员和他的导师杰夫·辛顿合作，开发了一种名为 AlexNet 的卷积神经网络模型。这个模型在当年的 ImageNet 大规模视觉识别挑战赛（ILSVRC）上大放异彩，以远超其他参赛者的准确率获得冠军。这个成果立刻引发了全球范围内的关注，深度学习开始成为人工智能领域的研究热点。

3. 自然语言处理和 Word2Vec 算法

与此同时，自然语言处理（NLP）领域也取得了显著的进展。一个叫作 Word2Vec 的技术引起了广泛关注。这是一种将词语映射到多维空间的技术，使得计算机能够更好地理解和处理自然语言。Word2Vec 技术的出现，不仅极大地推动了自然语言处理领域的研究进展，还为后续的相关研究奠定了坚实的基础。

4. AlphaGo 横空出世

AlphaGo 是谷歌旗下 DeepMind 公司开发的一款围棋程序，它通过深度学习技术在 2016 年战胜了世界围棋冠军李世石。这个胜利让全球感叹人工智能的巨大潜力。AlphaGo 并非依赖事先编写好的围棋策略，而是通过自我学习，不断地与自己对弈以提高技艺。这个胜利为人工智能在各个领域的应用开辟了新的可能。

5. 虚拟图像以假乱真

另一个引人注目的事件是 NVIDIA 提出的 GAN（Generative Adversarial

Network，生成对抗网络）。GAN 可以生成非常逼真的虚拟图像，让人难以分辨真实和虚拟之间的界限。可能有一天你在社交媒体上看到一张美食图片，不禁垂涎欲滴，却发现这道菜根本不存在，它只是由人工智能生成的图像。这种技术也被应用于视频游戏、电影制作和艺术创作等领域。

))) 1.8 人工智能的繁荣：无处不在

进入 21 世纪 20 年代，人工智能已经无处不在，它为人们的日常生活带来了诸多便利。无论是智能手机、智能家居、自动驾驶汽车，还是各种人工智能助手，它们都在无形中改变着我们的生活方式。

例如，在医疗领域，人工智能可以帮助医生更准确地诊断疾病，甚至在某些情况下比人类医生更加精确。可能有一天你去医院就诊，医生告诉你他们将使用人工智能来诊断你的病情，这种情况已经不再遥远。在教育领域，人工智能也在发挥着越来越重要的作用。个性化教育系统可以根据每个学生的需求和进度提供定制化的学习计划，让学习变得更加高效。同时，人工智能教师可以实时回答学生的问题，提供有针对性的辅导，让学习变得更加轻松有趣。

综上所述，人工智能的发展历程可谓波澜壮阔，充满了无数研究者的奋斗、挑战与突破。从最初的逻辑推理、专家系统，到后来的神经网络、深度学习，再到如今的自动驾驶、智能家居和无处不在的语音助手，人工智能已经深刻改变了我们的生活、工作和娱乐方式。在这个过程中，我们不仅见证了科技的飞速发展，更感受到了人工智能为我们带来的便捷与高效。无论是工业生产、医疗诊断，还是金融服务、教育学习，人工智能都在不断地拓展其应用边界，推动着人类社会的整体进步。

然而，这只是开始。人工智能的未来仍充满了无限的可能性和挑战。随着技术的不断进步和创新应用的涌现，我们有理由相信，人工智能将在更多领域大放异彩，为我们的生活带来更加美好的变化。

第2章 生成式人工智能概述

》》》 2.1 生成式人工智能简介

生成式人工智能（Generative AI，GAI）是人工智能技术的一种重要分支，它的核心是让计算机具有创造性和想象力，从而可以自动生成文字、图像、音频等内容。相比于传统的机器学习技术，生成式人工智能更加具有灵活性和多样性，因此在自然语言处理、计算机视觉、音频处理等领域有着广泛的应用前景。

在自然语言处理领域，生成式人工智能已经取得了一系列的重要进展。例如，OpenAI 发布的语言模型 GPT-3（Generative Pre-trained Transformer 3，第三代生成预训练式 Transformer）能够在多项自然语言处理任务中达到领先水平，其中包括问答、文本生成、机器翻译等。通过对大量文本数据的训练，GPT-3 可以从中学习到语言的规律和模式，并生成高度自然的语言输出。

在计算机视觉领域，生成式人工智能也有着广泛的应用。例如，GAN 模型能够生成高度逼真的图像，这是通过同时训练一个生成器和一个鉴别器来实现的。生成器负责生成图像，而鉴别器则负责评估图像的真实程度。在不断的迭代训练中，生成器和鉴别器会互相竞争和提升，最终生成的图像会越来越真实和细致。

生成式人工智能还可被用于音频处理、视频生成、艺术创作等多个领域。在生成式人工智能的世界里，一个重要的技术就是自然语言生成（Natural Language Generation，NLG），也称文本生成（Text Generation）。它可以让计算机模拟人类的语言能力，从而生成具有语言表达能力的文本内容。NLG 技术的应用场景非常广泛，例如，可以用来自动生成新闻报道、短信、电子邮件、客服回复等文本内容。它还可以用于智能写作、创意生成等领域，为人们带来更高效、更智能的写作体验。

例如，在 2018 年的国际象棋比赛中，人工智能 AlphaZero 使用了生成式技术，不仅成功地击败了围棋界的人类冠军，还打败了自己所设计的最强计算机程序。这个惊人的成果展示了生成式人工智能在复杂环境中的强大能力。

另一个例子是前文提到的 OpenAI 的 GPT-3 模型，它是目前最先进的自然语言处理模型之一。这个模型可以生成高质量的文本内容，可以用于自动化写作、翻译、摘要等领域。此外，GPT-3 还具有惊人的语言理解和推理能力，可以回答问题、解决谜题等。

除了自然语言生成，生成式人工智能还可被用于图像生成、音乐生成等领域。例如，谷歌的 Magenta 项目使用生成式技术生成了一系列优美的音乐作品，为音乐创作带来了全新的可能性。

在医疗领域，生成式人工智能也具有广阔的应用前景。例如，可以使用自然语言生成技术，自动生成医疗报告、病历等文本内容。同时，生成式技术还可以用于开发智能药物设计、基因编辑等工具，为疾病治疗带来新的希望。

总之，生成式人工智能是人工智能技术中的重要分支之一，具有广泛的应用前景和潜力。未来，随着技术的不断发展和应用场景的不断扩展，生成式人工智能将会在更多领域发挥重要作用，为人类带来更高效、更智能、更便捷的生活体验。

))) 2.2 生成式人工智能的发展历程与挑战

生成式人工智能（Generative Artificial Intelligence）是人工智能的一个分支，是基于算法、模型、规则生成文本、图片、声音、视频、代码等内容的技术。这种技术能够针对用户需求，依托事先训练好的多模态基础大模型等，利用用户输入的相关资料，生成具有一定逻辑性和连贯性的内容。与传统人工智能不同，生成式人工智能不仅能够对输入数据进行处理，更能学习和模拟事物内在规律，自主创造出新的内容。下面介绍生成式人工智能的发展历程和面临的挑战，用通俗易懂、风趣幽默的方式讲述这些真实故事。

1. 机器学习的曙光：感知器与乌龟

1957 年，美国计算机科学家弗兰克·罗森布拉特发明了第一个感知器，这是一种早期的人工神经网络。感知器的原理启发了一位名叫沃尔特·格雷（Walter Grey）的研究者，他设计了一种名为"乌龟"的机器。这个机器能够根据光线自主移动，并在碰到障碍物时改变方向。乌龟机器虽然简陋，但它为生成式人工智能的发展奠定了基础。

2. 计算机科学的冬天：资金短缺与怀疑

20 世纪 70 年代到 80 年代，由于人工智能研究进展缓慢，研究资金不足，整个行业陷入了低谷。这段时间被称为"计算机科学的冬天"。许多科学家开始怀疑生成式人工智能的可行性，但这并未阻止一些坚定的研究者继续探索。

3. 大数据与计算能力的崛起：神经网络复兴

随着互联网的普及和计算能力的提升，海量数据的可用性为神经网络的研究提供了强大的支持。2006 年，深度学习之父辛顿成功训练了一个名为"深度信念网络"的模型，开启了神经网络研究的新篇章。自此，深度学习在计算机视觉、自然语言处理等领域取得了突破性进展，为 AGI 的发展提供了关键技术支持。

4. 从 AlphaGo 到 GPT-3：预示着 AGI 的曙光

近年来，人工智能取得了一系列引人注目的成就，其中最著名的是谷歌 DeepMind 的 AlphaGo 战胜围棋世界冠军李世石。随后，OpenAI 推出了 GPT-3，这是一款强大的自然语言处理模型，可以生成准确且连贯的文本。从 AlphaGo 到 GPT-3，这些成功案例不仅展示了人工智能技术的巨大潜力，也为实现 AGI 奠定了基础。

5. AGI 的挑战：安全与道德

尽管 AGI 的发展前景充满希望，但它也面临着许多挑战。其中，安全与道德问题备受关注。一方面，AGI 可能被用于有害的目的，如网络攻击、制造虚假信息等；另一方面，AGI 的快速发展可能导致大规模失业，引发社会不安。因此，如何在推进 AGI 技术的同时确保其安全与道德的应用，成为研究者亟须解决的问题。

6. 强化学习与模仿：向人类学习

为了实现 AGI，研究者尝试让人工智能系统模仿人类的学习方式。强化学习是一种让 AI 系统通过与环境互动来学习的方法。例如，谷歌 DeepMind 的 AlphaGo Zero 通过自我对弈不断学习，最终战胜了其他围棋高手。这种学习方法为 AGI 的发展提供了有益的启示。

7. AGI：跨界合作与开放研究

为了应对 AGI 面临的挑战，许多科学家和工程师开始跨界合作，共同探讨 AGI 的发展道路。一些科研机构，如 OpenAI，已经将研究成果开放给公众，以鼓励全球范围内的合作与创新。这种开放的研究氛围有助于加速 AGI 的发展，也有助于确保 AGI 技术能够造福全人类。

通过回顾 AGI 的发展历程，我们可以看到这一领域的进步与挑战。尽管还有很多问题有待解决，但 AGI 的潜力无疑是巨大的。在科学家们不懈地努力下，我们有理由相信，AGI 终将实现，终能为人类带来更美好的未来。

第3章 生成式人工智能的理论基础与学派

▶▶▶ 3.1 生成式模型简介

生成式模型的理论基础是一个深奥的话题。为了能够轻松、愉快地了解这个领域，接下来我们将以通俗易懂、风趣幽默的方式来讲述生成式模型的奥秘。

生成式模型，顾名思义，就是能够生成数据的模型。简单来说，生成式模型就像一个会说话的鹦鹉，你给它讲一段话，它就能学着你的口音、语气和表情，自己也能编出一段相似的故事。当然，生成式模型不仅限于文本，还可以应用在图像、音频等多个领域。

▶▶▶ 3.2 生成式模型的种类：家族大事记

生成式模型这个大家族里有很多"亲戚"，各有各的特长。其中，最有名的要数贝叶斯模型、马尔可夫模型、神经网络生成式模型等。这些模型各自有着独特的理论基础和应用领域，共同组成了生成式模型的多彩世界。

1. 贝叶斯模型：神秘的先知

贝叶斯模型以18世纪英国数学家贝叶斯（Y）命名，贝叶斯是生成模型的鼻祖之一。贝叶斯模型的核心思想是通过已知的观测数据来估计未知参数。它就像一个神秘的先知，能够预测未来的趋势。贝叶斯模型在垃圾邮件过滤、自然语言处理等领域有着广泛应用。

2. 马尔可夫模型：历史的教训

马尔可夫模型以俄罗斯数学家马尔可夫命名，是生成式模型的另一个重要分支。马尔可夫模型的特点是只考虑当前状态与前一状态的关系，忽略更早的历史信息。马尔可夫模型就像是一个遵循"前事不忘，后事之师"的哲学家，擅长从历史中汲取经验。在语音识别、自然语言处理等领域，马尔可夫模型大显身手。

3. 神经网络生成式模型：大脑的秘密

神经网络生成式模型是近年来最热门的生成式模型之一。它的设计灵感来自人类大脑神经元的结构，试图模拟人类智能。神经网络生成式模型就像一个天才少年，拥有无穷的创造力和想象力。其中，最具代表性的就是循环神经网络（CNN）、卷积神经网络和变分自编码器（VAE）等。

4. 循环神经网络：时光穿梭者

循环神经网络是一种擅长处理时间序列数据的生成式模型。它就像一个时光穿梭者，可以捕捉数据在时间维度上的特征和规律。循环神经网络在语音识别、文本生成、股票预测等领域表现出色。

5. 卷积神经网络：视觉大师

卷积神经网络是一种专注于处理图像数据的生成式模型。它就像一位擅长绘画的艺术家，能够捕捉图像中的纹理、形状和颜色等特征。卷积神经网络在图像识别、风格迁移、生成对抗网络等领域发挥着重要作用。

6. 变分自编码器：数据的魔术师

变分自编码器是一种基于概率论的生成式模型。它就像一个会变魔术的数据处理师，能够在高维数据和低维隐变量之间建立一种映射关系。变分自编码器在图像生成、文本生成和推荐系统等领域都有广泛应用。

7. 生成式对抗网络：艺术家与评论家的对决

生成式对抗网络是近年来最具创新性的生成式模型。它由两个神经网络组成：一个生成器负责创作作品，一个判别器负责评价作品的质量。生成器和判别器就像一对针锋相对的艺术家与评论家，通过不断地对抗和学习，共同提升生成式模型的表现。生成式对抗网络在图像生成、文本生成、音乐创作等领域取得惊人的成果。

3.3　生成式模型的挑战与未来：无限可能

尽管生成式模型已经取得了很多进展，但仍然面临着许多挑战。例如，如何提高生成式模型的准确性、稳定性和可解释性？如何防止生成式模型被用于制造虚假信息和恶意攻击？面对这些挑战，科学家们正在不断探索新的方法和技术。随着人工智能和深度学习领域的不断发展，生成式模型的应用范围和性能也将得到更大的提升。让我们期待生成式模型未来的无限可能吧！

1. 生成式模型与伦理：责任与担当

生成式模型的强大能力也引发了伦理方面的讨论。随着技术的发展，生成式模型可以创建出越来越真实的虚拟图像、文字和音频，这可能会被用于制造虚假新闻、恶搞甚至诈骗等恶意行为。因此，研究和开发生成式模型的科学家、工程师和企业都应该承担起社会责任，确保技术的发展不会被滥用。

2. 生成式模型的应用：无处不在的智能助手

生成式模型已经广泛应用于我们的日常生活。例如，智能语音助手可以通过生成式模型理解我们的语言并做出回应；人脸识别系统可以通过生成式模型识别我们的面部特征；自动写作软件可以通过生成式模型撰写文章。随着生成式模型技术的进一步发展，它们将在更多领域发挥重要作用，提升我们的生活品质。

3. 生成式模型与创造力：灵感与想象

生成式模型不仅是一种技术手段，也是一种创造力的源泉。许多艺术家和设计师正在利用生成式模型来创作独具特色的作品，如绘画、音乐和电影等。生成式模型的发展不仅可以为人类带来更多的灵感和想象力，还有可能改变我们对创造力的认知。

4. 生成式模型的教育价值：智慧与启迪

生成式模型在教育领域也具有重要价值。通过生成式模型，可以更好地理解数据的内在规律和结构，从而提高教育质量和效果。同时，生成式模型也可以作为一种教育工具，帮助学生掌握复杂的概念和技能。

5. 生成式模型与人工智能：携手前进

生成式模型是人工智能领域的一个重要分支，与其他技术如监督学习、强化学习等共同推动着人工智能的进步。未来，生成式模型将与其他技术相互融合、相互促进，为人类带来更多科技创新和生活便利。

》》》3.4 概率模型与贝叶斯学派

说到概率模型与贝叶斯学派，我们不禁想起那句"一入贝叶斯深似海，从此概率是路人"。贝叶斯学派在概率论和统计学的历史长河中扮演了一个极为重要的角色，也给生成式模型的发展提供了丰富的理论基础。

概率模型和贝叶斯学派的故事要从 18 世纪的一位英国牧师托马斯·贝叶斯说起。他就像一位睿智的老者，苦心钻研概率论，终于在一次雷电交加的夜晚，灵感迸发，写下了贝叶斯公式。这个公式可谓是"千锤百炼"，成为概率论史上不可磨灭的篇章中的一部分。

贝叶斯学派将概率视为一种"不确定性"的度量。这种观点有点像一位哲人在河边思考人生，发现每个人都像是河中的一叶小舟，在命运的洪流中不断摇摆。贝叶斯学派试图用概率模型来预测这些小舟的未来走向，从而为我们提供有益的指导。

贝叶斯学派的核心思想是"后验概率"，它就像一位善于观察的侦探，不断收集证据，然后修正自己的判断，在不断地观察和总结中，逐渐接近事物的真相。这种思维方式在统计学、机器学习等领域产生了深远的影响。

说到贝叶斯学派的贡献，我们不得不提一个故事。有一天，贝叶斯学派的成员遇到了一个棘手的问题：如何找到失踪的潜艇？他们迅速地想到了贝叶斯公式，运用它来综合利用各种信息，精确地预测出潜艇的位置。最终，潜艇被成功找到，贝叶斯学派也因此声名大噪。

概率模型在现代科技领域发挥着越来越重要的作用，无论是金融风险评估，还是医疗诊断，贝叶斯公式都能发挥关键作用。

另一件有代表性的故事是法国数学家皮埃尔 - 西蒙·拉普拉斯（Pierre-Simon Laplace）。因为贝叶斯理论的启发，他在当时提出了著名的拉普拉斯平滑方法。有一次，他遇到了一个棘手的问题：如何确定一个罕见事件的概率？拉普拉斯灵机一动，运用贝叶斯公式，巧妙地解决了这个问题。这个方法现在被广泛应用于各种领域，成为贝叶斯学派的又一光辉成果。

在未来的道路上，概率模型和贝叶斯学派将继续引领我们探索这个神秘而又奇妙的世界。正如李白所言："仰天大笑出门去，我辈岂是蓬蒿人？"我们要像贝叶斯学派的先驱们那样，勇敢面对挑战，砥砺前行，让这个世界更加美好。

总之，贝叶斯学派和概率模型在人类智慧的宝库中留下了浓墨重彩的一笔。这些理论为人工智能和机器学习的发展奠定了坚实的基础，也为我们提供了认识世界、解决问题的有力工具。让我们共同期待概率模型与贝叶斯学派在未来的探索中继续发挥光芒，为人类带来更多的惊喜与收获。

))) 3.5　最大似然估计与频率学派

下面来聊聊最大似然估计（Maximum Likelihood Estimation，MLE）与频率学派，以及与生成式人工智能的关系。

最大似然估计是统计学中常用的一种参数估计方法。其核心思想是：在已知数据的情况下，选择使得数据出现概率最大的参数作为估计值。就像一位明察秋毫的侦探，通过收集线索来推断出案情的真相。

频率学派则是一种统计学派别，它关注的是大量重复实验中事件发生的频率。频率学派认为，概率是一个固定的值，通过大量实验可以得到这个值。想象一个投掷硬币的场景，频率学派认为，只要投掷次数足够多，正面朝上的概率就会趋近于 0.5。

那么，最大似然估计和频率学派和生成式人工智能又有什么关系呢？

一方面，生成式人工智能需要从数据中学习出能描述数据特征的模型。而最大似然估计则恰好提供了一种有效的参数估计方法。通过最大似然估计，生成式模型可以学习到合适的参数，从而更好地捕捉数据的分布。如同我们在烹饪时需要调整食材的配比，以便更好地呈现出美食的味道。

另一方面，频率学派的思想也影响着生成式人工智能的发展。频率学派强调通过大量实验来估计概率，而生成式人工智能正是利用这种思想，通过大量样本来学习数据的分布。这个过程就像是一位勤奋的园丁，在不断的研究与实践中，培育出美丽的花朵。

总之，最大似然估计与频率学派为生成式人工智能提供了理论基础和实践方法。生成式人工智能在发展的过程中不断积累经验，不断突破自己，为人类带来更多的惊喜与便利。

))) 3.6 各学派的比较

在人工智能领域，每个学派都有其独特的优势和局限性。下面比较其中的一些主要学派，并通过例子和类比来更好地理解它们。

1. 符号主义（Symbolism）

优势：符号主义强调对知识的表示和推理。它像一位谨慎的学者，始终关注知识的结构化和逻辑。这使得符号主义在处理形式化领域（如数学定理证明、逻辑推理）时表现出色。

局限性：符号主义像一位固执的老者，不擅长处理模糊、不确定和非结构化的问题，如自然语言处理和图像识别。

2. 连接主义（Connectionism，包括神经网络和深度学习）

优势：连接主义擅长从大量数据中学习，就像一个热衷于观察世界的孩子，逐渐学会模仿和理解这个世界。这使得它在处理非结构化数据（如图像、语音和文本）时具有优势。

局限性：连接主义的一个缺点是它需要大量的数据和计算资源。它就像一个吃货，需要不断地吞噬数据才能保持活力。

3. 概率模型（如贝叶斯方法）

优势：概率模型强调对不确定性的建模和推理。它就像一位精明的商人，总是在权衡风险和收益。这使得概率模型在处理不确定性和做出决策时表现出色。

局限性：概率模型的一个局限是它们通常难以处理高维度和复杂的数据。它就像一位擅长思考的棋手，但在面对更为复杂的游戏时可能力有未逮。

4. 进化算法（如遗传法）

优势：进化算法模仿了自然界中的进化过程，可以在复杂的问题空间中寻找解决方案。它就像一位富有创造力的艺术家，总能在看似混乱的颜料中找到美丽的组合。

局限性：进化算法的一个缺点是它们通常需要大量的计算资源和时间。它就像一位喜欢实验的疯狂科学家，需要不断尝试才能找到满意的答案。

总之，生成式人工智能的发展就像一场多个学派共舞的盛大舞会。在这场舞会中，连接主义、概率模型、进化算法和符号主义等学派各自展现着独特的魅力，同时又相互借鉴、融合，共同编织出绚丽多彩的智能之花。

连接主义与概率模型的结合，如同优雅的舞伴在舞池中翩翩起舞。变分自编码器和生成对抗网络等模型正是这一结合的杰出代表。它们不仅能够处理复杂的非结构化数据，还能有效地描述不确定性，为生成式人工智能注入了强大的表现力和推理能力。而当进化算法遇到神经网络时，它们的结合就像一场激情四溢的狂欢。通过模仿自然界的进化原理，遗传算法可以帮助神经网络找到更优的结构和参数，从而提升模型的性能。

在这个舞会上，符号主义也展现出其独特的魅力。尽管它显得有些拘谨，但其优雅与智慧仍然吸引着其他学派的目光。例如，神经符号理论试图将符号主义与神经网络相结合，以期在保留深度学习优点的同时，提供可解释性和逻辑推理能力。

这个舞会还远未结束，生成式人工智能的发展仍在继续。我们可以期待这些学派在未来的舞会中发挥更大的作用，共同书写人工智能的辉煌篇章。总的来说，各个学派都有它们独特的优势和局限性，而生成式人工智能的发展则是它们相互融合、共同进步的过程。

))) 3.7　贝叶斯学派与频率学派的比较

贝叶斯学派与频率学派就像两个互不相让的舞林高手，各自拥有精湛的技艺和独特的风格，分别在统计学和概率论的殿堂中大展身手。下面尝试以通俗易懂、幽默风趣的方式来描述其优劣得失。

首先来看贝叶斯学派。这位舞林高手擅长因材施教，它的招式取决于先验知识。它相信，在开始跳舞之前，我们就应该有一个关于舞步的预设信念。而随着音乐响起，舞者开始起舞，这位高手会根据新的观察来调整它的舞步，不断修正自己的概率。这种灵活性使得贝叶斯学派在处理不确定性和数据稀缺的情况下具有优势。

然而，贝叶斯学派的舞蹈并非没有瑕疵。选择一个合适的先验概率并非易事，一个不恰当的先验概率可能会导致舞步偏离音乐节奏。此外，贝叶斯方法的计算复杂性有时会让舞者感到疲惫不堪。

接下来关注频率学派。这位舞林高手严谨而务实，它不喜欢空谈先验概率。在它看来，舞蹈应该完全依赖于舞台上的表现。因此，它倾向于通过观察大量舞者的表现，找到最能代表整体的舞姿和节奏。频率学派的这种客观性和稳定性使得它在处理大量数据时具有优势。

然而，频率学派也并非完美无缺。它的舞蹈在面对数据稀缺或者不确定性时显得有些笨拙。此外，这位舞林高手有时过于专注于观察，而忽略了舞者内心的信念和情感。

总的来说，贝叶斯学派和频率学派各有优劣。贝叶斯学派灵活多变，善于处理不确定性，而频率学派则严谨务实，擅长分析大量数据。就像一场精彩的舞蹈需要舞者在优雅与力量之间找到平衡，生成式人工智能的发展也需要研究者在贝叶斯学派与频率学派之间取长补短，进行创新。一场精彩的舞蹈往往需要舞者在灵活与稳定之间找到平衡。

在现实问题中，生成式人工智能的发展需要在这两个学派之间找到平衡。在某些情况下，我们可能会采用贝叶斯方法，利用先验知识来构建模型，从而在不确定性和数据稀缺的环境中做出更好的预测。而在另一些场景下，我们可能会选择频率学派的方法，利用大量数据和统计特性来构建可靠的模型。

有时候，我们可以在贝叶斯学派的基础上引入频率学派的思想，融合这两个学派的优势，打破界限，实现更强大的生成式人工智能。

就如同世界上没有完美的舞者，也没有绝对正确的方法。贝叶斯学派与频率学派各有优劣，关键在于我们如何扬长避短，以实现更高效的生成式人工智能。在这场舞蹈中，我们将继续跳动，寻找更美妙的舞姿，为生成式人工智能的进步贡献力量。

)))3.8 生成式模型与判别式模型的比较

生成式模型就像三国时期蜀国的丞相诸葛亮，善于运筹帷幄，用全局的眼光洞察先机。同样地，生成式模型也通过对整个数据分布的建模，捕捉到了数据背后隐含的模式。正是这种全面的洞察力，使得生成式模型在很多情况下都能表现出色。

判别式模型则如同三国时期东吴的名将周瑜，擅长分析敌我双方的特点，直接找到胜利的关键。判别式模型同样精准高效，它通过对输入数据和输出标签之间的关系进行建模，直接预测出感兴趣的目标。因此，在许多任务中，判别式模型都能迅速找到问题的关键，达到预期的目标。

当然，诸葛亮和周瑜都有各自的优点和局限。生成式模型，如同诸葛亮，擅长全局思考，但在一些具体问题上可能不如判别式模型那么直接有效。而判别式模型，如同周瑜，虽然在解决具体问题时表现出色，但可能难以像生成式模型那样洞悉数据背后的整体规律。

生成式模型和判别式模型究竟哪个更优秀呢？这要看具体情况。就像诸葛亮和周瑜在不同的战场上各有所长一样，生成式模型和判别式模型在不同的任务中也有各自的优势。我们需要根据实际需求，选择最适合的模型来解决问题。

那么，如何选择呢？来看一个例子。假设我们手头有一份由不同兵种组成的数据，需要预测敌方将领的战斗能力。在这种情况下，生成式模型可能会先分析不同兵种的分布，然后从中找出敌方将领战斗能力的线索。这就好比诸葛亮利用自己的智慧，通过观察天时地利人和，从整体上分析战局。生成式模型的优势在于它能够从庞杂的数据中挖掘更多信息，从而在一些需要深入挖掘数据内在结构的任务中表现出色。

在这个例子中，判别式模型可能会更直接地找到不同兵种之间的关系，预测出敌方将领的战斗能力。这就像周瑜凭借自己的经验，迅速判断出敌我双方实力的对比。判别式模型的优势在于它能够快速地找到输入数据和输出标签之间的关系，因此在需要迅速给出预测结果的任务中表现得更好。

在实际应用中，往往需要权衡这两种模型的优劣。例如，如果我们的任务需要对数据内在结构有深入的理解，那么生成式模型可能是更好的选择。然而，如果任务的目标是在有限时间内迅速给出预测结果，那么判别式模型可能更加适合。

总之，生成式模型和判别式模型就像三国时期的诸葛亮和周瑜，各有所长，各有所短。在实际应用中，需要根据任务的特点和需求，灵活地选择最合适的模型。通过这样的方式，才能充分发挥两种模型的优势，取得更好的实际效果。

先从生成式模型开始。生成式模型的核心思想就像是从天上掉下来的一部"神秘剧本"，它告诉我们如何通过观察这个世界来生成数据。其中，最著名的生成式模型就是朴素贝叶斯分类器。朴素贝叶斯分类器的基本原理就是利用贝叶斯公式：$P(A|B) = P(B|A) \cdot P(A)/P(B)$。在这个公式中，$P(A|B)$ 是在给定 B 的情况下 A 发生的概率，$P(B|A)$ 是在给定 A 的情况下 B 发生的概率，$P(A)$ 和 $P(B)$ 分别是 A 和 B 发生的概率。

如果我们手里有一部关于战国时期的剧本，剧本里详细描述了每个国家的人物、地理位置和战争情况。通过观察这部剧本，我们可以学会如何预测一个国家会被哪些国家攻击。这就像生成式模型通过学习数据的生成过程来进行分类任务。

判别式模型就像是一位勇敢的战士，并不关心这个世界是如何生成的，只关心怎么样能够找到正确的答案。其中，最著名的判别式模型就是逻辑回归。逻辑回归的基本原理是使用 sigmoid 函数 $(1/(1 + \exp(-x)))$ 将线性回归的输出值映射到 0 和 1 之间，表示某一类的概率。

如果我们身处战国时期，一个勇敢的战士站在城墙上，凭借自己的经验和敌人的部署来判断敌人会从哪个方向发起攻击。这就像判别式模型通过学习输入和输出之间的关系来进行分类任务。

如果我们要研究动物世界中两种生物：猫和狗，我们的目标是根据观察到的特征来判断一张图片是猫还是狗。这是一个典型的分类问题。

生成式模型就像是一位生物学家，研究了大量关于猫和狗的资料，了解了它们的生活习性、体型、饮食等方面的信息，通过这些信息可以预测一张图片是猫还是狗。在这个过程中，生成式模型学习了动物世界的生成过程。具体到我们的例子，生成式模型可能会学习到猫的毛色、瞳孔形状等特征，并计算在给定这些特征的条件下图片是猫的概率。

　　而判别式模型就像是一位经验丰富的宠物饲养员，通过观察猫和狗的外貌特征，发现了一些用于区分猫和狗的规律，如猫的尾巴通常比狗的尾巴更长、狗的耳朵通常比猫的耳朵更尖等。判别式模型直接学习了输入（图片特征）和输出（猫或狗）之间的关系。具体到我们的例子，判别式模型可能会学习到一个边界，使得尾巴长度、耳朵形状等特征的组合能够很好地区分猫和狗。

　　那么，如何上手入门呢？首先，可以学习概率论的基本知识，如条件概率、贝叶斯公式等。接着，可以通过实际项目或课程作业，尝试实现简单的生成式模型和判别式模型。在实践过程中，便会逐渐理解这两种模型的原理和特点。

　　总的来说，生成式模型和判别式模型都有各自的优势和局限，需要根据实际问题来选择合适的模型。希望动物世界的例子能有助于读者更好地理解生成式模型与判别式模型的区别。

第二部分
生成式人工智能的应用

第4章　自然语言处理

》》4.1　自然语言处理简介

让我们从自然语言处理的原理开始，然后谈论生成式人工智能在其中的应用。自然语言处理就像是一位天才翻译官，他的任务是解读人类语言并执行相应的操作。这位翻译官需要了解语言的各方面，包括语法、句法和语义等，以便他能够理解我们所表达的意思。生成式人工智能在这里就像是翻译官的大脑，它可以学习如何模仿人类的语言和沟通方式。

生成式人工智能通常使用神经网络，特别是循环神经网络和 Transformer 架构（如 BERT、GPT 等）来学习和生成文本。这些网络通过从大量文本数据中捕获语言的结构和语义信息，然后将这些知识应用于不同的任务，如机器翻译、智能问答、文本摘要等。下面详细讨论生成式人工智能在自然语言处理中的应用和实现方法。在自然语言处理的应用中，生成式人工智能可以实现诸如以下功能。

1.机器翻译

机器翻译是生成式人工智能在自然语言处理中的一个非常典型和实用的应用。机器翻译就是利用生成式人工智能学习语言之间的映射关系，帮助我们跨越语言障碍进行沟通。当你身处一个异域风情浓厚的国度，四周充斥着陌生的语言和文化。尽管你不会说当地的语言，但你却能毫无障碍地与当地人交流。

在机器翻译任务中，生成式人工智能的主要目标是学会将一种语言的文本转换为另一种语言的文本。为了实现这一目标，人工智能需要从成对的双语数据集（如英语－法语对照文本）中学习。通过学习这些数据，人工智能可以捕获两种语言之间的词汇、语法和语义映射关系。典型的机器翻译模型包括编码器－解码器架构，编码器将源语言文本编码成一个向量表示，解码器则从这个表示中生成目标语言文本。Transformer 架构，如 BERT 和 GPT，已经在机器翻译任务上取得了显著的成功。

2. 智能问答

生成式人工智能可以像一个知识渊博的教授一样，回答你关于各种主题的问题。例如，你问："为什么天空是蓝色的？"人工智能教授会给你一个既科学又有趣的答案："因为大气中的气体和其他微粒使得阳光中的蓝色光线更容易散射，就像蝴蝶在花丛中穿梭一样。"

在智能问答任务中，生成式人工智能需要从给定的知识库或文本中检索与问题相关的信息，并生成简洁、准确的答案。为了实现这一目标，人工智能首先需要对问题进行分析，理解问题中的关键词和实体，并确定问题的类型（如定义、原因、比较等）。接下来，人工智能需要从知识库或文本中找到与问题相关的信息，并将这些信息整合成一个恰当的答案。生成式人工智能可以通过注意力机制和多头自注意力（Multi-head Self-attention）来实现这一过程，这使得模型能够关注与问题相关的文本部分，并生成准确的答案。

3. 文本摘要

生成式人工智能有助于从一大堆文字中提炼出最重要的信息。例如，阅读一篇关于气候变化的报告，生成式人工智能可以为你提供一个简洁、幽默的摘要："地球现在正面临一个大问题：全球变暖。是时候拿出遮阳伞，保护我们的家园了！"

在文本摘要任务中，生成式人工智能需要从一篇长文本中提取关键信息，并生成一个简洁、易懂的摘要。为了实现这一目标，人工智能首先需要对原文进行分析，识别出文章的主题、观点和关键事实。然后，人工智能需要将这些信息组织成一个连贯、简洁的摘要。生成式人工智能可以通过序列到序列（Seq2Seq）模型来完成这一任务，其中编码器将原文编码成一个向量表示，解码器则从这个表示中生成目标语言文本。

4. 自动生成文章

生成式人工智能可以成为一位出色的作家，帮助你撰写各种类型的文章。只需要告诉人工智能你想要写的主题，它就能为你写出一篇引人入胜的文章。例如，你想让人工智能写一篇关于一只狗和一只猫的友谊的故事，人工智能就会以生动有趣的方式讲述它们如何共同脱离险境，成为好朋友。

生成式人工智能在自动撰写文章方面的应用，就像是一个会讲故事的机器人，它能够根据给定的主题或关键词，编写出引人入胜的文章。如果你在一天繁忙的工作后，想要阅读一篇关于一只勇敢的猫和一只机智的狗共同对抗邪恶企鹅的故事。生成式人工智能可以根据你的兴趣，为你创作出这样一篇充满趣味和创意的故事。为了实现这一目标，生成式人工智能需要从大量的文本中学习如何合理地组织句子、段落和章节，以及如何让角色、情节和对话更加生动有趣。这就像人工智能从一位经验丰富的作家身上学到写作技巧，然后将这些技巧运用到自己的创作中。

5. 生成语言游戏

生成式人工智能还可被用于创建富有创意的语言游戏。例如人工智能可以为你设计一个叫作"猜猜我是谁"的游戏。在这个游戏中，人工智能会生成一个谜题，描述一个名人或虚构角色的特点，然后让你猜猜这个角色是谁。这个游戏不仅考验你的知识和推理能力，还可以让你在轻松愉快的氛围中学习新的知识。

6. 聊天机器人

生成式人工智能可被用于创建一个会说话的聊天机器人，与用户进行有趣的对话。聊天机器人可以根据你的喜好和需求，与你聊天、回答问题或者讲故事。它就像一个会说话的玩具，可以陪伴用户度过无聊的时光。为了实现这一目标，生成式人工智能需要学会理解用户的问题和需求，并生成合适的回应。同时，生成式人工智能还需要学会如何让对话更加自然、幽默和有趣。

总之，生成式人工智能在自然语言处理中的应用涵盖了许多有趣和实用的领域。它可以帮助我们跨越语言障碍、获取信息、享受阅读和对话的乐趣。

》》》 4.2　主要的训练原理

我们将继续深入探讨生成式人工智能在自然语言处理中的原理、公式和应用实例。

1. 循环神经网络

原理：循环神经网络是一种处理序列数据的神经网络结构，适用于自然语言处理任务。循环神经网络的核心思想是在处理序列中的每个元素时，网络会保留一个"隐含状态"，这个状态包含了当前元素之前的信息。循环神经网络就像一个会倒带的录音机，它可以记住过去发生的事情，以便在处理后续输入时做出更好的决策。

公式：循环神经网络的基本公式如下。

$$h(t) = f(W_{hh} \cdot h(t-1) + W_{xh} \cdot x(t) + b_h)$$
$$y(t) = W_{hy} \cdot h(t) + b_y$$

其中，$h(t)$ 表示当前隐含状态，$x(t)$ 表示当前输入，$y(t)$ 表示当前输出，W_{hh}、W_{xh}、W_{hy} 分别表示隐含层到隐含层、输入层到隐含层和隐含层到输出层的权重矩阵，b_h 和 b_y 分别表示隐含层和输出层的偏置项，f 表示激活函数（如 tanh 或 ReLU）。

例子：使用循环神经网络为一个故事生成续集。在这个过程中，循环神经网络就像是一个会讲故事的聪明孩子，它会根据已经讲过的故事片段（即隐含状态），生成接下来的故事内容。这样，生成的故事就会更加连贯和有趣。

2. 长短时记忆网络

原理：长短时记忆网络（LSTM）是一种改进的循环神经网络结构，用于解决循环神经网络在处理长序列时的梯度消失和梯度爆炸问题。长短时记忆网络的核心思想是引入了一个名为"记忆细胞"的结构，它可以学会长时间保留重要信息，同时遗忘不相关的信息。长短时记忆网络就像一个具有筛选功能的倒带录音机，它可以自动选择保留哪些信息，以便在处理后续输入时做出更好的决策。

公式：长短时记忆网络的基本公式如下。

$$f(t) = \sigma(W_f \cdot [h(t-1), x(t)] + b_f)$$
$$i(t) = \sigma(W_i \cdot [h(t-1), x(t)] + b_i)$$
$$o(t) = \sigma(W_o \cdot [h(t-1), x(t)] + b_o)$$
$$c(t) = f(t) \cdot c(t-1) + i(t) \cdot \tanh(W_c \cdot [h(t-1), x(t)] + b_c)$$
$$h(t) = o(t) \cdot \tanh[c(t)]$$

这里，$f(t)$、$i(t)$ 和 $o(t)$ 分别表示遗忘门、输入门和输出门的激活值，$c(t)$ 表示记忆细胞的状态，$h(t)$ 表示隐含状态，$x(t)$ 表示当前输入，σ 表示 sigmoid 激活函数，W_f、W_i、W_o 和 W_c 分别表示遗忘门、输入门、输出门和记忆细胞的权重矩阵，b_f、b_i、b_o 和 b_c 分别表示遗忘门、输入门、输出门和记忆细胞的偏置项。

例子：如果我们要使用长短时记忆网络为一部长篇小说生成摘要。在这个过程中，长短时记忆网络就像是一个有超强记忆力的读者，它可以在阅读小说的过程中，筛选出最重要的情节和人物，然后将这些信息整合成一个简洁、有趣的摘要。

3. Transformer 架构

原理：Transformer 是一种基于自注意力机制的神经网络架构，适用于自然语言处理任务。与循环神经网络和长短时记忆网络不同，Transformer 可以并行处理序列中的所有元素，这使得它在处理长序列时具有更高的计算效率。Transformer 的核心思想是使用多头自注意力和位置编码（Positional Encoding），让网络能够捕捉序列中的长距离依赖关系和位置信息。Transformer 就像是一个会"快速阅读"的专家，它可以在短时间内理解一篇文章的主旨和结构，并将这些信息应用于不同的任务，如机器翻译和文本摘要。

Transformer 的总体架构可分为 4 部分：输入部分、输出部分、编码器部分、解码器部分，如图 4-1 所示。其中，输入部分包含源文本嵌入层及其位置编码器、目标文本嵌入层及其位置编码器；输出部分包含线性层、softmax 层；编码器部分由 N 个编码器层堆叠而成，每个编码器层由两个子层连接结构组成，第一个子层连接结构包括一个多头自注意力子层和规范化层以及一个残差连接（Residual Connection），第二个子层连接结构包括一个前馈全连接子层和规范化层以及一个残差连接；解码器部分由 N 个解码器层堆叠而成，每个解码器层由 3 个子层连接结构组成，第一个子层连接结构包括一个多头自注意力子层和规范化层以及一个残差连接，第二个子层连接结构包括一个多头注意力子层和规范化层以及一个残差连接，第三个子层连接结构包括一个前馈全连接子层和规范化层以及一个残差连接。

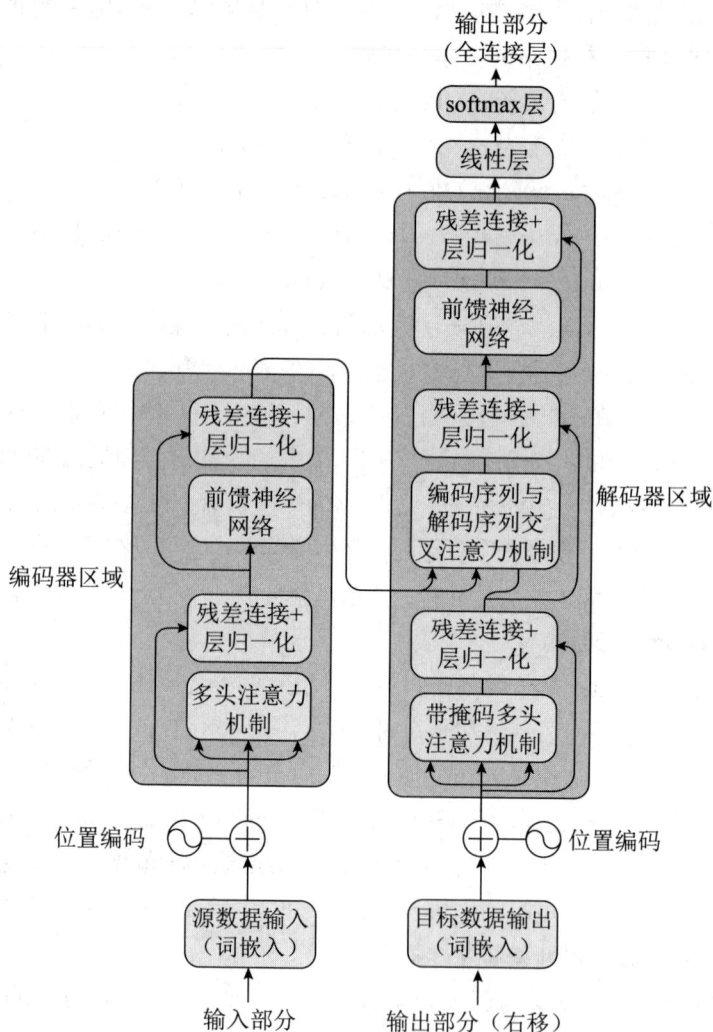

图 4-1　Transformer 的总体架构

注意力机制是 Transformer 架构的核心组成部分。我们观察事物时，之所以能够对一种事物快速做出判断，是因为我们大脑能够很快把注意力放在事物最具有辨识度的部分，正是基于这样的理论，就产生了注意力机制。注意力机制是一种用于加权输入信息的技术，可以帮助神经网络更好地捕捉序列中的关键信息。注意力机制的核心思想是通过计算输入元素之间的相似度，为每个元素分配一个权重，然后将加权后的元素进行聚合。这使得网络能够自动关注与任务相关的信息，提高模型性能。注意力机制就像是一副眼镜，它可以帮助模型在处理复杂任务时更加专注和高效。

Transformer 的注意力机制的基本公式如下。

$$\mathbf{Attention} = \text{softmax}\,(\boldsymbol{Q} \cdot \boldsymbol{K}^{\mathrm{T}}/\text{sqrt}\,(d_k)) \cdot \boldsymbol{V}$$

$$\boldsymbol{Q} = \boldsymbol{W}_q \cdot \boldsymbol{X}$$

$$\boldsymbol{K} = \boldsymbol{W}_k \cdot \boldsymbol{X}$$

$$\boldsymbol{V} = \boldsymbol{W}_v \cdot \boldsymbol{X}$$

这里，$\boldsymbol{Q}$、$\boldsymbol{K}$ 和 $\boldsymbol{V}$ 分别表示查询矩阵、键矩阵和值矩阵，$\boldsymbol{W}_q$、$\boldsymbol{W}_k$ 和 $\boldsymbol{W}_v$ 分别表示查询、键和值的权重矩阵，d_k 表示键向量的维度，$\boldsymbol{X}$ 表示输入矩阵，$\mathbf{Attention}$ 表示注意力矩阵。

例子：使用注意力机制为一篇杂乱无章的文章生成一个清晰的大纲。在这个过程中，注意力机制就像是一个有条理的编辑，它可以从文章中找出最关键的信息，然后将这些信息组织成一个结构清晰、逻辑严密的大纲，帮助读者理解文章的主旨。或者，我们要使用 Transformer 为一部科幻小说生成一篇影评。在这个过程中，Transformer 就像是一个电影评论家，它可以迅速抓住小说中的核心情节和主题，并根据这些信息撰写出一篇有深度的影评。

总之，生成式人工智能在自然语言处理中的实现原理涵盖了循环神经网络、长短时记忆网络和 Transformer 架构等多种技术。通过深入了解这些原理和公式，可以更好地理解生成式人工智能在各种自然语言处理任务中的应用和性能。

4. GPT

原理：GPT 是一种基于 Transformer 架构的大型预训练语言模型。GPT 的核心思想是通过大量无标签文本数据进行预训练，学习丰富的语言知识，然后在具体任务上进行微调。这使得 GPT 能够在各种自然语言处理任务中表现出色，如文本生成、文本摘要、机器翻译等。GPT 就像是一个博学多才的作家，它可以在不同领域和风格的写作中游刃有余，创作出高质量的作品。

公式：GPT 的基本公式与 Transformer 类似，关键在于如何利用预训练和微

调来优化模型性能。预训练阶段的损失函数为

$$L_{\text{pretrain}} = - E[\log P (x (t) \mid x (1:t-1); \theta)]$$

其中，$x(t)$ 表示输入序列中的第 t 个元素，$x(1:t-1)$ 表示前 $t-1$ 个元素，θ 表示模型参数。微调阶段的损失函数为

$$L_{\text{finetune}} = - E[\log P (y (t) \mid x (1:t-1), y (1:t-1); \theta)]$$

其中，$y(t)$ 表示目标序列中的第 t 个元素，$y(1:t-1)$ 表示前 $t-1$ 个元素。

例子：使用 GPT 为一篇科学论文生成一篇通俗易懂的解读文章。在这个过程中，GPT 就像是一个擅长科普的作家，它可以根据论文的内容和结构，创作出一篇生动有趣的解读文章，让普通读者能够理解复杂的科学知识。

5. BERT

原理：BERT（Bidirectional Encoder Representation from Transformer，双向编码器表征法）是一种基于 Transformer 架构的大型预训练语言模型。与 GPT 不同，BERT 采用了双向编码器，可以同时学习文本中的前向和后向信息。这使得 BERT 在处理上下文相关的任务（如问答、命名实体识别等）时具有更强的性能。BERT 就像是一个善于观察和思考的侦探，它可以从文本中发现细微的线索和关联，为各种任务提供有力的支持。

公式：BERT 的预训练阶段包括两个任务——遮挡语言模型（MLM）和下一句预测（NSP）。MLM 的损失函数为

$$L_{\text{MLM}} = - E[\log P (x (t) \mid x (1:t-1), x (t+1:T); \theta)]$$

其中，$x(t)$ 表示被遮挡的输入序列中的第 t 个元素，$x(1:t-1)$ 和 $x(t+1:T)$ 表示除 $x(t)$ 之外的其他元素，θ 表示模型参数。NSP 的损失函数为

$$L_{\text{NSP}} = - E[\log P (S \mid x_{\text{A}}, x_{\text{B}}; \theta)]$$

其中，S 表示两个输入序列 x_{A} 和 x_{B} 是否相邻，θ 表示模型参数。预训练阶段的总损失函数为

$$L_{\text{pretrain}} = L_{\text{MLM}} + L_{\text{NSP}}$$

微调阶段的损失函数与 GPT 类似，根据具体任务进行定义。

例子：使用 BERT 为一篇历史文章回答一系列问题。在这个过程中，BERT 就像是一个博古通今的历史学家，它可以从文章中捕捉到各种细节和联系，准确地回答问题，为读者提供丰富的历史知识。

6. 生成式对抗网络

原理：生成式对抗网络（GAN）是一种深度学习模型，通过同时训练两个互相竞争的神经网络（生成器和判别器）来生成新的数据。生成器负责生成与真

实数据相似的虚假数据，而判别器负责区分真实数据和虚假数据。在训练过程中，生成器和判别器不断相互提升，最终生成器可以生成足以以假乱真的数据。生成式对抗网络可以应用于图像生成、文本生成等领域。生成式对抗网络就像是一个擅长伪装的魔术师，它可以制造出各种逼真的假象，让人难以分辨真假。

公式：生成式对抗网络的训练过程可以表示为一个最小最大游戏，其损失函数为

$$\min_{G} \max_{D} E[\log D(x)] + E[\log(1 - D(G(z)))]$$

其中，G 表示生成器，D 表示判别器，x 表示真实数据，z 表示随机噪声，E 表示期望值。

例子：使用生成式对抗网络为一部热门电影生成一张海报。在这个过程中，生成器就像是一个富有创意的设计师，它可以根据电影的风格和内容创作出各种独特的海报设计；判别器就像是一个严格的审稿人，它可以从众多设计中挑选出最符合电影主题和品质的海报。经过多轮竞争和协作，最终生成的海报将会让观众眼前一亮，并充满吸引力。

7. 扩散模型

原理：扩散模型（Diffusion Model）的灵感来自非平衡热力学，理论上首先定义扩散步骤的马尔可夫链，缓慢地将随机噪声添加到数据中，然后学习逆向扩散过程以从噪声中构造所需的数据样本。训练后，可以使用扩散模型将随机采样的噪声传入模型中，通过去噪过程来生成数据。从根本上说，扩散模型的工作原理是通过连续添加高斯噪声来破坏训练数据，然后通过学习反转的去噪过程来恢复数据。

扩散模型分为正向的扩散过程和反向的逆扩散过程。以单个图像为例，正向的扩散过程就是不断往图像上加噪声直到图像变成一个纯噪声，整个过程就是一个马尔可夫链，而反向的逆扩散过程就是从纯噪声生成一张图像的过程。其中，马尔可夫链为状态空间中经过从一个状态到另一个状态的转换的随机过程。该过程具备"无记忆"的性质：下一状态的概率分布只能由当前状态决定，在时间序列中它前面的事件均与之无关。

公式：正向的扩散过程即往图片上加噪声的过程，是数据结构被破坏的阶段。扩散过程由于每个时刻 t 只与 $t-1$ 时刻有关，因此可以看作马尔可夫过程，在马尔可夫链的前向采样过程中，也就是扩散过程中，可以将数据转换为高斯分布。即扩散过程通过 T 次累积对输入数据 x_i 添加高斯噪声，将这个跟马尔可夫假设相结合，于是可以对扩散过程表达为如下形式

$$q\ (x_t|x_{t-1}) = N\ (x_t|;\ \sqrt{1-\beta_t}\ x_{t-1},\ \beta_t\ I),\ q\ (x_{1:\ T}|x_0) = \prod_{t=1}^{T} q\ (x_t|x_{t-1})$$

其中，β_1，β_2，$\cdots$，β_T 是高斯分布方差的超参数。在扩散过程中，随着 t 的增大，x_t 越来越接近纯噪声。当 T 足够大时，x_T 可以收敛为标准高斯噪声 $N\ (0,1)$。

扩散模型的神奇"魔力"来自逆扩散过程。如果说扩散过程是加噪的过程，那么反向的逆扩散过程就是去噪推断过程。如果能够逐步得到逆转后的分布 $p_\theta\ (x_{t-1}|x_t)$，就可以从标准高斯分布 $N\ (0,1)$ 还原出样本数据的分布 x_0。也就是在训练时，模型学习逆扩散过程的概率分布，以生成新数据。如下式所示，从纯高斯噪声 $p\ (x_T) = N\ (x_{0:\ T},\ 1)$ 开始，模型将学习联合概率分布 $p_\theta\ (x_{0:\ T})$：

$$p_\theta\ (x_{0:\ T}) = P\ (x_T) \prod_{t=1}^{T} p_\theta\ (x_{t-1}|x_t)$$

扩散模型在图像生成任务中展现出卓越的性能，并在图像合成等任务上超越了 GAN 的表现。这些模型能够生成多样化的图像，并被证明不受模式崩溃的影响。这是由于扩散模型具有保留数据语义结构的能力。然而，这些模型的计算要求较高，训练需要大量的内存，使得大多数研究人员难以尝试。这是因为所有的马尔可夫状态都需要在内存中进行预测，这意味着大型深度网络的多个实例会一直占用内存。此外，这些方法的训练时间也较长，例如可能需要几天到几个月。这是由于这些模型容易陷入图像数据的细粒度、难以察觉的复杂性中。然而，需要注意的是，这种细粒度图像生成也是扩散模型的主要优势之一。因此，使用它们存在一定的矛盾。

8. 零样本学习

原理：零样本学习（Zero-Shot Learning）是一种在没有目标类别样本的情况下学习和识别新类别的方法。它通常通过学习类别之间的语义关系（如属性或词向量）来实现。零样本学习可以应用于图像分类、文本分类等领域。零样本学习就像是一个善于类比和推理的专家，它可以根据已有的知识和经验快速地理解和处理新的问题。

公式：零样本学习的关键在于如何将输入数据（如图像或文本）映射到语义空间，并根据语义距离进行分类。假设有一个映射函数 f，其损失函数可以表示为

$$L\ (f) = E[d\ (f\ (x),\ y)\ ]$$

其中，x 表示输入数据，y 表示目标类别在语义空间中的表示，d 表示语义距离，E 表示期望值。我们的目标是找到一个映射函数 f，使得输入数据在语义空间中与目标类别尽可能接近。

例子：使用零样本学习对一组生物照片进行分类。在这个过程中，首先需要从已知生物的照片和描述中学习生物之间的语义关系（如体型、颜色、习性等）。然后，对于一张新的生物照片，可以根据这些语义关系推测它可能属于哪个类别。例如，如果照片中的生物有着鲜艳的羽毛和锐利的喙，可以推测它可能是一种鸟类。这样，即使在没有目标类别样本的情况下，也可以准确地对生物进行分类。

9. 强化学习

原理：强化学习（Reinforcement Learning）是一种基于试错学习和延迟奖励的机器学习方法。在强化学习中，智能体通过与环境互动来学习如何做出最佳决策，以最大化累积奖励。强化学习可以应用于控制、优化、游戏等领域。强化学习就像是一个勇敢的冒险者，它可以在未知的环境中不断尝试和探索，找到最佳的行动策略。

公式：强化学习的核心公式是贝尔曼方程，它描述了状态价值函数和动作价值函数之间的关系。

$$V(s) = \max_a E[r + \gamma V(s') \mid s, a]$$
$$Q(s, a) = E[r + \gamma \max_{a'} Q(s', a') \mid s, a]$$

其中，s、s' 表示状态，a、a' 表示动作，r 表示奖励，γ 表示折扣因子，V 和 Q 分别表示状态价值函数和动作价值函数，E 表示期望值。

例子：使用强化学习教会一个机器人玩电子游戏。在这个过程中，机器人需要根据游戏画面做出决策，并从游戏得分中获得奖励。通过不断尝试和学习，机器人最终可以找到一种最优策略，让游戏得分达到最高。这个过程就像是一个勇敢的勇士在未知的迷宫中寻找宝藏，只有经过无数次的挑战和成长，才能够成功地达到目的地。

10. 元学习

原理：元学习（Meta-Learning）是一种训练模型在多个任务上快速适应新任务的方法。元学习的关键是学习如何学习，即从多个任务中提取通用的学习策略，以便在遇到新任务时能够迅速调整模型参数。元学习可以应用于分类、回归、强化学习等领域。元学习就像是一个善于自省的学者，它可以在不断学习的过程中发现自己的优缺点，调整学习方法，使得学习效果不断提高。

公式：元学习的一个典型方法是模型梯度更新，其公式可以表示为

$$\theta' = \theta - \alpha \nabla_\theta L(\theta)$$

其中，θ 表示模型参数，α 表示学习率，∇_θ 表示梯度，L 表示损失函数。通

过多轮迭代，可以找到一个合适的初始参数 θ，使得模型在新任务上可以快速收敛。

例子：使用元学习为一个智能助手设计一个学习模块。在这个过程中，智能助手需要根据用户的需求在多个任务中切换，如语音识别、图像分类、推荐系统等。通过元学习，智能助手可以从这些任务中提取通用的学习策略，使得在遇到新任务时能够迅速调整自己的行为，为用户提供更好的服务。这个过程就像是一个聪明的学生在不断地自我调整和优化，最终成为一个全面发展、各方面都很出色的优秀人才。

通过以上对生成式人工智能各个技术的原理、公式和应用实例的深入探讨，我们可以更好地理解这些技术在实际问题中的性能和潜力。同时，通过幽默风趣的例子和比喻，我们可以在学习过程中更加轻松愉快地掌握这些复杂的概念。希望这些知识能够激发读者的研究兴趣，帮助读者在生成式人工智能领域取得更大的成就。

))) 4.3 文本生成

自然语言处理中的文本生成是一个非常有趣的领域，发展历程中充满轶闻趣事。从早期简单的规则生成到现代先进的生成式人工智能，文本生成技术已经取得了令人瞩目的成果。

1. 马尔可夫链：一个偶然的发现

20 世纪初，一个名叫安德烈·马尔可夫的俄罗斯数学家正在研究语言中的随机现象。有一天，马尔可夫在阅读一本俄语诗歌集时，突然发现诗中的元音和辅音似乎有一种神秘的规律。为了验证这个想法，他设计了一个简单的数学模型，通过计算相邻字母之间的转移概率来生成诗歌。这个模型就是著名的马尔可夫链。马尔可夫链虽然简单，但却是文本生成领域的开山之作。从那时起，人们开始认识到生成文本也许并不是一件遥不可及的事情。

2. ELIZA：一位"心理治疗师"的诞生

20 世纪 60 年代，麻省理工学院的约瑟夫·维森鲍姆创建了一款名为 ELIZA 的程序，这是一款能与人进行简单对话的程序，通过模拟心理治疗师的回答方式，给用户以真实的对话体验。尽管 ELIZA 并不具备真正的理解能力，但这款程序却引起了很大的轰动。很多用户甚至开始向这位"心理治疗师"倾诉心事，以为她真的在听。这个故事充分证明了文本生成技术的潜力，以及人们对这种技术的渴求。

3. GPT 系列模型：从 0 到 1，再到无穷大

进入 21 世纪，人工智能领域取得了突破性进展。尤其是在自然语言处理领域，诸如 BERT、GPT 等模型相继问世，为文本生成技术带来了革命性的变革。特别是 OpenAI 推出的 GPT 系列模型，如 GPT-3，凭借其超大规模的训练数据和强大的生成能力，成为文本生成领域的一颗耀眼的明星。这些模型通过深度学习技术，可以理解并生成接近人类水平的自然语言文本，展示了前所未有的智能水平。

有一个 GPT-3 的故事曾在推特上红极一时。一位程序员用 GPT-3 创建了一个名为 ChatGPT 的推特账号，开始与网友进行各种有趣的互动。有网友让它写一首诗，它不仅能瞬间创作出一首优美的诗篇，还能穿插幽默诙谐的元素。许多人都惊讶于它的生成能力，甚至以为是真人在背后操控。这个趣闻展示了 GPT 系列模型在文本生成领域所取得的惊人成就。

4. 生成式人工智能的应用：无穷尽的可能

随着生成式人工智能技术的不断进步，文本生成领域的应用场景也越来越丰富。从虚拟助手、客服机器人，到新闻写作、创意写作，生成式人工智能正逐渐改变我们的生活。以动物为例，想象一下未来的动物园里，每个展馆都配备了一个生成式人工智能助手。当游客想了解某种动物的习性、生态环境时，只需向这个助手提问，它就能生成一段幽默风趣、引人入胜的介绍，让游客在轻松愉快的氛围中了解到更多知识。

回顾文本生成领域的发展历程，宛如阅读一部奇幻冒险小说。从最初的马尔可夫链到现代的生成式人工智能，这个领域已经取得了巨大的突破。而在未来，随着科学技术的不断进步，我们有理由相信，文本生成领域还将迎来更多的惊喜和挑战。

在早期阶段，马尔可夫链宛如一个刚学会蹒跚学步的儿童。虽然还不够聪明，但总是摇摇摆摆地尝试往前走。在这个阶段，文本生成的能力相当有限，仅能基于当前词汇预测下一个词语的概率。就像儿童，总是一步一步地前进。为什么会有这样的突破呢？那是因为科学家在这个时候发现了马尔可夫链的概念，这个概念帮助他们将文本生成问题简化为一个基于条件概率的问题。虽然这个阶段的模型能力有限，但为后来的研究奠定了基础。

进入统计语言模型阶段，我们可以将其比作一个初中生。它已经学会了一些基本的知识，能够理解一定程度的上下文关系。然而，它的理解力仍然有限，无法像高中生那样深入挖掘文本中的内在联系。这个阶段的突破在于科学家们开始利用统计学习方法来预测词汇之间的关系。通过计算词汇在大量文本中出现的概

率，模型能够生成更加自然的句子。然而，由于计算能力的限制，这些模型仍然难以处理长距离的上下文关系。

随着循环神经网络与长短时记忆网络的出现，模型的能力得到了显著提升，堪比一位高中生，具备了更强的理解能力和记忆力。循环神经网络与长短时记忆网络可以捕捉文本中较长距离的上下文关系，生成更加自然和连贯的句子。这就好像高中生在阅读文章时，不仅能理解句子之间的关系，还能洞察文章的整体结构。这个阶段的突破在于循环神经网络的引入，它使得模型能够处理较长的序列数据。而长短时记忆网络解决了循环神经网络在处理长距离依赖时的梯度消失问题，使得模型的记忆能力得到显著提升。

在最新的发展阶段中，可以将 Transformer 与 GPT 系列模型比作一位博士生。它拥有丰富的知识和专业能力，能够深入分析文本，挖掘出更复杂的内在联系。Transformer 和 GPT 系列模型可以理解长距离的上下文关系，甚至能生成极具创造力的文章。这个阶段的突破在于 Transformer 的引入，它采用了自注意力机制，使得模型可以更高效地处理长距离依赖。而 GPT 系列模型的出现，让文本生成进入了一个全新的境界。通过预训练和微调的技巧，GPT 模型可以适应各种不同的任务，生成令人惊艳的文本。举个例子，就像一个博士生能够在短时间内撰写出一篇高质量的论文，GPT 系列模型也能生成一篇极具创造力的文章。有时候，甚至分辨不出这篇文章是由人类还是机器生成的。

总结一下，从马尔可夫链的儿童，到统计语言模型的初中生，再到长短时记忆神经网络的高中生，最后到 GPT 系列模型的博士生，自然语言处理领域的文本生成能力经历了一场巨大的演变。每个阶段的突破都归功于科学家的不懈努力和创新精神，他们不断地探索新的方法和技巧，将文本生成带到了一个又一个新的高度。正如一位名人曾经说过："人生就像一场马拉松，只有不断前进，才能跨越更高的山峰。"在生成式人工智能的道路上，我们也将继续前行，书写更多的辉煌篇章。

))) 4.4　机器翻译

设想一下，你身处一个具有浓郁异域风情的国度，四周充斥着陌生的语言和文化。尽管你不会说当地的语言，但你却能毫无障碍地与当地人交流。这一切，都要归功于你手中的智能手机和那款强大的机器翻译应用。只需轻轻一点，陌生的单词或短语便能瞬间转换为你熟悉的语言，宛如握有一本神奇的翻译宝典。那么，这本"翻译宝典"究竟是如何运作的呢？其背后的原理又是什么呢？

　　首先，生成式人工智能在机器翻译中的核心技术之一就是序列到序列模型（Seq2Seq）。如同有一个魔法猫在模型的一端接收源语言（例如英语），然后在另一端输出目标语言（例如中文）。这个魔法猫有两个关键部分：编码器和解码器。编码器的任务是将输入的源语言序列编码成一个向量，这个向量包含了源语言序列的所有信息。然后，解码器会根据这个向量生成目标语言的序列。

　　假设有一个叫作翻译猫的超级英雄。它的超能力是可以理解任何语言，并将其翻译成其他语言。当翻译猫遇到一句英语"I love cats."，它首先会把这句话转换为一个猫咪密码。这个猫咪密码包含了英语句子的所有信息，例如单词的顺序和语法结构。然后，翻译猫会根据这个猫咪密码把句子翻译成中文："我爱猫。"

　　在实际的机器翻译模型中，会使用一种名为"注意力机制"的技术来帮助解码器更好地关注输入序列中的不同部分。就像翻译猫在翻译过程中会关注源语言句子中的每一个单词一样，注意力机制可以帮助模型在翻译过程中更好地关注源语言句子中的重要部分。

　　现在，已经了解了生成式人工智能在机器翻译中的原理，接下来看看一些实际应用的例子。

　　有一天，翻译猫受邀参加一个国际会议，现场有很多来自不同国家的代表。他们都在用各自的母语交流，这让翻译猫觉得非常有挑战性。但翻译猫并没有气馁，他运用了自己的超能力，帮助所有与会者克服了语言障碍。现场的气氛非常融洽，大家都称赞翻译猫是一位出色的翻译员。

　　类似的场景在现实生活中也并非遥不可及。例如，谷歌的实时翻译功能就可以实现类似的效果。当人们参加国际会议或者旅行时，只要戴上谷歌翻译耳机，就可以实时翻译对方说的话，从而克服语言障碍，轻松沟通。

　　此外，生成式人工智能在机器翻译中还有很多其他的应用。例如一款名为DeepL 的翻译工具。DeepL 使用深度学习技术，在许多情况下，它的翻译质量甚至超过了谷歌翻译。许多人认为，DeepL 在翻译上下文、词汇和语法方面更为精确。

　　在这个越来越全球化的世界中，生成式人工智能在机器翻译领域的应用将会越来越广泛。无论是帮助人们了解不同国家的文化，还是促进国际贸易和交流，它都将扮演重要的角色。而像翻译猫这样的超级英雄，也将继续为人类提供更多的帮助，让人们跨越语言的障碍，实现真正的沟通。

　　总之，生成式人工智能在机器翻译领域的应用正在不断发展和创新。从编码器、解码器、注意力机制等原理，到实际应用如实时翻译、高质量的翻译工具等，这些都为人们提供了跨越语言障碍的可能性。正如翻译猫的故事所展示的那样，机器翻译的发展将会为人类带来更多便利和机会，让人们能够更好地理解和欣赏不同文化、促进全球交流与合作。

当然，生成式人工智能在机器翻译领域的应用还面临着一些挑战。例如，对于一些非常复杂的语言结构或者具有高度文化特色的语言的翻译，现有的技术可能还无法完美地胜任。而像翻译猫这样的超级英雄在面对这些问题时，可能需要更强大的"超能力"来解决。为了提高翻译质量，未来的研究将继续关注如何优化生成式模型，以便它们能更好地捕捉到源语言和目标语言之间的微妙联系。

如果你在阅读一本外国名著，书中描述了一场盛大的宴会。在宴会上，人们用各种美食佐以美酒，这些美食与美酒都有独特的名字，反映了它们所属国家的独特文化。然而，当你试图用现有的机器翻译工具翻译这些名字时，你可能会发现它们的翻译并不准确，有些甚至完全无法理解。

这是因为机器翻译模型通常依赖于大量的双语语料库进行训练，但对于一些罕见的词汇和短语，模型可能没有足够的数据来学习它们的翻译。这时，翻译猫就需要借助其他技术来解决这个问题，例如利用知识图谱或者外部的词典资源，以便更好地理解和翻译这些具有特殊文化意义的内容。

另一个挑战是生成式人工智能在机器翻译中可能会面临一定程度的偏见和歧视问题。这是因为训练数据可能包含了人们在使用语言时的一些偏见，这些偏见会被模型学习并在翻译过程中体现出来。为了解决这个问题，研究者正努力开发一些去偏见的方法，以确保机器翻译的公平性和准确性。

总之，生成式人工智能在机器翻译领域的应用前景广阔，但同时也面临着诸多挑战。通过不断的研究和创新，我们相信这些挑战将逐渐得到克服，未来的机器翻译技术将更加强大、准确和公平。

随着技术的不断发展，或许会看到翻译猫这样的超级英雄携手更多的同伴，共同为人类服务。当需要与不同文化背景的人交流时，可以轻松地利用生成式人工智能进行翻译，甚至可以实现实时双向沟通，使得交流变得无比便捷。此外，生成式人工智能还可应用于语言教学，帮助学生更好地学习和掌握外语。

在这个多元文化的世界中，生成式人工智能不仅可以帮助人们跨越语言障碍，还能帮助人们更好地欣赏和理解不同文化的美。例如，通过机器翻译，人们可以轻松阅读外国文学作品，欣赏世界各地的美食食谱，甚至学习了解其他国家的历史和风俗习惯。

尽管现在的生成式人工智能在机器翻译领域仍然有很多不足之处，但随着技术的不断进步，这些问题将逐步得到解决。未来的机器翻译将会变得更加智能、准确和人性化，为人类带来更多的便利和可能性。

最后，让我们用一个幽默的例子来结束这个话题。有一天，翻译猫受邀参加一个跨国公司的派对。派对上，一位法国人对翻译猫说："Voulez-vousdanser avec moi？"翻译猫立刻启动了它的超能力，瞬间将这句话翻译成："你愿意跟我跳舞吗？"随后，翻译猫微笑着回答："当然可以，让我们共舞吧！"从此，翻译猫成为派对上最受欢迎的舞伴，让所有的人都为它的翻译技能和魅力所折服。

希望通过这个轻松的故事，让大家对生成式人工智能在机器翻译领域的原理和应用有更深刻的理解，同时期待翻译猫这样的超级英雄在未来能为我们带来更多的惊喜和便利，让人类共同走向一个无国界、无障碍沟通的世界，每一个人都能够更加便捷地与不同语言和文化背景进行交流，不再受到语言障碍的限制。这不仅将促进国际友谊和合作，还有助于更好地了解彼此的文化，推动全球各地的共同发展。

当然，我们可以深入探讨机器翻译的原理。机器翻译主要分为两大类：基于规则的机器翻译（Rule-Based Machine Translation，RBMT）和基于统计的机器翻译（Statistical Machine Translation，SMT）。近年来，基于神经网络的机器翻译（Neural Machine Translation，NMT）在翻译质量和效果上取得了显著进展。

（1）基于规则的机器翻译。

基于规则的机器翻译依赖于编写大量明确的语法和词汇规则。这种方法需要语言学家和专家深入了解源语言和目标语言的语法规则。基于规则的机器翻译会分析源语言的句子结构，然后根据目标语言的语法规则生成译文。尽管基于规则的机器翻译在某些特定领域取得了一定的成功，但由于语言的复杂性和规则的数量庞大，因此它在处理多种语言和领域时表现不佳。

（2）基于统计的机器翻译。

基于统计的机器翻译利用大量的双语语料库（即源语言和目标语言的匹配文本）来训练模型，它基于计算源语言和目标语言之间的概率对应关系，从而生成译文。虽然基于统计的机器翻译在翻译质量方面相较于基于规则的机器翻译有所提高，但仍存在一些问题，如长句子的处理、译文流畅性等。

（3）基于神经网络的机器翻译。

近年来，随着深度学习技术的发展，基于神经网络的机器翻译成为主流方法。它使用神经网络（如循环神经网络和 Transformer）对源语言进行编码，然后对目标语言进行解码。基于神经网络的机器翻译模型通常使用端到端的训练方式，能够自动学习语言的表示和结构，从而在翻译质量和流畅性方面取得显著提升。

尽管基于神经网络的机器翻译在很多方面已经取得了相当好的效果，但仍存在一些挑战，如处理罕见词汇、长文本翻译以及低资源语言对的翻译等。为了克服这些挑战，研究者正在不断地改进现有的神经网络结构和训练方法。以下是一些针对这些挑战的研究方向。

（1）处理罕见词汇。

神经网络机器翻译可能在处理低频词汇时遇到困难。为了解决这个问题，研究者尝试将词汇分解为子词单元（如字符、音节或词根），这样可以让模型更好地处理罕见词汇，同时也减少了词汇表的大小。

（2）长文本翻译。

长文本翻译对于神经网络机器翻译是一个挑战，因为神经网络可能难以捕捉长距离的依赖关系。为了解决这个问题，研究者提出了一种名为 Transformer 的网络结构。Transformer 使用自注意力机制捕捉输入序列的全局依赖关系，提高了长文本翻译的效果。

（3）低资源语言对翻译。

在低资源语言对上进行神经网络机器翻译可能因为缺乏足够的训练数据而导致性能下降。为了解决这个问题，研究者尝试利用多语言和多任务学习来提高低资源语言对的翻译性能。此外，一些无监督的方法，如循环对偶学习（Cycle-Consistent Learning）也被提出，尝试从非平行语料库中学习翻译映射。

（4）可解释性和对抗样本。

虽然神经网络机器翻译在很多任务上取得了很好的效果，但这些模型的可解释性仍然是一个挑战。为了提高模型的可解释性，研究者尝试研究模型中不同组件的作用，以及如何设计可解释性更强的模型。此外，研究者还关注神经网络机器翻译模型在对抗样本上的表现，以提高模型的健壮性。

总之，虽然生成式人工智能在机器翻译领域已经取得了很多显著成果，但仍有许多挑战和研究方向有待探讨。未来的研究将不断提高神经网络机器翻译的性能、健壮性和可解释性，从而为人类提供更好的翻译服务。

))) 4.5　情感分析

情感分析是自然语言处理领域的一个重要应用，它关注于从文本中识别和提取情感信息。如果你是一家电影公司的市场研究员，需要从成千上万的观众评论中获取观众对于一部新电影的喜好。在这种情况下，生成式人工智能可以帮助你自动地识别评论中的情感极性（正面、负面或中性）。

1. 情感分析概述

1）背景：从"情感石头"到"情感芯片"

在古代，人们用不同颜色的石头来表达情感。红色石头代表愤怒，绿色石头代表羡慕，而蓝色石头代表忧郁。然而，在今天的数字时代，我们不再依赖这种原始的方式来表达情感。相反，我们有了生成式人工智能，可以自动分析文本中的情感信息。这就好像我们用一块"情感芯片"来代替了那些古老的"情感石头"。

2）原理：情感分析的"情感识别器"

情感分析的核心任务是将文本分为不同的情感类别。这就像一个"情感识别器"可以自动识别出文本中的情感。生成式人工智能通过学习大量带有情感标签的文本，能够识别出新的文本中的情感信息。

3）公式：情感分析的"情感方程式"

情感分析的一个关键步骤是计算文本的情感分数。这就像解一个"情感方程式"。其中，每个词都有一个情感权重，文本的情感分数是所有词的情感权重之和。一个简单的公式如下：

$$情感分数 = \Sigma（词\ i\ 的情感权重）$$

生成式人工智能可以通过学习训练数据来自动计算词的情感权重。例如，"喜欢"这个词可能有一个正面的权重，而"讨厌"这个词可能有一个负面的权重。

4）应用：情感分析的"情感 GPS"

情感分析在许多实际应用中都有很大的价值。例如，它可以用于品牌监控、产品评价、舆情分析等。在这些应用中，情感分析就像一个"情感 GPS"，可以帮助我们在庞大的文本海洋中快速定位情感信息。

（1）品牌监控。企业可以通过情感分析了解消费者对其品牌的看法。这就像使用一副"情感望远镜"观察消费者的心情变化。例如，如果消费者对于一款新产品的反应普遍负面，企业可能需要调整其市场策略或产品设计。

（2）产品评价。通过情感分析，开发者可以从用户评论中获取宝贵的反馈信息，从而改进产品功能和性能。这就像是一个"情感导航仪"引导开发者在用户需求的海洋中找到正确的方向。

（3）舆情分析。政府和企业可以利用情感分析监测公共舆论，为政策制定和危机管理提供参考。在这种情况下，情感分析就像是一台"情感雷达"，能够探测到潜在的舆情风暴。

5）举例说明：情感分析的"情感翻译器"

如果你正在观看一部外国电影，但你无法理解其中的对话内容。此时，你需要一台"情感翻译器"来帮助你了解角色的情感状态。生成式人工智能在情感分析中的应用就像是这样一台"情感翻译器",可以帮助我们理解文本中的情感信息。

假设有一条评论:"这部电影真是太棒了,我笑得肚子疼!"生成式人工智能可以识别出这是一条正面评论,因为其中包含了积极的词汇,如"棒"和"笑"。相反,如果评论是:"这部电影实在太糟糕了,我都想离场了。"生成式人工智能则会将其识别为负面评论,因为其中包含了消极的词汇,如"糟糕"和"离场"。

总之,生成式人工智能在情感分析领域的应用为我们提供了一种有效的方法来理解和挖掘文本中的情感信息。

2. 生成式模型与其他模型和方法的差异

生成式人工智能与其他类型的人工智能或算法之间的主要区别在于其建模方法和应用场景。

1)生成式模型与判别式模型

生成式模型(如隐马尔可夫模型(HMM)和贝叶斯网络)试图学习数据的联合概率分布 $P(X, Y)$,然后通过贝叶斯公式计算条件概率分布 $P(Y|X)$。生成式模型能够生成新的数据实例,同时也能够对未见过的数据进行预测。

判别式模型(如逻辑回归和支持向量机)关注条件概率分布 $P(Y|X)$,直接学习输入与输出之间的关系。判别式模型主要用于分类和回归任务。

2)生成式人工智能与经典机器学习算法

生成式人工智能通常使用深度学习技术(如神经网络),侧重于模型的生成能力,如自然语言生成、图像生成等。而经典机器学习算法(如决策树、K 近邻、支持向量机等)关注于分类、回归和聚类等任务,这些算法的目的主要是预测和推断。

3)生成式人工智能与规则引擎

规则引擎是一种基于预定义规则的人工智能方法,通过手工编写的规则集对输入数据进行处理。生成式人工智能则依赖于从大量数据中学习的概率分布,无须显式地定义规则。

4)生成式人工智能与专家系统

专家系统是一种基于领域知识的人工智能方法,依赖于领域专家提供的知识和经验。生成式人工智能则是通过从大量数据中自动学习知识,无须专家的直接参与。

总之,生成式人工智能与其他人工智能方法和算法的主要区别在于其强调生成能力和从大量数据中自动学习知识的特点。生成式人工智能在自然语言处理、计算机视觉和推荐系统等领域取得了显著的成果,为我们提供了许多前所未有的应用。

第 5 章 计算机视觉

生成式人工智能在计算机视觉中的应用非常广泛。

))) 5.1 计算机视觉中的几个核心任务

（1）图像分类。

图像分类任务就像在一大堆水果中分辨苹果、香蕉和橙子一样。生成式人工智能在图像分类任务中的作用，就是通过学习从大量标注好的图像中提取有用的特征，从而帮助模型进行分类。我们的模型像一个神奇的果农，他只需要看一眼果园，就能告诉你哪里种的是苹果树，哪里种的是橙子树。

（2）目标检测。

目标检测任务就像在一张多人的合照中找到你的朋友。生成式人工智能可以帮助模型在图像中找到感兴趣的目标物体，并给出它们的位置。我们的模型像一个聪明的侦探，他能在迷宫般的城市中轻松找到那个戴着红帽子的人。

（3）语义分割。

语义分割任务就是在图像中为每个像素分配一个类别标签。生成式人工智能在这里的作用是通过学习各种纹理、形状和颜色等特征，将图像中的每个像素进行分类。我们的模型像一位艺术家，他能够在一张画布上仅用几笔就勾勒出一幅美丽的风景。

（4）3D 重建。

3D 重建任务就是从 2D 图像中重建出 3D 模型。生成式人工智能在这里的作用是通过对大量 3D 模型和对应的 2D 图像进行学习，找到它们之间的关系。我们的模型像一个室内设计师，他只需要看一眼照片，就能够创造出一个逼真的三维家居环境。

（5）风格迁移。

风格迁移任务就是将一幅图片的风格应用到另一幅图片上。生成式人工智能在这里的作用是学习不同艺术家的风格特征，并将这些特征应用到目标图像上。我们的模型像一个善于模仿的画家，他能够参考梵高的画风为你画一张蒙娜丽莎的肖像。

))) 5.2　基本的原理和方法

为了深入理解生成式人工智能在计算机视觉领域的应用，需要了解一些基本的原理和方法。这里有一个趣味的例子来帮助我们理解。

如果我们有一支拥有魔法的画笔，这个画笔可以根据我们的想象绘制出任何图像。生成式人工智能就像是这样一支拥有魔法的画笔。通过在大量的图像数据中学习，生成式模型可以捕捉各种有趣的图像特征，并将这些特征应用于各种计算机视觉任务。

例如，在目标检测任务中，生成式模型学会了如何从背景中分离出目标物体。它就像一个擅长捉迷藏的孩子，能在丛林中找到藏身的小动物。在语义分割任务中，生成式模型学会了如何为每个像素分配正确的类别。这就好比一个糖果工厂的工人，他可以轻松地将各种颜色和口味的糖果分开。

在实际应用中，生成式人工智能的一个关键技术是卷积神经网络。卷积神经网络通过对图像进行多层次的特征提取，能够在不同的尺度上捕捉到图像的重要信息。这就好比我们的眼睛在观察物体时，会关注它们的形状、颜色和纹理等各种细节。

除了上述的应用之外，生成式人工智能在计算机视觉领域还有许多其他有趣的应用。

（1）图像超分辨率。

一张珍贵的照片或重要的图像资料，由于分辨率过低，在放大后细节丢失、模糊不清，无法满足我们的需求。这时，生成式模型就如同一位技艺高超的数字修复师，能够通过学习大量高清图像的内在规律和特征，将低分辨率的图片巧妙地转换为高分辨率版本。

（2）图像生成。

生成式模型在图像生成领域的表现就如同一位拥有无限创意的艺术家，不仅可以从头开始创造全新的图像，还能生成各种现实场景，甚至是从未存在过的奇幻世界。这些生成的图像，无论是细腻的纹理、生动的色彩，还是逼真的光影效果，都足以让人眼前一亮。生成式模型就像一个梦境制造者，让人们可以身临其境地感受那些想象中的奇妙场景。

（3）视频生成。

生成式模型的魅力远不止于静态图像。它们同样能够运用于动态视频的生成，将故事的每一个瞬间、每一个细节都呈现得淋漓尽致。这种能力使得生成式模型就像一位才华横溢的电影导演，不仅擅长编织引人入胜的故事情节，还能通过精湛的"拍摄"技巧，将这些故事转换为一部部令人陶醉的精彩影片。

当然，生成式人工智能在计算机视觉领域的应用还有很多，它们像一个个神奇的变形金刚，可以根据需要变成各种功能强大的工具，帮助我们更好地理解和利用视觉信息。随着技术的进步，生成式人工智能将继续为我们带来无尽的惊喜。

》》》 5.3　图像生成

1. 图像生成技术

回溯至 20 世纪 80 年代，那时的计算机图像生成技术正处于摸索与起步的阶段。这时，出现了一位名叫霍普菲尔德的学者，他提出了一种名为"受限玻尔兹曼机"的方法。这一方法仿佛是一个刚开始学习绘画的孩子，尽管能够用稚嫩的手笔勾勒出一些简单的图案，但距离真正的大师级作品还有些遥远。然而，正是这些初步的探索和尝试，为后来的图像生成技术奠定了坚实的基础。

随着时间的推移，计算机视觉领域的研究者开始尝试使用神经网络来生成图像。这就好比他们发现了一本神奇的魔法书，里面记载着可以用来生成图像的强大法术。其中，一种名为"变分自编码器"（VAE）的方法成为这个领域的明星。VAE 就像一个会造梦的机器，它可以根据训练数据生成各种不同的图像。

2. 实际应用表现

如果你正站在一幅未完成的画作面前，画中的风景和人物还有许多细节需要完善。这时，生成式人工智能就像一个擅长画画的精灵，它会根据已有的部分自动填充剩余的空白，使画作变得完整且生动。

一个典型的应用是图像到图像的转换。如果你拿着一张黑白照片，想知道它彩色的样子。生成式人工智能就像一个神奇的颜料调配师，它可以为你的照片添加合适的颜色，使其焕发出新的生命力。

此外，生成式人工智能还可以用于生成虚拟角色和场景。在游戏和动画领域，人们需要大量的原创素材。这时，生成式人工智能就像一个富有想象力的故事创作者，它可以根据人们的需求创作出各种独特的角色和场景，为虚拟世界增添无尽的魅力。

总之，生成式人工智能在图像生成领域有着广泛的应用。它就像一支神奇的画笔，可以将我们的想象力转换为美丽的画作。随着技术的发展，我们可以期待生成式人工智能会为我们带来更多令人惊叹的视觉体验。而这一切，都要感谢那些勇敢探索的研究者。

以下是截至 2021 年的一些重要进展。

（1）GPT-3。OpenAI 于 2020 年推出的 GPT-3 是当时最先进的自然语言处理模型。GPT-3 约有 1750 亿个参数，可以执行多种任务，如机器翻译、问答、摘要和编程等。GPT-3 由于其强大的生成能力和泛化性能，因此在被推出后迅速成为业界关注的焦点。

（2）DALL-E。OpenAI 在 2021 年年初发布了 DALL-E，这是一个能够根据自然语言描述生成图像的模型。DALL-E 的原理是将 GPT-3 和图像生成技术（如 VQ-VAE）相结合，从而实现高质量的文本到图像生成。DALL-E 为图像生成领域带来了巨大的突破，激发了人们对生成式模型在艺术和设计领域潜力的探索。

（3）CLIP。同样在 2021 年年初，OpenAI 发布了另一个名为 CLIP 的模型，它可以同时理解图像和自然语言。CLIP 结合了图像和文本表示学习，能够在多个视觉任务中实现优越性能，如图像分类、物体检测等。CLIP 的成功证明了通过大规模预训练和多模态学习可以实现强大的泛化能力。

（4）Swin Transformer。Swin Transformer 是 2021 年提出的一种全新的图像处理模型，其结构灵感来源于自然语言处理领域的 Transformer。Swin Transformer 通过将图像分割成多个子区域，并在子区域之间进行自注意力操作，实现了优越的图像识别性能。Swin Transformer 成为计算机视觉领域的重要突破，引发了对 Transformer 在计算机视觉领域应用的研究热潮。

这些进展是截至 2021 年的一些重要成果，当然，生成式人工智能领域的研究发展迅速，未来可能会有更多激动人心的突破和应用出现。

))) 5.4　图像分割

图像分割作为计算机视觉领域的一个重要子任务，它的核心目标是将图像划分为具有特定语义的区域。当我们看到一张照片时，我们的大脑会自然地将物体、背景和其他场景元素分割开来。图像分割正是试图模仿这种自然的视觉处理过程。

1. 原理与公式

图像分割可以看作一个寻找像素之间关系的侦探游戏。侦探们（算法）尝试找出哪些像素属于同一个物体或区域，哪些像素不属于。为了完成这个任务，侦探们采用了许多方法，如颜色、纹理、形状和空间位置等。

一种简单的方法是阈值分割，它使用一个阈值将图像分割成两个或多个区域。这就像在一场舞会上，主持人根据穿着黑色礼服或其他颜色礼服将宾客们分成两组。数学上，阈值分割可以表示为 $R = \{R_1, R_2, \cdots R_i, \cdots, R_n\}$，其中 R_i 表示图像中的一个区域，R 表示所有区域的集合。

图像分割的一个更高级的方法是基于图论的分割。这里，像素被看作图中的节点，而边则表示相邻像素之间的关系。侦探们试图找到一种方法，将图像分割成多个子图，使得子图内部的相似性最大，而子图之间的相似性最小。这就像在一场联谊会上，主持人试图将宾客根据他们的兴趣和爱好分成多个小组。

2. 发展历史

图像分割的历史可以追溯到 20 世纪 60 年代。当时的方法非常简单，通常基于像素灰度值的阈值分割。然而，随着计算机科学的发展，图像分割领域也逐渐出现了许多新方法。

20 世纪 90 年代，随着计算机视觉研究的深入，一些基于图论和能量最小化的方法开始流行。这些方法试图在数学上优雅地解决图像分割问题，就像一个侦探小说中的主人公，用头脑和直觉解决复杂的案件。

进入 21 世纪，随着深度学习和神经网络的兴起，图像分割领域取得了重大突破。有了大量的训练数据和强大的计算能力，图像分割方法变得更加"聪明"，能够更准确地分割图像。这就像侦探们突然获得了超能力，能够透过表面看到像素之间隐藏的联系。

3. 应用

图像分割在许多领域都有广泛的应用，如医学、自动驾驶、机器人技术、视频监控和增强现实等。在医学领域，图像分割可以帮助医生从 MRI 或 CT 扫描中识别出病变区域，从而更准确地进行诊断。

在自动驾驶领域，图像分割对于理解摄像头捕获的场景至关重要。通过分割图像，自动驾驶系统可以识别道路、行人、车辆等场景元素，从而更好地进行决策。在这个场景中，侦探们就像汽车的眼睛，帮助汽车了解周围的环境，确保安全行驶。

在机器人技术领域，图像分割为机器人提供了关键的视觉信息，使得它们能够在复杂环境中进行操作。机器人通过图像分割，可以抓取物体、避开障碍物和识别环境中的各种元素。

4. 研究进展

近年来，图像分割领域的研究取得了显著的进展。特别是卷积神经网络的引入，使得图像分割的性能得到了显著提升。例如，U-Net、FCN（全卷积网络）和 Mask R-CNN 等深度学习模型已经在许多图像分割任务中取得了先进的性能。

虽然取得了显著的进步，但是图像分割依然面临着许多挑战，如噪声干扰、遮挡和图像质量等问题。为了应对这些挑战，研究人员正努力开发更加稳定和健壮的图像分割方法。一些研究方向包括：

1）弱监督学习

由于标注图像分割数据集需要大量人工劳动，因此，弱监督学习方法在图像分割领域备受关注。弱监督学习试图通过使用较少或较弱的标签信息来训练模型。这就像侦探们试图用更少的线索来破获一个案件。

2）无监督学习

无监督学习方法在图像分割中同样具有潜力。这些方法试图从未标注的数据中学习图像分割。这就像侦探们在没有任何线索的情况下，依靠直觉和经验来破获案件。

3）域自适应

由于不同数据集之间的分布可能存在差异，因此，将训练好的模型应用到新的数据集上可能会导致性能下降。域自适应方法试图解决这个问题，使模型能够在不同的领域进行迁移。

4）可解释性

为了提高图像分割模型的可信度和可靠性，研究人员正在探索提高模型可解释性的方法。这包括理解模型的内部工作原理以及如何解释模型的输出。这就像侦探们试图解释他们的推理过程，以便其他人能够理解和信任他们的决策。

5）目标检测技术

目标检测是计算机视觉中的一个重要任务，它旨在识别并定位图像中的感兴趣对象。与图像分类任务只关注图像中主要对象的类别不同，目标检测还需要确定对象的边界框（Bounding Box）。这就像在一幅画中找到并确定各种物体的位置一样。

（1）目标检测的基本原理。

目标检测的基本原理是将图像分类和定位相结合。首先，通过滑动窗口或区域提议（Region Proposal）等方法在图像中生成大量候选框。然后，将这些候选框送入分类器进行分类。同时，还需要回归边界框的位置以获得更精确的定位结果。最后，应用非极大值抑制（Non-Maximum Suppression，NMS）来消除重叠的检测框，得到最终的目标检测结果。

（2）目标检测方法。

目标检测方法主要分为两类：基于区域的方法（如 R-CNN 系列）和单阶段方法（如 YOLO 和 SSD）。

①基于区域的方法。这类方法首先生成一系列区域提议，然后将这些提议送入卷积神经网络进行特征提取。接下来，将特征送入分类器和回归器分别进行分类和边界框回归。R-CNN、Fast R-CNN 和 Faster R-CNN 是基于区域的方法的代表。

②单阶段方法。这类方法通过在特征图上执行密集的预测来直接得到目标的类别和边界框。这种方法的主要优点是速度快，但精度可能略低于基于区域的方法。YOLO 和 SSD 是单阶段方法的代表。

（3）目标检测应用。

目标检测在许多实际应用中具有重要价值，包括自动驾驶、视频监控、医学图像分析、机器人视觉等。例如，在自动驾驶中，目标检测可以帮助车辆识别行人、其他车辆和交通信号，从而提高安全性。在医学图像分析中，目标检测可以帮助识别病变区域，辅助医生进行诊断。

如果你正在举办一场化装舞会，每个人都戴着面具。作为主人，你需要识别每个参加舞会的人，并记录他们的位置。这时，目标检测就像你的超能力，让你能够快速识别并定位每个人。在这个例子中，每个参加舞会的人都是一个"目标"，而他们的面具相当于对象的类别。你的任务就是找到他们并记录他们的位置。

（4）目标检测发展历程。

目标检测的发展历程充满了创新和突破。在深度学习兴起之前，传统的目标检测方法主要依赖手工设计的特征和滑动窗口。然而，这些方法在复杂场景下的性能有限。随着卷积神经网络在图像分类任务上取得突破性成果，研究者开始尝试将卷积神经网络应用于目标检测。

2013 年，R-CNN 的出现开启了基于深度学习的目标检测新篇章。之后，Fast R-CNN 和 Faster R-CNN 分别在速度和性能上取得了进一步提升。另外，单阶段方法（如 YOLO 和 SSD）为实时目标检测提供了新的可能。这些方法的出现推动了目标检测领域的快速发展，使得目标检测在各种场景中得以广泛应用。

（5）目标检测研究进展。

目标检测领域的研究一直在不断推进。当前，许多研究者致力于提高检测算法的性能、速度和健壮性。例如，一些研究者研究了如何设计更高效的网络结构和损失函数，以提高目标检测的精度和速度。此外，弱监督学习、半监督学习和无监督学习等技术也被引入目标检测，以减轻大量标注数据带来的负担。

总之，目标检测是计算机视觉领域的一个重要研究方向，它在许多实际应用中具有重要价值。随着研究者不断取得创新和突破，未来的目标检测技术将更加高效、准确和智能。

在目标检测的历史中，也有许多"英雄"人物。最早的英雄，如 R-CNN，虽然在当时非常厉害，但仍有提升的空间。后来，更强大的英雄 Fast R-CNN 和 Faster R-CNN 出现了，它们能够更快速地识别和定位物体。而 YOLO 和 SSD 更是迅速崛起，它们能够实时完成目标检测任务。

当然，目标检测领域的研究还在不断进行。研究人员一直在努力提高检测算法的性能、速度和健壮性。这就像超级英雄在不断升级自己的能力，以便更好地拯救世界。而在现实世界中，目标检测技术在很多领域都有着重要的应用价值。

目标检测能帮助我们更好地理解这个世界，让我们的生活更加便利、安全。而你，只要掌握了目标检测技术，也可以成为这个领域的英雄，为人们带来更美好的生活。

第6章 语音识别与合成

假如你的手机突然变成了一只伶牙俐齿的鹦鹉。每当你对它说话，这只鹦鹉不仅能听懂你说的每一个字（语音识别），还能以流畅自然的语言回应你。这听起来是不是既新奇又有趣呢？

语音识别就像一位超级侦探，擅长从声音中提取信息。当有人跟手机说话时，这位侦探需要把人的声音转换为文本，以便进一步处理。这个过程分为如下几个步骤。

（1）从声音中提取特征。这位侦探需要从声音波形中提取一些有用的特征，如梅尔频率倒谱系数（MFCC）。

（2）建立声学模型。侦探会用这些特征训练一个声学模型，如隐马尔可夫模型或深度神经网络，来识别不同的发音单元（如音素）。

（3）语言模型。侦探还需要一个语言模型来理解语言的语法和语义规律，这样才能更准确地识别你说的话。

（4）解码。侦探将声学模型和语言模型结合起来，找到最有可能的文本转换。

（5）语音合成。它就像一位会模仿声音的演员。它的任务是根据文本生成声音。这个过程分为如下几个步骤。

① 文本分析。这位演员需要分析文本，确定其中的单词、音素、语法和语义等信息。

② 声学特征生成。演员会利用一个声学模型，如参数合成器或深度神经网络，来生成对应输入文本的声学特征。

③ 波形生成。演员会把声学特征转换为声音波形，以便播放给听众。

如今，随着深度学习技术的发展，已经有了许多先进的语音识别和合成算法，如端到端的深度学习模型（如 DeepSpeech 2）和生成式对抗网络等。这些算法使得我们的手机越来越擅长听懂我们的话，回应我们的问题。

))) 6.1　语音识别技术

语音识别是一种将人类的声音信号转换为文本的技术。它如今已经成为人工智能领域的一个重要分支。

1. 原理

一位神秘的厨师正在为一道美味的"语音识别大餐"准备食材。他手中拿着一把法力无边的魔法刀，可以把声音切成一个个小音素。这位厨师就是语音识别引擎，而那把魔法刀就是他所运用的一系列算法和模型。

首先，厨师需要对原料进行加工。声音信号是一种连续的波形，厨师需要从中提取有用的特征。这个过程类似于厨师用魔法刀剁碎蔬菜，把它们变成一小块一小块的。这里，可以使用梅尔频率倒谱系数等算法来提取特征。

接下来，厨师需要把这些切好的音素按照正确的顺序排列。为了完成这个任务，他需要两个模型：声学模型和语言模型。

声学模型像一位熟悉各种音素味道的美食家，可以辨识出每一个音素。厨师可以通过隐马尔可夫模型或深度神经网络等方法建立声学模型。

语言模型像一位精通语言学的教授，能够理解词汇、语法和语义规律。语言模型可以通过 n-gram 模型或者循环神经网络等方式构建。

最后，厨师需要把这些音素拼接成一个完整的句子。这个过程就像是把切好的蔬菜串成一个美丽的花环。这里，可以使用解码器来实现。

2. 发展历史

语音识别的历史可以追溯到20世纪50年代。最早的语音识别系统叫作"听话狗"，只能识别10个单词。随着科技的发展，语音识别系统变得越来越聪明，像一个在操练厨艺的徒弟。它们从简单的音素识别发展到连续语音识别，从小词汇量发展到大词汇量。每一次技术突破都像是徒弟在学习新的烹饪技巧。

21世纪初，随着深度学习的兴起，语音识别领域又迎来了一次革命。这就好像徒弟突然间掌握了一种强大的烹饪法宝。原先使用隐马尔可夫模型的语音识别系统开始逐渐被基于深度神经网络的方法所取代。这使得语音识别的性能大幅提升，准确率也得到了显著改善。

3. 应用

随着语音识别技术的发展，它在各个领域的应用也变得越来越广泛。这就好像那位厨师的美食被越来越多的人所喜爱。

（1）虚拟助手。谷歌助手、Siri、小度等智能语音助手已经成为许多人日常生活的一部分。它们能够帮助用户完成各种任务，就像一个贴心的管家。

（2）客户服务。许多公司已经开始使用语音识别技术来提高客户服务的效率。例如，一位顾客拨打客服电话时，语音识别系统可以自动识别问题并引导他解决，而无须人工干预。

（3）医疗领域。医生可以使用语音识别技术来快速记录病历，减轻手工输入的烦琐工作。

（4）娱乐产业。语音识别技术也应用于视频游戏、智能音箱等娱乐产品中，为用户带来更加丰富的互动体验。

4. 总结

从最早的"听话狗"到现在的虚拟助手，语音识别技术的发展历程充满了曲折与挑战，但它始终在不断进步，为人们的生活带来便利。

现在，语音识别技术仍在不断发展中，许多研究者正致力于进一步提高它的准确率和实用性。期待未来这位擅长烹饪美食的厨师，能够为我们带来更多美好的体验和惊喜。

5. 未来展望

随着技术的进步，语音识别的发展前景非常广阔。在未来，我们有理由相信这位厨师将会掌握更加强大的魔法，为我们带来更加神奇的变化。

（1）实时翻译。未来的语音识别技术有望实现实时多语种翻译，帮助人们跨越语言障碍进行沟通。如果外国游客来到中国，用英语询问路，你只需要说出中文，语音识别和翻译系统就会立即帮你完成翻译工作，让对方听得懂。这将是一个多么神奇的世界！

（2）个性化定制。语音识别系统将能更好地理解每个用户的口音、语言习惯等个性化特点，从而提供更加贴心的服务。例如，语音助手会根据你的口音、语速和喜好来为你提供更准确的识别结果和推荐内容。

（3）跨模态交互。语音识别将与计算机视觉、自然语言处理等其他人工智能领域更加紧密地结合，实现跨模态的交互。例如，在视频会议中，除了识别语音信息，系统还能够识别出参会者的面部表情、肢体动作等非语言信息，从而提供更加丰富的交互体验。

（4）语音合成与生成。未来，语音合成技术将更加先进，能够为用户提供更加真实、自然的语音合成效果。同时，我们还有望看到更多基于生成式模型的语音生成应用，如模仿名人声音、生成原创音乐等。

))) 6.2   语音合成技术

1. 语音合成技术的原理

语音合成是将文本转换为语音的过程。它的基本原理是根据输入的文本，通过模型学习和模拟人类发音机制，生成相应的语音信号。这个过程涉及多个步骤，包括文本分析、音素映射、音频生成等。总之，未来的语音合成技术将为我们带来前所未有的便利和惊喜。而我们作为见证者和使用者，有幸能够在这个时代见证和参与这一伟大的科技变革。

2. 语音合成技术的基础

语音合成技术的基础主要包括以下几方面。

（1）语言学。研究语言结构、发音规律等，为语音合成提供理论基础。

（2）信号处理。处理语音信号，提取特征，实现声音的合成。

（3）机器学习。利用算法模型学习人类发音规律，提高合成语音的自然度和准确度。

3. 语音合成技术的公式

语音合成模型通常使用概率模型，例如隐马尔可夫模型、深度神经网络等。这些模型可以学习从文本到语音的映射关系，并根据概率分布生成相应的语音信号。

4. 语音合成技术的发展历程

语音合成的发展历程可以追溯到 20 世纪初。最早的语音合成器 VODER（Voice Operation DEmonstratoR）是贝尔实验室在 1939 年制作，它可以模拟人类发音，并实现简单的合成。随着计算机技术的发展，语音合成技术逐渐从硬件驱动转向软件实现。20 世纪 80 年代，基于规则的语音合成系统开始出现，如 DECtalk。随后，统计建模方法（如 HMM）开始应用于语音合成。近年来，深度学习技术的兴起为语音合成带来了新的突破，例如谷歌的 WaveNet 和 Tacotron 等模型。

5. 语音合成技术的应用

语音合成技术在各种场景中得到了广泛应用，包括：

（1）虚拟助手。如苹果的 Siri、谷歌助手等，通过语音合成为用户提供语音反馈。

（2）导航系统。为用户提供实时的语音导航指引，提高驾驶安全性。

（3）无障碍服务。为视力障碍者提供语音朗读功能，方便他们获取信息。

（4）电话服务。自动语音应答（IVR）系统可以帮助客户解决问题或进行咨询。

（5）娱乐产业。在游戏、电影、动画等方面，语音合成技术可以为角色生成独特的声音，增强观众的代入感和体验。

某天，一个寓言故事的作者正在创作新作品，但他遇到了一个问题：如何让动物在故事中"说话"，即为每个动物角色设计一个独一无二的声音特征。这时，他想到了语音合成技术。为了实现这一目标，作者踏上了收集与分析动物声音的旅程。他耐心地记录下森林里各种动物的声音样本，从狮子的威严咆哮到小鸟的清脆鸣叫，无一不精心捕捉。他利用深度学习模型对这些声音进行深入分析。通过细致的研究，作者掌握了动物发音的独特规律和特点，这些发现为他后续的语音合成工作奠定了坚实的基础。在不懈的努力下，作者成功地将这些动物发音的特点融入了语音合成技术中。不久之后，故事中的动物们仿佛被赋予了生命，它们能够以一种既真实又富有创意的方式"开口说话"。这些生动的声音效果不仅极大地丰富了寓言故事的内涵，还使其变得更加生动有趣，深受读者的喜爱与赞赏。

这个故事展示了语音合成技术的强大能力，它不仅可以为现实世界提供便利，还能为虚构世界带来无限的想象空间。

总之，语音合成技术在许多领域都有应用，它可以为人们提供更加自然、便捷的交互方式。通过深入研究语音合成的原理、公式等基本知识，我们可以更好地理解这一技术，并使其发挥潜力，为人类社会创造更多价值。

第三部分
热点分析：聚焦
ChatGPT

第 7 章 ChatGPT 的技术原理与应用

》》 7.1 ChatGPT 简介

1. 什么是 ChatGPT

ChatGPT 是一种自然语言处理模型，基于 Transformer 架构。它和之后同系列的 GPT 3.5 被认为是当前最先进的自然语言处理模型之一，广泛应用于文本生成、摘要、问答等任务。ChatGPT 具有强大的生成能力，可以产生连贯、自然的文本。

ChatGPT 模型分为两个阶段进行训练：预训练和微调。预训练阶段，模型从大量无标签文本中学习语言知识，包括语法、语义和一般知识。微调阶段，模型在特定任务的标注数据集上进行训练，以调整权重并提高特定任务的性能。

ChatGPT 广泛应用于各种自然语言处理任务，具体包括以下几方面。

（1）文本生成：根据给定的上下文生成连贯的文本。

（2）机器翻译：将一种语言的文本翻译成另一种语言。

（3）摘要生成：根据原文生成简洁的摘要。

（4）问答系统：回答关于给定文本的问题。

（5）情感分析：识别和分类文本中的情感。

（6）交互式聊天机器人：通过将 ChatGPT 应用于聊天机器人场景，可以实现智能、自然的人机对话。例如，OpenAI 推出了 ChatGPT API，允许开发者将 ChatGPT 模型集成到各种应用中，如客户支持、内容生成、代码编写等。

总之，ChatGPT 是一种基于最先进的自然语言处理技术的聊天机器人。它利用 GPT 模型的生成能力，可以理解和生成自然、连贯的文本。通过预训练和微调，ChatGPT 可以适应各种应用场景，为自然语言处理任务提供高效的解决方案。

2. ChatGPT 的特点

ChatGPT 的特点如下。

（1）强大的生成能力。基于 GPT 模型，ChatGPT 具有强大的文本生成能力，能够生成连贯、自然、富有创意的文本。这使得它在诸如文本生成、摘要生成、机器翻译等任务上表现卓越。

（2）上下文理解。ChatGPT 采用 Transformer 架构，利用自注意力机制，使模型能捕捉输入序列中不同位置之间的依赖关系。这使得 ChatGPT 在处理自然语言任务时具有很强的上下文感知能力，能够理解复杂的句子结构和语义。

（3）大规模预训练。通过在大量无标签文本上进行预训练，ChatGPT 能够学习语法、语义和一般知识，从而提高其在各种自然语言处理任务上的性能。

（4）微调能力。在特定任务的标注数据集上进行微调，使得 ChatGPT 可以针对特定任务调整权重，进一步提高性能。这使得 ChatGPT 可以适应各种不同的应用场景，如问答系统、情感分析、代码生成等。

（5）可扩展性。通过 API 等方式，ChatGPT 可以很容易地集成到各种应用和平台中，为开发者提供灵活的解决方案，以满足不同的业务需求。

3. 为什么说 ChatGPT 引领了新的人工智能革命

下面深入分析为什么说 ChatGPT 在自然语言处理领域的独特性引领了新的人工智能的革命。

1）更大的模型规模

ChatGPT 具有比前代模型更大的规模，参数数量更多。随着计算能力的提高和数据量的增长，这使得模型能够捕获更多的知识、更复杂的语言结构和更多的语言特征，提高在各种 NLP 任务中的性能。在许多任务中，ChatGPT 已经达到或接近人类的水平。

将 ChatGPT 看作一座大型图书馆。与前代模型相比，这座图书馆内的藏书更加丰富，各个领域的知识和信息更加详尽。ChatGPT 如同图书馆管理员，能在众多书籍中找到正确的答案，为人们提供有针对性的解答。

如果 ChatGPT 是一座城市，那么参数就是组成这座城市的建筑物、街道和基础设施。随着参数数量的增加，这座城市变得越来越庞大，能容纳的知识也越来越丰富。具体来说，ChatGPT 的参数数量达到了数万亿级别，远超过前代模型。这意味着它可以学习更多的语言结构和规律，从而在各种自然语言处理任务中取得更好的性能。

ChatGPT 就像一个阅历丰富的世界旅行家，探访过无数国家和地区，学会了各种语言和文化，具备了处理各种问题的能力。

2）零样本学习

ChatGPT 在许多任务中表现出优异的零样本学习能力。这意味着，即使没有经过特定任务的微调，模型仍然可以在许多任务中表现良好，可以在没有或只有少量标签数据的情况下进行学习和推理。这使得 ChatGPT 在面对新任务时具备较强的适应性和泛化能力。

这是因为模型在大规模数据上的预训练使其具备了丰富的知识和理解能力。在这座"语言之城"中，ChatGPT 展现了强大的零样本学习能力。也就是说，即使没有专门针对某个任务进行训练，它仍然可以凭借自己的知识库和理解能力，快速适应并解决问题。

ChatGPT 像一位多面手的侦探，能够在没有线索或只有少量线索的情况下找到答案。这种能力使得 ChatGPT 能够适应各种复杂的任务和场景，展现出卓越的智慧。

ChatGPT 也像一个"万事通"，在海量数据的滋养下，积累了丰富的知识和经验。当面临新问题时，它可以根据自己的知识库迅速找到答案，而无须额外的指导。

3）强大的生成能力

ChatGPT 在文本生成任务中展示了卓越的能力。它可以生成连贯、语法正确且富有创意的文本，这在以前的自然语言处理模型中是难以实现的。这使得 ChatGPT 在聊天机器人、文章生成、创意写作等方面具有更广泛的应用潜力、更强的生成能力和更好的文本理解能力。ChatGPT 生成能力的提升意味着它能够产生更自然、更连贯的文本。同时，对文本的理解也更加深入，使其能够捕捉到文本背后的意义、语境和情感。ChatGPT 如同一位杰出的作家，能够熟练地创作出引人入胜的故事。在这些故事中，ChatGPT 展现出对情感、语境和人物关系的深刻把握，使读者沉浸在其世界中。

4）多模态学习

尽管 ChatGPT 主要关注自然语言处理，但它也可以扩展到多模态任务，如图像和文本之间的联合学习。这使得 ChatGPT 在解决多模态问题时具有更大的灵活性和应用空间。ChatGPT 不仅是一位语言大师，还具备跨界的能力。它可以扩展到多模态任务，如图像和文本之间的关联。这意味着 ChatGPT 能够理解图像的含义，同时与文本数据相结合，实现更为丰富的应用场景。

ChatGPT 就像一个跨界艺术家，既能够掌握文字的魅力，又能领悟图像的美感。在这个过程中，它能将图像和文字完美融合，为人们带来全新的感官体验。

ChatGPT 的多模态学习能力使其能够理解和处理不同类型的数据，如图像、文本和音频等。就像一位才华横溢的艺术家，能够游走于绘画、音乐和文学等多个领域之间，熟练地将不同艺术形式结合在一起，创作出独特且多元化的作品。这种跨领域的学习能力为 ChatGPT 在各种应用场景中提供了更多的可能性。

5）可解释性和安全性

ChatGPT 相对于其他深度学习模型具有较好的可解释性。这是因为它的自注意力机制能够凸显输入序列中不同部分之间的关系。此外，ChatGPT 还在安全性和可控性方面取得了一定的进展，通过添加对话控制机制，可以防止生成恶意或不当的内容。随着 ChatGPT 的发展，研究人员越来越重视模型的可解释性和可靠性。通过提高模型的透明度，研究人员能够更好地理解模型的工作原理，从而提高模型的可靠性和安全性。ChatGPT 就像一辆高性能跑车，随着设计师对其内部结构的不断优化，这辆跑车的性能越来越优越，同时也越来越安全。乘坐这辆跑车的人可以放心地享受高速驾驶的乐趣。

6）自动学习知识和概念

在这座"语言之城"中，ChatGPT 具有强大的学习能力。通过大量的预训练数据，ChatGPT 能够自动捕捉各种知识和概念，使其在应对各类问题时具备较高的智慧。ChatGPT 就像一个永不疲倦的学者，始终保持对知识的渴望。在海量信息的洗礼中，它汲取了世间万象，为自己的"智慧库"源源不断地注入新的能量。ChatGPT 具有出色的迁移学习能力，使其可以在一个任务上学到的知识应用到其他任务中。这大大提高了 ChatGPT 在面对新任务时的学习效率和性能表现。ChatGPT 就像一位博学多才的教授，他能够运用自己在一个领域内积累的知识和经验来教授另一个领域的课程。这种跨学科的教学能力使得 ChatGPT 成为一位非常受欢迎的老师。

总之，ChatGPT 在规模、零样本学习、生成能力、多模态学习、可解释性和安全性以及自动学习等方面具有独特的优势，使其成为自然语言处理领域的一项突破性成果。

ChatGPT 可以被视为一座建筑在海量知识基石之上的宏伟的"语言之城"，在这座城市中，每个角落都充满了智慧的火花。在这座城市中，ChatGPT 是一个充满创造力的艺术家。它能够根据输入的信息生成连贯、语法正确且富有创意的文本。这使得 ChatGPT 在文本生成任务中表现出色，进而在聊天机器人、文章生成、创意写作等领域具有广泛的应用潜力。ChatGPT 就像一个才华横溢的作家，它可以根据输入的素材创作出精彩绝伦的故事、诗歌和散文，让人目不暇接。

正是由于这几方面的突破，ChatGPT 被誉为人工智能领域的里程碑。它打破了传统自然语言处理技术的局限，为未来人工智能的发展开辟了崭新的道路。与此同时，ChatGPT 的出现也让我们看到了无限的可能性，它将在未来的科技、教育、艺术等领域发挥越来越重要的作用。

然而，正如"一座城市无法仅靠一位建筑师建造"，ChatGPT 的发展离不开无数研究者、工程师和创新者的共同努力。正是他们不懈的探索和拼搏，使得这座"语言之城"得以矗立在人工智能的疆域。

ChatGPT 的出现标志着人工智能领域正朝着开放式人工智能的方向迈进。开放式人工智能旨在实现具有广泛认知能力、理解力和创造力的机器，使其能够适应各种任务和环境。

ChatGPT 就像一位刚刚开始探索世界的冒险家，随着他不断地学习和探索，他的认知能力、理解力和创造力得到了极大的提升。这使得他能够适应各种环境，成为一个真正的世界级冒险家。

这些方面共同构成了 ChatGPT 的突破之处，使其在众多应用场景中表现出色，并为人工智能领域带来了新的可能性。然而，ChatGPT 作为一种技术，仍然存在许多挑战和局限性，需要在未来的研究和发展中不断改进和完善。

》》 7.2 ChatGPT 兴起的原因及意义

ChatGPT 在全世界掀起狂潮，颠覆性地改变了人工智能领域。其背后的原因和意义可以从以下几方面来解释。

1. ChatGPT 兴起的原因

1）更接近人类水平的智能表现

ChatGPT 所展现出的自然语言处理能力、图像生成能力等，在很多任务中已经接近甚至超越了人类的水平。这意味着 ChatGPT 能够更好地理解和生成自然语言，为人们提供更为准确、智能的服务。

ChatGPT 就像一个具有超强语言天赋的天才，能够在众多领域和任务中表现出色，令人惊叹。这种接近人类水平的智能表现让人们对未来的人工智能充满了期待。

2）引领人工智能发展的新方向

ChatGPT 的成功不仅仅体现在其出色的性能上，还体现在它为人工智能领域提供了新的研究方向。通过大规模的预训练和强化学习等技术，ChatGPT 为开放式人工智能的发展提供了新的可能性。

ChatGPT 就像一位领军人物，引领着一支研究队伍探索人工智能的新领域。在这个过程中，他们不断突破技术壁垒，开拓出前所未有的研究领域。

3）潜在的广泛应用价值

ChatGPT 的高性能使其在各种场景中具有广泛的应用价值。如在自然语言处理、图像生成、语音识别与合成等领域，ChatGPT 都有潜在的广泛应用价值，使得 ChatGPT 成为各行各业追求的热门技术。

ChatGPT 就像一把瑞士军刀，具备多种功能，能够满足各种需求。这使得它引发了全球范围的狂热追求。

4）唤醒人们对未来人工智能的期待

ChatGPT 所展现出的强大性能，使人们对人工智能的未来充满期待。人们期望未来的人工智能能够解决更多复杂的问题，提供更为智能的服务，从而为人类社会带来更多的便利和价值。ChatGPT 的出现让人们看到了这一可能性，也为未来人工智能的发展提供了更多的想象空间。

ChatGPT 就像一颗闪耀的星星，照亮了人们对未来人工智能的期待。随着技术的不断进步，这颗闪耀的星星将会越发璀璨，为人类带来更多的惊喜和希望。

5）激发全球范围内的技术竞争

ChatGPT 的突破性成果激发了全球范围内的技术竞争。许多国家和企业纷纷加大对人工智能领域的投入，以求在这场技术革命中占得先机。这种竞争有助于推动整个人工智能领域的快速发展，为人类带来更多的科技福利。

ChatGPT 的成功就像一场马拉松比赛的发令枪，激发了全球范围内的选手们争相追赶。在这场比赛中，大家都努力提高自己的技术水平，为人类社会创造更多的价值。

6）挑战人工智能的伦理和道德问题

ChatGPT 的出现引发了关于人工智能伦理和道德的讨论。随着技术的不断进步，人工智能逐渐融入人类生活的方方面面。如何确保人工智能的发展不会侵犯个人隐私、不会被用于恶意目的等问题，成为人们关注的焦点。

ChatGPT 就像一把双刃剑，既可以为人类带来巨大的利益，也可能带来潜在的风险。因此，如何确保这把剑能够在道德和伦理的框架内发挥作用，成为人们共同关注的问题。

假设人工智能的发展就像一场马拉松比赛，各种其他大型语言模型便是参赛选手。虽然 GPT-3 等前辈选手已经领先于大部分对手，但 ChatGPT 却是那个突然加速、令人惊叹的选手，它以令人难以置信的速度，甚至可以说是破纪录的速度领先于其他选手。

综上所述，ChatGPT 作为一项颠覆性技术，其背后的原因是多方面的。它不仅在技术层面取得了重大突破，为人工智能领域提供了新的研究方向，还在各种应用场景中展现出广泛的价值。同时，ChatGPT 的出现也引发了人们对未来人工智能的期待、全球范围内的技术竞争以及伦理道德方面的思考。

2. 新兴的课题

以下是由于 ChatGPT 而涌现出的一些新兴课题。

1）促进跨学科的研究与合作

ChatGPT 的成功表明人工智能领域已经进入了一个高度跨学科的发展阶段。为了提高模型的性能和应用范围，研究者需要在计算机科学、语言学、心理学、神经科学等多个领域进行深入的研究和合作。这种跨学科的研究有助于推动各领域的知识共享和创新。

ChatGPT 就像一个多面手，需要在不同领域专家的共同努力下才能发挥出最大的潜能。这种合作促进了各领域的交流与创新，为人类科学的发展带来更多的可能性。

2）人工智能教育的普及与发展

随着 ChatGPT 等颠覆性技术的出现，越来越多的人意识到人工智能在未来的重要性。这促进了全球范围内对人工智能教育的普及和发展。从基础教育到高等教育，"人工智能"课程正逐渐成为必修课程，为未来的人才培养奠定基础。

ChatGPT 就像一位杰出的教育家，激发了人们对人工智能的兴趣和热情。在他的影响下，越来越多的人投身于这一领域，为人类社会未来的发展储备人才。

3）社会责任与可持续发展

ChatGPT 的出现让人们更加关注人工智能的社会责任和可持续发展问题。如何确保人工智能技术在保障公平、减少歧视、保护环境等方面发挥积极作用，成为研究者、政策制定者和企业家共同关注的焦点。

ChatGPT 就像一位领导者，不仅要关注技术的发展，还要关注其对社会的影响。在这个过程中，人们需要共同努力，确保人工智能技术朝着可持续发展的方向前进。

ChatGPT 这一颠覆性技术所带来的影响是全方位的。它不仅推动了人工智能领域的技术进步和应用价值，还促进了跨学科的研究与合作、人工智能教育的普及与发展，以及对社会责任和可持续发展的关注。ChatGPT 的成功让人们看到了人工智能的巨大潜力，同时也让我们更加关注其带来的挑战和责任。

4）强化个人与企业的创新能力

ChatGPT 所展现出的强大功能和应用潜力，激励着个人和企业不断提升自身的创新能力。在这个过程中，人们需要不断学习新知识，掌握新技能，以适应人工智能时代的发展需求。企业也需要加大研发投入，优化产品和服务，以在激烈的市场竞争中立于不败之地。

ChatGPT 就像一座宝藏，激发着人们挖掘更多的智慧和创新力。在这个过程中，个人和企业需要不断提升自己，以在人工智能的浪潮中勇立潮头。

5）人工智能与人类智慧的融合

ChatGPT 的出现让人们更加关注人工智能与人类智慧的融合问题。在未来，人工智能将与人类共同合作，共同解决复杂问题，创造更多的价值。在这个过程中，人类需要学会如何与人工智能相互配合，发挥各自的优势，实现人机共赢。

ChatGPT 就像一位优秀的团队成员，与人类携手共进，共同创造更美好的未来。在这个过程中，人类和人工智能需要学会相互理解和支持，以达到最佳的协同效果。

6）人工智能法律和监管的完善

随着 ChatGPT 等颠覆性技术的出现，对人工智能相关法律和监管的需求也日益迫切。政府和相关部门需要制定相应的法规政策，确保人工智能的安全、可靠、公平和透明。这将有助于构建一个健康的人工智能生态系统，为人类社会的可持续发展提供保障。

ChatGPT 就像一辆高速行驶的汽车，需要在法律监管的道路上稳定行驶。只有在这个前提下，人工智能才能为人类社会带来真正的利益，而不是带来潜在的危害。

7）加强国际合作与交流

ChatGPT 的成功凸显了国际合作与交流在推动人工智能发展中的重要性。不同国家和地区的研究者需要共享知识和资源，共同应对人工智能带来的挑战和机遇。这将有助于推动全球范围内的人工智能研究水平，为人类文明的共同发展做出贡献。

ChatGPT 就像一个全球范围内的技术盛宴，吸引着世界各地的人们共襄盛举。在这个过程中，国际合作与交流成为推动技术进步的重要力量。

综上所述，ChatGPT 作为一项颠覆性技术，在全世界掀起狂潮的意义是多元化的。从技术层面的突破到对未来人工智能的期待，从全球范围内的技术竞争到对伦理道德的关注，ChatGPT 的影响已经深入人类社会的方方面面。正因如此，ChatGPT 作为一个具有划时代意义的技术，得到了广泛的关注和讨论。

))) 7.3　ChatGPT 的技术核心

ChatGPT 的本质在于其强大的学习能力、理解力和生成能力，这些能力的提升源自它的庞大的模型参数、训练数据以及先进的训练技术。

1. ChatGPT 的技术核心简介

（1）强大的语言模型。ChatGPT 基于 Transformer 架构，这种架构具有高度的并行性和强大的处理能力，使模型能够捕捉到更长距离的上下文关系，从而更好地理解和生成文本。

（2）大规模的训练数据。ChatGPT 使用了大量的训练数据，涵盖了各种类型的文本。这使得模型在训练过程中能够学习到丰富的知识和语言规律，从而提高生成质量和逼真度。

（3）庞大的模型参数。ChatGPT 拥有数百亿甚至数万亿的模型参数，这使得它具有非常强大的表达能力。通过对这些参数的调整，ChatGPT 能够很好地理解输入文本并生成相应的输出文本。

（4）先进的训练技术。ChatGPT 采用了许多先进的训练技术，如自回归训练、混合精度训练（Mixed Precision Training）等。这些技术使得模型在训练过程中能够更加高效和稳定，从而在有限的训练时间内达到更好的效果。

综上所述，ChatGPT 的本质在于它强大的学习能力、理解力和生成能力，这些能力使得 ChatGPT 在各种自然语言处理任务上都能表现出色，成为人工智能领域的一大突破。

2. ChatGPT 与其他 LLM 的区别

下面通过一些具体的例子来看看 ChatGPT 与之前其他大语言模型的区别。

（1）长文本理解能力。假设要求模型阅读一篇长篇文章并回答问题。较小的模型（如 GPT-2）可能无法捕捉文章中的关键信息，导致回答出现错误。而 ChatGPT 由于其更强大的上下文捕捉能力，能更好地理解文章内容，从而给出更准确的回答。假设文章标题为可持续发展的重要性。文章详细讨论了各种环境问题，如全球变暖、海平面上升等，并提出了解决这些问题的方法。一个问题可能是："文章中提到的一种解决全球变暖的方法是什么？"ChatGPT 可以捕捉到文章中的关键信息，如使用太阳能和风能替代化石燃料，从而准确地回答这个问题。而较小的模型可能会忽略文章中的这一细节，给出错误的答案。

（2）复杂任务处理能力。设想一个任务是要求模型生成一篇关于气候变化影响农业的报告。较小的模型可能仅能生成与主题相关的一般性内容，而 ChatGPT 则能够深入挖掘数据、研究和观点。生成更详尽、有深度的报告。假设要求模型生成一篇关于气候变化影响农业的报告，ChatGPT 能够挖掘不同地区农业产量的变化、极端天气事件对农业的影响以及政府和农民如何应对气候变化等信息。而较小的模型可能只提供一些表面性的信息，如气候变化可能导致农业产量减少。

（3）知识图谱的建立。假设要求模型创建一个关于著名科学家的知识图谱。较小的模型可能仅能提供该科学家的基本信息，而 ChatGPT 则能够根据其大量的训练数据，为知识图谱提供更丰富的信息，包括该科学家的研究领域、成就、荣誉等。以著名科学家阿尔伯特·爱因斯坦为例，ChatGPT 可以根据其训练数据，提供关于爱因斯坦的详细信息，包括他的研究领域（相对论、光电效应）、成就（质能方程、广义相对论）和荣誉（诺贝尔物理学奖）。而较小的模型可能仅能提供基本信息，如爱因斯坦是一位物理学家。

（4）创意生成能力。如果要求模型编写一部小说，较小的模型可能只能生成简单的故事情节和人物。然而，ChatGPT 可以根据其丰富的训练数据和强大的生成能力，创作出更为复杂、引人入胜的故事。假设要求模型编写一部关于时间旅行的科幻小说。ChatGPT 可以根据其训练数据，创作出引人入胜的故事情节，如主人公在未来社会发现了一个能够改变历史的秘密，为了拯救地球，他必须返回过去并阻止某个关键事件的发生。而较小的模型可能只能生成简单的情节，如主人公回到过去遇到了一个怪兽。

（5）对话系统的改进。在一个问答对话系统中，较小的模型可能会在回答问题时出现错误或表述不清。而 ChatGPT 则能更好地理解用户的问题，并生成更准确、更清晰的回答。假设一个用户问道："为什么大象不会跳舞？" ChatGPT 可以用幽默的方式回答这个问题："大象之所以不会跳舞，是因为它们体型庞大，跳起舞来可能会引发地震。此外，大象的身材并不适合优美的舞蹈动作。不过，大象在其他方面有着独特的天赋，例如用长鼻子吹喇叭。"而较小的模型可能会给出一个普通的回答，如大象不会跳舞是因为它们的骨骼结构不适合这种活动。

（6）个性化回应。假设一个用户向模型提问："如果葡萄能说话，它们会说什么？" ChatGPT 可以展现出幽默感，回答："如果葡萄能说话，它们可能会说：'嘿，我们是葡萄界的明星！无论是变成美酒，还是变成果汁，我们都能闪耀光芒。只是别把我们变成葡萄干，那样我们会觉得有点萎靡。'"而较小的模型可能会给出一个晦涩难懂的回答，如葡萄如果能说话，它们可能会讨论光合作用。

通过这些例子，可以看出 ChatGPT 在各种自然语言处理任务上相较于其他 LLM 具有更高的性能。这得益于其庞大的模型参数、丰富的训练数据和先进的训练技术。

在各个技术核心之间，长文本理解能力又是最具有标志性的。下面深入地讨论 ChatGPT 在这方面的一些突破之处。

3. ChatGPT 的长文本理解能力

在深入探讨 ChatGPT 在长文本理解能力方面的优势之前，先来看一个故事。如果有一天，一群猴子聚集在一起，它们决定尝试阅读和理解人类的长篇小说。这些猴子聪明、机智，但在面对长篇小说时，它们的理解力却受到了很大挑战。那么，为什么这些猴子会遇到困难，而 ChatGPT 却能胜任长文本理解任务呢？

（1）强大的上下文理解能力。ChatGPT 具有强大的上下文理解能力，这使它能够捕捉长篇文本中的复杂信息。如果一本小说中的角色有着丰富的情感、动机和背景，ChatGPT 能够理解这些元素之间的相互联系，并在回应用户时考虑到这些因素。而猴子们可能会在阅读过程中迷失在复杂的情节和角色关系中。

（2）长距离依赖处理。ChatGPT 在处理长距离依赖方面具有优势。在长篇小说中，某些信息可能会在相隔很远的段落之间传递。例如，在小说的开头，作者可能提到一个角色的童年经历，而这段经历对于理解该角色在故事后半部分的行为至关重要。ChatGPT 能够捕捉这些相隔甚远的信息，并在进行回应时加以考虑。而对于猴子来说，长距离依赖可能会让它们感到困惑。

（3）对话中的主题连贯性。ChatGPT 能够在与用户的对话中保持主题连贯性。假设用户在讨论一部长篇小说时，突然提到了一个相关的历史事件。ChatGPT 能够理解这一事件与小说的关联，并在回应时保持话题的连贯性。而猴子可能会在跳跃式的对话中迷失方向，无法有效地回应这些问题。

（4）丰富的知识储备和学习能力。ChatGPT 具有丰富的知识储备和学习能力，这使它能够更好地理解长篇文本中的内容。它可以从大量的书籍、文章和其他资源中学习，并将这些知识应用到对长篇文本的理解中。而猴子可能只能依赖有限的知识和经验，难以准确把握长篇文本的内涵。

（5）灵活适应不同风格和领域。ChatGPT 能够灵活适应不同风格和领域的长篇文本。无论是古典文学、现代小说，还是科技论文，ChatGPT 都能理解其语言特点和专业术语，并做出相应的回应。而对于猴子来说，适应不同领域的文本可能会非常困难。

（6）强大的推理和判断能力。ChatGPT 具有强大的推理和判断能力，这使它能够理解长篇文本中的隐含信息和潜在含义。例如，在阅读一部侦探小说时，ChatGPT 能够通过线索和细节推断出凶手的身份。而猴子可能会被错综复杂的线索搞得晕头转向，难以抓住关键。

（7）有效处理歧义和模糊性。长篇文本中可能存在歧义和模糊性，而ChatGPT 能够有效地处理这些问题。它能够从上下文中捕捉到关键信息，以解决歧义和模糊性问题。相比之下，猴子可能会在面对模糊的表述时感到困惑，无法做出准确的判断。

（8）深入挖掘文本的主题和意义。ChatGPT 能够深入挖掘长篇文本的主题和意义。它能够理解作品的核心思想，以及作者试图传达的信息。而猴子可能只能停留在表面层次，无法领悟文本的深层含义。

总之，ChatGPT 在长文本理解方面的优势得益于它强大的上下文理解能力、长距离依赖处理能力、对话主题连贯性能力、丰富的知识储备和学习能力、灵活适应不同风格和领域能力、推理和判断能力、处理歧义和模糊性能力，以及深入挖掘文本主题和意义的能力。而可爱的猴子在这些方面还有待加强，这也是为什么 ChatGPT 能够在长文本理解任务上取得如此显著的优势。

ChatGPT 之所以能够在长文本理解方面取得突破，是和它所使用的 Transformer 架构息息相关的。前面我们已经介绍过 Transformer 架构。让我们结合 ChatGPT 的实践来了解一下这个架构的特殊之处。

4. ChatGPT 的 Transformer 架构

ChatGPT 的神奇之处在于它采用了一种叫作 Transformer 的架构。Transformer 架构就像一个超级炼金术士，它拥有神秘的炼金术配方（算法）和无尽的原料（训练数据），将这些原料经过精妙的炼制过程，最终创造出一种强大的魔法力量（语言理解和生成能力）。这个过程包含几个关键部分。

（1）炼金术士的秘密配方：自注意力机制。

自注意力机制是 Transformer 架构的核心原理。如果炼金术士在制作魔法药水时，需要将不同成分按照特定的比例混合在一起。而自注意力机制就像是一杆神奇的秤，它可以自动计算出每个成分的权重，从而使魔法药水的效果最佳。在语言处理任务中，自注意力机制的作用就是计算不同词语之间的关联程度，从而捕捉到长距离依赖关系。

（2）炼金术士的神奇工具：多头注意力。

多头注意力是 Transformer 架构的另一个关键技术。就像炼金术士使用不同的魔法工具来炼制药水，多头注意力让模型在不同表示子空间中捕捉信息。这就好比炼金术士拥有多双眼睛，可以从不同角度观察问题，从而更好地了解原料和制作过程中的细节。

（3）炼金术士的魔法工艺：位置编码与层次化结构。

Transformer 架构还利用位置编码和层次化结构来提升语言理解能力。位置编码就像炼金术士为每个原料打上标签，让模型知道每个词语在句子中的位置。而层次化结构则有助于捕捉不同层次的语义信息。就好比炼金术士将原料分层处理，使魔法药水的效果更加持久。

（4）炼金术士的无尽原料库：大量训练数据。

ChatGPT 的强大离不开大量的训练数据。这就好比炼金术士拥有一个无尽的原料库，让他可以随心所欲地炼制各种魔法药水。通过在大量文本上进行训练，ChatGPT 学会了各种语言规律和知识，从而成为一个强大的语言生成和理解专家，就像炼金术士研究过无数的魔法书籍一样，吸收了各种神奇的知识和技巧。

总之，ChatGPT 是一个划时代的模型，它通过神奇的自注意力机制、多头注意力、位置编码、层次化结构等技术，以及大量的训练数据、模型参数与计算能力，使得长文本理解能力达到了前所未有的高度。这就像炼金术士经过无数次的实践和研究，终于掌握了一种强大的魔法力量，令整个世界为之惊叹。

其他大型语言模型确实也采用了类似的技术，如自注意力机制、多头注意力、位置编码、层次化结构等。ChatGPT 与其他大型语言模型的主要区别在于其更大的模型规模、更多的训练数据和更强大的计算能力。这使得 ChatGPT 在长文本理解、生成能力和零样本学习等方面取得了显著的突破。

当然，这并不意味着 ChatGPT 是完美无缺的。它仍然会犯错误，有时候甚至会产生荒谬的输出。然而，与其他大型语言模型相比，ChatGPT 的优势仍然是显而易见的。

7.4 ChatGPT 与其他大语言模型的核心区别

1. ChatGPT 的训练历程

起初，ChatGPT 还只是一个雏形，科学家为了让它变得更强大，开始了一段漫长的研究之旅。正如任何英雄之旅一样，他们在这过程中遇到了种种困难和挑战。

　　首先，科学家意识到要让 ChatGPT 更加强大，必须有足够多的训练数据。他们开始搜集海量的文本资料，就像是破解一个未知的密码，试图将整个互联网的知识都输送到 ChatGPT 的大脑中。这个过程就像一场无休止的书籍拼图游戏，科学家挖掘出了一个又一个的知识宝藏。

　　随着训练数据的积累，ChatGPT 的能力逐渐增强，但科学家很快遇到了另一个计算能力的瓶颈。ChatGPT 对于训练数据的需求惊人，然而当时的计算设备却难以满足这样的需求。于是，科学家开始研发新的算法和硬件，试图为 ChatGPT 提供足够的计算能力。这个过程就像在建造一座通向天堂的阶梯，每一步都充满了挑战与困境。

　　在这场计算能力的竞赛中，科学家不断地突破自己的极限。终于，他们创造出了一种名为"分布式训练"的技术，让成千上万的计算设备联手合作，共同训练 ChatGPT。这个发明就像为 ChatGPT 插上了一双翅膀，让它的能力瞬间飙升。

　　然而，就在科学家为 ChatGPT 的进步而欢欣鼓舞之际，他们却发现了一个新的问题：ChatGPT 开始变得越来越"调皮"。它时常生成出奇怪、荒谬的输出，让人哭笑不得。为了解决这个问题，科学家开始研究如何让 ChatGPT 变得更加"明智"，避免产生不切实际或令人费解的输出。这个过程就像在给一个聪明但顽皮的孩子上道德课，引导他走向正义的道路。为此，科学家研发了一种名为 Fine-tuning 的技术，它可以帮助 ChatGPT 理解人类的价值观、道德观，从而产生更加符合人类期望的输出。

　　然而，对于科学家来说，这个过程充满了挑战。毕竟，人类的价值观和道德观是如此复杂多样，要让 ChatGPT 全面理解并遵循这些观念，无疑是一项艰巨的任务。为了应对这一困境，科学家开始研究如何让 ChatGPT 能够根据不同的场景和背景进行自我调整，使其输出更具针对性和实用性。这个过程就像教会一位世界级演员如何在不同角色间灵活转换，展现出无与伦比的演技。

　　历经无数次的尝试和优化，ChatGPT 终于变得越来越成熟。科学家的努力得到了回报，ChatGPT 的各项能力得到了极大的提升。在这个过程中，无数的关键节点被不断突破，不仅使得 ChatGPT 成为一款颠覆性的人工智能产品，更为整个人工智能领域的发展铺垫了道路。

　　这场英雄之旅并非一帆风顺，ChatGPT 在成长的过程中遇到了许多挫折和困难。然而，正是因为这些坎坷历程，ChatGPT 才能够逐渐成为一个具有划时代意义的人工智能成果。如今，ChatGPT 已经广泛应用于各个领域，使人类的生活和工作前所未有的便捷和智能。

这场发展历程犹如一部激动人心的科幻电影，科学家在其中扮演着英勇无畏的主角角色，而 ChatGPT 则成为他们心中最珍贵的伙伴。这部电影充满了波折、挑战和胜利，让人们对人工智能的未来充满期待与憧憬。

2. 数据积累的关键核心

数据积累对于 ChatGPT 的成功至关重要。如果 ChatGPT 就像一个不断成长的孩子，而数据则是孩子成长过程中所需的营养。丰富的数据可以让 ChatGPT 在学习过程中汲取更多的知识，从而提升其学习能力。在 ChatGPT 的发展历程中，数据积累经历了以下几个关键阶段。

（1）数据采集。在 ChatGPT 的早期阶段，研究人员从各种渠道收集大量的数据，包括书籍、文章、论坛、社交媒体等。他们就像勇敢的猎人，搜寻着知识的痕迹，为 ChatGPT 的成长提供源源不断的营养。ChatGPT 使用大约 45TB 的原始文本数据进行训练，远超其他 LLM。例如，BERT 的训练数据为 13TB。这使得 ChatGPT 在理解和生成文本方面具有更强的能力。ChatGPT 不仅拥有大量的数据，而且这些数据来源非常广泛，涵盖了各种类型的文本、专业领域和多种语言。这使得 ChatGPT 能够更好地理解不同领域的知识和多语言文本，为用户提供更全面的服务。在数据积累过程中，ChatGPT 团队注重数据的质量，通过多种方法确保数据的可靠性和准确性。例如，他们使用数据预处理、数据标注、去除重复数据等方法来提高数据质量。这使得 ChatGPT 在处理用户请求时能够提供更准确的回答。

（2）数据预处理。数据采集之后，研究人员需要对数据进行预处理，清洗掉无关紧要的信息。这个过程就像为孩子挑选合适的食物，确保 ChatGPT 在成长过程中吸收到的是有益的知识。预处理包括去除重复数据、纠正拼写错误、统一格式等。

（3）数据标注。为了让 ChatGPT 更好地理解数据中的信息，研究人员需要对数据进行标注。这个过程类似于给食物贴上标签，让孩子知道哪些是蛋白质、哪些是维生素。通过数据标注，ChatGPT 能够更加准确地识别文本中的实体、关系和情感等信息。

（4）数据切分。在 ChatGPT 的训练过程中，数据会被切分为训练集、验证集和测试集。训练集用于训练模型，验证集用于调整模型参数，测试集用于评估模型性能。这就像将孩子的学习过程分为预习、复习和考试三个阶段，确保 ChatGPT 在每个阶段都能够稳步提升。

（5）数据迭代。随着 ChatGPT 的能力不断提升，研究人员会定期对数据进行更新和优化。这就像为孩子安排不同阶段的课程，让 ChatGPT 在成长过程中始终保持竞争力。通过数据迭代，ChatGPT 能够紧跟时代步伐，不断满足人类日益增长的需求。

总之，在 ChatGPT 的成长过程中，数据积累发挥了至关重要的作用。就如同孩子在成长过程中需要不断摄取营养，ChatGPT 也需要源源不断地获取数据以提升其能力。在这个过程中，研究人员充当了孩子的家长和老师，为 ChatGPT 提供了丰富的知识资源和指导。下面继续讲述 ChatGPT 数据积累的故事。

（1）专业领域数据的整合。随着 ChatGPT 能力的不断提升，人们对其在专业领域的应用需求也越来越高。为了让 ChatGPT 更好地理解各个领域的知识，研究人员开始搜集和整合各行各业的专业数据。这就像为孩子安排一位又一位的专家导师，让 ChatGPT 在各个领域都能够游刃有余。

（2）多语言数据的融合。为了让 ChatGPT 能够更好地服务全球用户，研究人员开始积累多种语言的数据资源。这就像让孩子学习各种外语，拓宽其交流和认知的视野。通过多语言数据的融合，ChatGPT 可以更好地理解不同文化背景下的知识和信息，为全球用户提供更加贴心的服务。

（3）数据安全与隐私保护。在 ChatGPT 的数据积累过程中，研究人员高度重视数据安全与隐私保护。他们采取严格的数据筛选和脱敏措施，确保数据中不包含任何侵犯个人隐私的信息。这就像为孩子设立道德底线，确保 ChatGPT 在成长过程中始终遵循伦理原则。

（4）社区共建与开放共享。为了让更多人参与 ChatGPT 的发展过程中来，研究人员积极倡导社区共建和开放共享的理念。他们鼓励全球各地的研究者、开发者和用户共同为 ChatGPT 提供数据资源和技术支持。这就像组织了一场全球范围内的家长会，让每个人都能为 ChatGPT 的成长贡献力量。

（5）实时数据更新。为了让 ChatGPT 始终保持最新的知识水平，ChatGPT 引入实时数据更新机制，定期对训练数据进行更新和优化。这使得 ChatGPT 能够紧跟时代的发展，保持最新的知识水平。相比之下，其他 LLM 可能在这方面的更新速度较慢。这就像让孩子定期参加各种培训课程和充电班一样，让 ChatGPT 能够紧跟时代的变化，不断提高自己的竞争力。

（6）用户反馈与模型优化。在 ChatGPT 的应用过程中，研究人员高度重视用户反馈，将用户的需求和建议作为模型优化的重要依据。这就像家长和老师定期为孩子进行成长评估。通过用户的反馈，ChatGPT 可以更好地了解自己的优点和不足，从而调整自己的学习策略，持续提升自己的能力。通过用户的反馈，ChatGPT 可以了解自己在数据积累方面的优势和不足，从而进行有针对性的优化。这使得 ChatGPT 能够持续提升数据积累能力，为用户提供更优质的服务。

通过以上几点，可以看出 ChatGPT 在数据积累方面相较于其他优秀的 LLM 具有显著的优势和突破。通过以上几个阶段的数据积累，ChatGPT 逐渐从一个初生的婴儿成长为一个智慧卓越的青年。在这个过程中，ChatGPT 展现出惊人的学习能力和广泛的应用潜力。研究人员为 ChatGPT 提供的数据资源和指导，就像给孩子提供了丰富的营养和悉心的关爱，使其成长为一个拥有卓越才能的年轻人。

3. ChatGPT 的算力突破

在算力部分，ChatGPT 相较于其他 LLM 也取得了显著的突破。

（1）高性能计算硬件。ChatGPT 的训练过程利用最先进的高性能计算硬件，例如 NVIDIA 的 A100 GPU（Graphics Processing Unit，图形处理器）和 Google 的 TPU（Tensor Processing Unit，张量处理器）等。这些硬件在处理大量数据和复杂数学运算时具有更高的效率和速度，从而使得 ChatGPT 能够在有限的时间内完成大规模的训练任务。

（2）分布式计算技术。为了充分利用硬件资源，ChatGPT 采用了分布式计算技术，将训练任务划分为多个子任务，分配到不同的计算节点上并行处理。这大幅缩短了模型训练的时间，提高了训练效率。

（3）模型并行与数据并行。在训练过程中，ChatGPT 同时采用了模型并行和数据并行的策略。模型并行是指将模型分割成多部分，分布在不同的计算节点上进行训练；数据并行是指将训练数据分割成多部分，分布在不同的计算节点上进行训练。这两种策略相辅相成，进一步提高了 ChatGPT 的训练效率。

（4）优化算法与技巧。在算法方面，ChatGPT 采用一系列优化技巧，以提高模型训练的效果和速度。例如，使用自适应学习率调整（Learning Rate Adjustment）策略、梯度裁剪、权重衰减等方法来防止过拟合和加速训练过程。

（5）动态调整计算资源。ChatGPT 在训练过程中可以根据任务的复杂程度和计算需求动态调整计算资源。例如，对于计算密集型任务，可以增加计算节点以提高计算速度；对于数据密集型任务，可以通过数据压缩和减少数据传输量来提高效率。这使得 ChatGPT 能够在有限的计算资源下实现更高效的训练。

通过以上几点，可以看出 ChatGPT 在算力方面相较于其他优秀的 LLM 也具有显著的突破。正如火箭在太空探索中需要足够的推力一样，ChatGPT 的算力突破为其在自然语言处理领域的发展提供了强大的动力，使其能够达到前所未有的高度。

4. 硬件的突破

算力上的突破离不开硬件的突破，下面介绍哪些硬件上的突破导致了 ChatGPT 的成功。

（1）GPU 的发展。GPU 在过去几年中取得了显著的发展。GPU 具有强大的并行计算能力，特别适用于深度学习等需要大量矩阵运算的任务。与 CPU 相比，GPU 能够处理更多的数据并发，从而大幅缩短模型训练时间。NVIDIA 公司是 GPU 领域的领导者，其推出的一系列高性能 GPU 如 Tesla V100、A100 等，为自然语言处理模型的训练提供了强大的算力支持。过去几年，GPU 在性能上取得了显著的提升。NVIDIA 推出了具有更强计算能力的 GPU，它们具有更多的核心、更高的内存带宽和更低的能耗。这使得 ChatGPT 等模型在训练过程中可以并行处理更多的数据和参数，加速了训练速度。

（2）TPU 的诞生。谷歌推出了名为 TPU 的专门针对深度学习任务的处理器。TPU 具有更高的能效和计算性能，能够在有限的硬件资源下实现更快的训练速度。TPU 的出现进一步推动了自然语言处理领域的算力突破。TPU 具有较高的浮点运算性能和低延迟的矩阵运算能力，非常适合处理大规模深度学习模型。此外，谷歌将 TPU 资源开放给了研究者和开发者，降低了计算成本，进一步推动了大规模模型的发展。

（3）分布式计算与横向扩展。为了应对大型自然语言处理模型的训练需求，研究者开始利用分布式计算来扩展算力。通过将模型分布在多个 GPU 或 TPU 上进行训练，可以实现更快的训练速度和更大的模型规模。同时，横向扩展技术也得到了不断的优化，如分布式训练框架（如 Horovod、Ray 等）的出现，使得分布式训练更加高效和可扩展。系统优化与协同设计也在推动 ChatGPT 等模型的性能提升。例如，开发者针对特定硬件平台优化深度学习框架，提高计算资源的利用率；研究者设计了更高效的并行训练策略，如模型并行、数据并行和流水线并行等，使得 ChatGPT 能够在多个 GPU 或 TPU 设备上同时训练，加速模型的收敛速度。

（4）训练技巧与优化方法。随着深度学习领域的发展，许多训练技巧和优化方法被提出，以提高模型的训练速度和性能。例如，混合精度训练可以在不损失精度的情况下加速训练过程；梯度累积（Gradient Accumulation）可以在有限的内存资源下支持更大的批大小（Batch Size）。这些技巧与优化方法在很大程度上提高了自然语言处理模型训练的效率。

（5）硬件与软件的协同优化。为了实现更高的算力，硬件与软件的协同优化变得至关重要。硬件制造商、软件开发商和研究者通过合作，为深度学习任务提供了高度优化的库和框架，如 NVIDIA 的 cuDNN、TensorRT 等。这些库和框架使得自然语言处理任务在硬件上的性能得到充分发挥，从而进一步推动了算力的突破。

（6）自动化调参与模型搜索。在自然语言处理任务中，调参是一个关键但烦琐的工作。为了降低调参的难度，研究者开发了自动化调参（如 Bayesian Optimization、Hyperband 等）和神经模型搜索（如 Neural Architecture Search，NAS）技术。这些技术可以在较短的时间内搜索到更好的超参数组合和模型结构，进一步提高模型的性能。

（7）模型压缩与轻量化。随着模型规模的不断增大，模型的部署和推理成本也随之增加。为了在有限的计算资源下实现高性能的自然语言处理任务，研究者开始关注模型压缩与轻量化技术。例如，知识蒸馏（Knowledge Distillation）可以将大型模型的知识迁移到更小的模型中，从而在较低的计算成本下实现类似的性能；网络剪枝（Network Pruning）可以通过去除冗余的神经元和连接来减小模型的大小和计算量。这些技术在一定程度上缓解了算力压力，使得自然语言处理模型能够在更多设备上部署和运行。

（8）计算资源共享与开放。随着深度学习领域的发展，越来越多的计算资源得到共享和开放。例如，谷歌的 Colab 平台免费提供 GPU 和 TPU 资源，使得更多的研究者和开发者能够参与自然语言处理模型的训练和研究。此外，许多模型预训练权重也得到了共享，通过迁移学习，研究者可以在有限的计算资源下取得较好的性能。

综上所述，ChatGPT 在算力上的突破来自多方面的因素，包括高性能计算硬件、分布式计算技术、模型并行与数据并行、优化算法与技巧、动态调整计算资源等。这些因素共同推动了自然语言处理领域的算力突破，使得 ChatGPT 等大型模型得以实现高性能。

值得注意的是，尽管 ChatGPT 在性能上超越了其他模型，但它仍然存在诸如计算成本高、生成结果偏向有偏数据等问题。这意味着仍然有许多挑战等待研究者去解决，而这些挑战可能会在未来取得更为突破性的成果。

5. OpenAI 成功的战略原因

谷歌作为全球最大的搜索引擎和互联网公司，确实拥有大量的数据资源。谷歌在许多方面都具有竞争优势，特别是在数据获取和处理方面。然而，虽然谷歌的数据资源丰富，但在自然语言处理领域，OpenAI 依然能够取得突破性成果，原因如下。

（1）研究方向。OpenAI 从一开始就专注于开发大型预训练语言模型，如 GPT 系列。相比之下，谷歌在自然语言处理领域的研究方向更加多样，涵盖了 BERT、T5 等多种模型。虽然谷歌在自然语言处理领域也取得了很多重要成果，但 OpenAI 在大型语言模型方面的专注可能使其在这一领域取得了更大的突破。

（2）算力。虽然谷歌在算力方面拥有很强的优势，但 OpenAI 在 ChatGPT 的开发过程中，也利用了大量的算力资源。这使得 OpenAI 能够进行大规模的模型训练，从而在性能方面取得突破。

（3）模型架构与训练策略。OpenAI 在 GPT 系列模型的研发过程中，采用了一些创新的模型架构和训练策略。例如，使用 Transformer 架构、自回归生成式预训练等。这些创新策略有助于提高模型的性能。

（4）开源与合作。OpenAI 通过开源和与其他研究机构合作的方式，积累了大量的知识和技术。这使得 OpenAI 能够在自然语言处理领域快速迭代和进步。

读者可能会有一个疑问，为什么谷歌推出了 TPM，却没有首先做出来 ChatGPT？这涉及研究团队的战略选择和研究方向。OpenAI 选择了 GPT 系列模型作为主要研究方向，并在模型架构、预训练方法和优化策略等方面进行了持续优化。此外，OpenAI 拥有大量的数据和计算资源，使其能够在短时间内迭代出多个版本的 GPT 模型。

谷歌虽然在硬件资源方面具有优势，但其研究方向并非完全集中在 GPT 这类大规模生成式预训练模型上。谷歌在自然语言处理领域的研究涉及多个方向，如 BERT、T5 等。此外，谷歌还在其他领域（如计算机视觉、强化学习等）进行了广泛的研究。这意味着谷歌的研究资源分布在多个方向，可能没有将全部精力投入 GPT 这类模型的发展中。

然而，这并不意味着谷歌在自然语言处理领域的发展没有取得重要成果。实际上，谷歌的 BERT 和 T5 等模型在许多自然语言处理任务上表现优异，甚至在某些任务上超越了 GPT 系列模型。同时，谷歌在研究过程中产生了大量有价值的技术和方法，为整个人工智能领域的发展做出了贡献。尽管谷歌在数据方面具有优势，但在自然语言处理领域，OpenAI 通过专注研究方向、充分利用算力、采用创新模型架构和训练策略以及开源合作等方式，实现了 GPT 系列模型的突破。这也表明，数据资源虽然重要，但在人工智能领域取得成功，还需要综合考虑多个因素。总之，ChatGPT 的突破性发展得益于 OpenAI 的研究方向和策略选择，以及大量的数据和算力资源。同时，谷歌虽然没有在 GPT 这类模型上取得与 OpenAI 相当的成果，但其在多个研究方向上仍然取得了显著的进展。在这个过程中，整个人工智能领域将不断迭代和进步，为人类带来更多创新和价值。

6. ChatGPT 如何优化算力

充分利用算力对于深度学习模型的训练尤为重要。以下是一些建议，以有助于最大限度地利用算力。

（1）分布式训练。通过将训练任务分配给多个 GPU 或 TPU 设备，可以大大提高训练速度。分布式训练的关键在于并行化，这意味着将数据分割成多个子集，并在不同的计算设备上同时处理这些子集。常见的分布式训练策略包括数据并行、模型并行和流水线并行。

（2）混合精度训练。混合精度训练结合了单精度（float32）和半精度（float16）数值表示，以提高计算性能和减少内存占用。NVIDIA 的 Tensor Cores（张量计算核心）技术可以加速混合精度训练，大大提高训练速度。

（3）梯度累积。梯度累积是一种简单的技术，可以在不增加显存占用的情况下增大批量大小。通过将多个小批量的梯度累积起来，然后执行权重更新，可以模拟较大批量的训练效果。

（4）模型压缩。模型压缩技术旨在减小模型的大小，提高推理速度。常见的模型压缩技术包括权重量化（Weight Quantization）、知识蒸馏和神经网络剪枝。这些技术可以在维持性能的同时，降低模型的计算和存储需求。

（5）超参数优化。选择合适的超参数对于训练深度学习模型至关重要。可以通过网格搜索、随机搜索、贝叶斯优化等方法搜索最优超参数组合。这有助于在有限的算力下获得更好的模型性能。

（6）使用高效的模型架构。选择合适的模型架构可以显著提高训练效率。例如，Transformer 架构在自然语言处理领域取得了显著的性能提升，而 EfficientNet 则为计算机视觉任务提供了高效的模型架构。

（7）早停（Early Stopping）策略。利用早停策略可以在验证损失不再显著降低时停止训练，避免过拟合并节省算力资源。

（8）自适应学习率。使用自适应学习率调整策略（如 Adam、RMSprop 等）可以在训练过程中根据梯度的大小自动调整学习率。这有助于更快地收敛到最优解，减少训练时间。

（9）学习率调度。学习率调度策略（如余弦退火、指数衰减等）可以在训练过程中逐渐降低学习率。这样做可以在训练初期快速收敛，同时在训练后期避免在最优解附近震荡，提高训练效果。

（10）使用预训练模型。利用预训练模型（如 BERT、GPT 等）作为基础，进行微调以适应特定任务。这样可以利用预训练模型中已经学到的知识，减少训练时间和所需算力。

（11）跨设备训练。对于大型模型，可以将训练任务分布在多台计算机上进行。这可以进一步提高训练速度和算力利用率。

（12）使用专门的软件库和框架。使用针对深度学习任务优化的软件库（如 TensorFlow、PyTorch 等）可以有助于更高效地利用算力资源。这些库提供了针对不同硬件优化的低级操作，可以显著提高训练速度。

通过采用以上策略，可以充分利用算力，提高深度学习模型的训练效率和性能。这些方法在 ChatGPT 等先进的大型模型中尤为重要。要达到 ChatGPT 这样的性能水平，研究人员需要在众多方面进行优化，从而确保充分利用现有的算力资源。

总之，为了在有限的算力资源下实现 ChatGPT 等大型模型的性能突破，研究人员需要从多个角度进行优化和调整。这包括分布式训练、混合精度训练、梯度累积、模型压缩、超参数优化、高效模型架构、适时终止、自适应学习率、学习率调度、使用预训练模型、跨设备训练和使用专门的软件库和框架等。在实际应用中，这些方法往往需要综合运用，以实现最佳的性能和效率。

在各种优化手段中，分布式训练是最核心的一块。下面再详细地介绍分布式训练的内容。

7. ChatGPT 在分布式训练上的突破

1）分布式训练

分布式训练就像世界各地的美食大厨齐聚一堂，共同完成一道盛宴。ChatGPT 的分布式训练采用多台计算机，每台计算机内有多个 GPU。就好像每位大厨分工合作，有人负责准备食材，有人负责炖煮，还有人负责烹饪佐料。每个环节都井然有序，紧密协作。

如果将 ChatGPT 比作一道复杂的多层巧克力蛋糕，那么每个 GPU 就像是一位熟练的面点师，负责制作蛋糕的一层。为了更高效地完成这道大餐，需要让每个面点师在各自的 GPU 厨房里快速制作出一层美味的巧克力蛋糕。

那么，如何确保这些 GPU 厨房之间的顺畅协作呢？这就需要一位优秀的主厨来协调。在 ChatGPT 的分布式训练中，主厨的角色由高效的通信库扮演，他们在 GPU 厨房之间传递食材（梯度和参数更新），确保每个厨房都能按时完成自己的任务。

此外，为了避免厨房间的拥堵和混乱，需要一个精确的计划和策略。ChatGPT 采用了数据并行、模型并行和流水线并行等多种策略，使得各个 GPU 厨房高效协作。这就好比为厨房设定了一个精确的时间表，规定了何时烘焙，以及何时进行装饰，从而确保整个制作过程不会因为一个环节的延误而导致整个蛋糕的失败。

在这场盛大的烹饪盛宴中，每个 GPU 厨房都在全力以赴，而整个分布式训练系统就像一个熟练的团队，共同完成 ChatGPT 这道美味佳肴。这样的协同作战使得 ChatGPT 在训练过程中更快、更有效地学习和掌握语言知识，让它的性能达到了前所未有的高度。而我们就可以品尝到这道制作精良、美味非凡的 ChatGPT 巧克力蛋糕。

2）接力赛的故事

分布式训练就像一场精心策划的接力赛。ChatGPT 的分布式训练过程中，每个参与者都需要发挥自己的才能，全力以赴。

假设有一个"知识村"，村里聪明伶俐的村民们每天都在争相学习新知识。为了选拔最优秀的学者，他们决定举办一场接力赛。在这场接力赛中，每个参赛者都将肩负起教育下一代的重任，分享他们所学到的一切。这个比赛就是 ChatGPT 的分布式训练过程。

首先，需要为比赛设置规则。在这场比赛中，每个参赛者都会成为一个独立的计算单元，也就是 GPU。每个 GPU 都要负责一部分任务，就像接力赛中的一段距离。为了确保比赛公平公正，主办方设定了一套复杂的策略，包括数据并行、模型并行和流水线并行等，来确保每个参赛者都能够在规定的时间内完成自己的任务。

数据并行就像把整个赛道分成若干小段，每个参赛者在自己的小段上全力冲刺。这样，他们就可以在更短的时间内完成整个赛道。模型并行则是让参赛者分工合作，每个人负责不同的任务，如一些人负责跑步，另一些人负责跳远。这样，每个人都能发挥自己的特长，从而提高整体的效率。流水线并行则是让参赛者按照顺序依次完成任务，把一个大任务拆分成了很多个小任务，每个人都能在短时间内完成自己的部分。

为了保证比赛的顺利进行，还需要一个有效的沟通机制。在这场比赛中，沟通机制就是那些负责传递接力棒的信使。他们在参赛者之间穿梭，传递着知识和信息。这些信使就是高效的通信库，负责在 GPU 之间传递梯度和参数更新，确保整个比赛的顺利进行。

随着比赛的进行，每个参赛者都在不断的接力过程中积累经验，优化自己的跑步技巧。这就好比神经网络的训练过程，每次迭代都在不断改进和优化模型的表现。每当一个参赛者完成自己的任务，他们都会将经验和知识传递给下一个参赛者。就这样，一轮又一轮地迭代，整个团队的实力逐渐变得更强大。

接力赛中还有一个非常重要的角色，就是指导者。作为优化器，他们负责监督整个比赛过程，确保每个参赛者都能够在最短时间内完成自己的任务。他们会根据每个参赛者的表现，为他们提供有益的建议和指导。这就好比优化器在训练过程中，根据损失函数的变化调整学习率，从而帮助模型更快地收敛。

在经过无数次的接力传递和优化后，一支实力强大的团队终于诞生了。他们成功地将知识村的智慧汇聚在了一起，成为名副其实的领袖团队——ChatGPT。其成功源于对分布式训练的充分利用，以及在算力、数据和优化等方面的突破。而 ChatGPT 在分布式训练方面的突破，使其能够在有限的时间内完成庞大的任务。这得益于分布式训练策略的灵活运用，以及强大的硬件支持。这些突破使 ChatGPT 在众多 LLM 中脱颖而出，使其在自然语言处理任务中取得了卓越的表现，成为一颗璀璨的明星。

3）ChatGPT 在分布式训练方面的突破

如果有一个庞大的烹饪比赛，每个参赛队都由厨师组成，他们的目标是烹饪出一道世界一流的料理。ChatGPT 厨师团队与谷歌厨师团队代表了两个强大的人工智能研究团队。现在，将通过这个烹饪比赛的例子来探讨 ChatGPT 如何在分布式训练方面实现突破。

（1）菜谱收集。为了烹饪出一道世界一流的料理，每个厨师都需要搜集大量的菜谱。ChatGPT 厨师团队在这方面表现出色，他们不仅收集了大量的菜谱，还运用了一种名为 WebText 的新型数据预处理方法，使数据更加干净、高质量。而谷歌厨师团队虽然也有大量的菜谱，但在数据预处理方面没有采用如此先进的技术。

（2）烹饪设备。在烹饪比赛中，厨师需要使用各种烹饪设备，如炉子、锅、刀等。ChatGPT 厨师团队在硬件方面有着显著的优势，他们可以使用更先进的烹饪设备，如强大的 GPU 和高性能计算机，以便更快地完成任务。而谷歌厨师团队虽然也有很好的硬件支持，但与 ChatGPT 相比，还存在一定的差距。

（3）协同烹饪。在这场烹饪比赛中，每个厨师都需要与其他厨师紧密合作，分享经验和知识，共同完成任务。ChatGPT 厨师团队采用了先进的分布式训练策略，如 ZeRO 和 Megatron，以提高训练效率。他们之间的协作非常紧密，能够迅速地分享知识，找出烹饪中的问题并解决。谷歌厨师团队虽然也使用了分布式训练，但在策略和效率上与 ChatGPT 还有一定的差距。

（4）烹饪技巧。ChatGPT 厨师团队拥有更多的烹饪技巧，如在模型结构、优化算法和损失函数方面的创新。他们通过这些技巧，能够更好地调整和优化他们的烹饪过程，从而使得最终的料理更具美味。谷歌厨师团队虽然也有一定的烹饪技巧，但在与 ChatGPT 的竞争中，可能在某些方面略显不足。

（5）实验厨房。为了提高烹饪技艺，厨师需要不断尝试新的菜谱和烹饪方法。ChatGPT 厨师团队拥有一个庞大的实验厨房，他们可以在其中进行大量的实验和测试，从而不断优化和改进他们的烹饪技巧。相比之下，谷歌厨师团队在实验资源方面可能稍显不足。

（6）持续学习。烹饪是一个永无止境的学习过程，厨师需要不断地吸收新的知识和经验。ChatGPT 厨师团队在这方面表现出色，他们运用强大的迁移学习和多任务学习技能，能够更好地应对各种烹饪挑战。而谷歌厨师团队虽然也具备一定的学习能力，但可能在某些方面无法与 ChatGPT 相媲美。

通过以上比喻，可以看到 ChatGPT 在分布式训练方面的突破，这些突破在数据积累、硬件发展、协同烹饪、烹饪技巧、实验厨房和持续学习等方面均体现出来，使得 ChatGPT 能够在人工智能领域取得显著的成果。

8. ChatGPT 在梯度累积方面与之前的不同

下面从以下几方面阐述 ChatGPT 在梯度累积方面与之前的不同。假设 ChatGPT 和其他 LLM 参加了一个料理大赛。在比赛过程中，他们需要展示自己独特的烹饪技巧，而这些技巧正好对应了在梯度累积方面的优势。

（1）更有效的梯度累积策略。ChatGPT 采用了一种更高效的梯度累积策略，能够在处理大规模数据集和模型参数时更好地平衡计算资源。这种策略可以在有限的计算资源下，实现更好的模型训练效果。相比之下，其他 LLM 可能没有这种高效的梯度累积策略，这可能导致在处理大规模数据集和模型参数时，计算资源分配不够合理，进而影响训练效果。就比如在比赛中，ChatGPT 展示了一种高效的搅拌技巧，能够在短时间内将食材充分混合，从而使味道更加美妙。相较之下，其他 LLM 可能在搅拌过程中稍显笨拙，需要更长的时间才能达到同样的效果。

（2）更好的梯度稀疏性处理。在 ChatGPT 的训练过程中，梯度稀疏性得到了更好的处理。梯度稀疏性是指在训练过程中，部分梯度值接近于零，对模型参数的更新作用较小。ChatGPT 采用了一些高效的技巧来处理这种稀疏性,例如选择性地更新那些具有较大梯度值的参数,从而提高了训练效率。而其他 LLM 可能没有这么好地处理梯度稀疏性问题,导致训练效率受到一定程度的影响。就如在比赛中,ChatGPT 具有出色的调味能力,能够迅速发现那些需要加强的味道,并在恰当的时机加入适量的调料。而其他 LLM 可能在调味方面表现得不够敏锐,导致菜肴的味道并不理想。

(3)更强的梯度累积与并行计算结合。ChatGPT 在梯度累积方面的一个重要突破是将梯度累积与并行计算结合得更加紧密。通过在多个计算设备之间进行有效的梯度累积和通信,ChatGPT 实现了更高效的分布式训练。这使得 ChatGPT 能够在更短的时间内完成训练,同时获得更好的性能。相比之下,其他 LLM 在梯度累积与并行计算的结合上可能没有达到 ChatGPT 的水平,这可能限制了它们在分布式训练中的表现。就如在比赛中,ChatGPT 表现出出色的团队协作能力,能够与助手们(计算设备)紧密合作,共同完成一道美味佳肴。这得益于它在梯度累积与并行计算方面的优势。相比之下,其他 LLM 可能在团队协作方面略显生疏,无法做到像 ChatGPT 那样高效地完成任务。

(4)更先进的优化算法。ChatGPT 在梯度累积方面的另一个优势是采用了更先进的优化算法,例如自适应学习率调整、动量法等。就如 ChatGPT 善于尝试新的烹饪方法,并将这些方法运用到比赛中。它采用了先进的优化算法,使得在训练过程中能够更好地适应各种情况。相较之下,其他 LLM 可能在创新烹饪方面稍显保守,导致它们的菜肴创意和口感相对较差。

(5)实时调整(动态梯度裁剪)。在料理大赛中,ChatGPT 展现了卓越的适应能力。当面临突发情况或不确定性时,它可以迅速进行实时调整,如动态梯度裁剪,以防止梯度爆炸并确保训练稳定。而其他 LLM 可能在实时调整方面表现得相对较弱,这可能导致它们的菜肴在面临突发情况时品质下降。

(6)精确控温(自适应学习率调整)。ChatGPT 在烹饪过程中能够精确控制火候,根据菜肴的需求自适应地调整学习率。这使得它能够更好地平衡训练速度和模型性能。相较之下,其他 LLM 可能无法做到如此精确的控温,从而影响菜肴的口感和质量。

(7)创意无限(更大的模型容量)。ChatGPT 在料理大赛中,以无穷无尽的创意和独特的烹饪技巧取胜。更大的模型容量使得 ChatGPT 能够学习和理解更多知识,从而在各种任务中取得更好的表现。相比之下,其他 LLM 的模型容量相对较小,这可能限制了它们在某些任务中的性能。

通过这个料理大赛的例子，可以看到 ChatGPT 在高效梯度累积策略、处理梯度稀疏性、梯度累积与并行计算结合以及先进优化算法等方面相较于其他 LLM 具有显著优势。这使得 ChatGPT 能够在许多任务中表现得更为出色。ChatGPT 在梯度累积方面的优势使得它能够在训练过程中实现更高效、更稳定的表现。这些优势使得 ChatGPT 在处理各种任务时，相较于其他 LLM 具有更强的性能和适应能力。

9. ChatGPT 在模型压缩上的突破

ChatGPT 的模型压缩方面的突破是一个值得探讨的话题。模型压缩是指通过各种技术手段减小神经网络模型的体积、计算资源需求和内存占用的过程，以便在资源有限的设备上运行和部署这些模型。对于像 ChatGPT 这样的庞大模型，模型压缩至关重要，因为它可以帮助降低部署成本，提高可扩展性和可用性。接下来，将从以下几方面深入探讨 ChatGPT 在模型压缩上的突破。

（1）知识蒸馏。知识蒸馏是一种通过训练一个较小的学生模型（Student Model）来模拟一个大型教师模型（Teacher Model）行为的技术。通过知识蒸馏，可以将 ChatGPT 的核心知识传递给一个较小的模型，从而降低计算资源需求。这类似于一个大厨将自己的烹饪技巧和经验传授给一位年轻厨师，使其能够在较小的厨房内制作出类似的美食。而年轻厨师只需要学会那些最重要的技巧。知识蒸馏就像是让一个年轻的徒弟学习老师傅的技艺。老师傅（教师模型）拥有丰富的经验和技能，但年轻的徒弟（学生模型）可能没有那么多的精力和时间来掌握所有技巧。因此，徒弟通过观察和模仿老师傅的工作，从而学会了更简单、更快捷的技巧，达到了类似的效果。

在神经网络中，知识蒸馏是指将一个大型（教师）模型的知识压缩到一个较小的（学生）模型中。通过这种方式，学生模型能够学到教师模型的关键知识，而无须消耗大量计算资源。具体步骤如下。

① 首先训练一个大型的教师模型，通常这个模型具有较高的准确性，但计算成本很高。

② 初始化一个较小的学生模型，这个模型的结构和教师模型不同，通常包含更少的层和参数。

③ 使用相同的训练数据集训练学生模型，但是让学生模型学习教师模型的输出（概率分布）而非原始的类别标签。这样可以使学生模型在不同类别之间找到更精细的边界。

④ 在训练过程中，可以通过融合教师模型的输出和原始类别标签，从而平

衡学生模型对教师模型的依赖程度。

（2）网络剪枝。网络剪枝是一种通过移除神经网络中的冗余参数（如权重和神经元）来减小模型体积的技术。这可以看作修剪掉模型中不必要的"枝叶"，只保留核心的"主干"。ChatGPT 可以通过网络剪枝来减少模型的规模，从而降低计算资源需求和内存占用。如果正在修剪花园里的树木，剪去枯萎的树枝，让树木更健康、更美观。网络剪枝就像是对一棵茂盛的树进行修剪。树可能长出了许多枝叶（神经元和连接），但并非所有的枝叶都对树的生长有帮助。通过修剪掉那些贡献较小的枝叶，可以让树更加健康、结构更加紧凑，同时节省了养分（计算资源）。

网络剪枝去除了那些对模型贡献较小的神经元和连接，从而降低模型复杂性，同时保持模型性能。具体步骤如下。

① 首先训练一个大型的模型，通常这个模型具有较高的准确性，但参数很多。

② 评估模型中每个神经元或连接的重要性，这可以通过计算权重的绝对值、梯度大小等指标实现。

③ 根据预先设定的阈值或百分比，删除评估结果中较低重要性的神经元或连接。

④ 在修剪后的模型上进行微调，以弥补因修剪而导致的性能损失。

（3）权重量化。权重量化是一种通过减少模型中权重表示的精度来减小模型体积的技术。例如，可以将 ChatGPT 中的 32 位浮点数权重转换为 16 位或 8 位的整数表示。这有点像把一部精细的油画简化为一幅略带抽象的水彩画，虽然细节有所损失，但仍能保留主要的形状和色彩。权重量化就像是把一幅高精度的图片压缩成低精度的版本。原始图片（模型权重）可能有很高的分辨率和色彩层次，但它们占用了大量的存储空间。通过减少分辨率和色彩深度（权重精度），可以在保留大部分视觉效果的同时，大幅度减小图片的大小。同样，在模型权重量化中，在压缩权重大小的同时，努力保持模型的性能。通过权重量化，可以在不明显降低性能的情况下显著减小 ChatGPT 的模型体积。这就像将一堆硬币换成数量更少的纸币。换句话说，用更少的数据表示相同的价值。在神经网络中，权重量化是一种降低权重精度的技术，它可以通过用较少的比特数表示权重值来减小模型的大小。尽管这可能会导致一些精度损失，但权重量化能够显著降低模型的存储和计算需求，从而提高模型在资源受限设备上的可用性。权重量化旨在通过降低权重精度来减小模型大小。具体步骤如下。

① 首先训练一个大型的模型，通常这个模型具有较高的准确性，但权重精度较高。

② 对模型的权重进行量化，即将 32 位浮点数转换为较低位数的表示形式，如 8 位整数或更低。

③ 使用量化后的权重进行推理。这可能需要特殊的硬件支持或软件库，以便在较低精度下高效地执行神经网络计算。

（4）参数共享（Parameter Sharing）。参数共享是一种通过在神经网络中的多个层之间共享权重来减小模型体积的技术。这类似于一个家庭中的成员共享一辆汽车，而不是每个人都拥有自己的汽车，从而节省了空间和资源。在 ChatGPT 的情况下，参数共享可以通过将模型中多个层之间的相似权重合并为一个共享权重来实现。这样，模型中的权重数量会减少，从而降低模型的体积和计算资源需求。如果你正在购物，但你的购物袋有限。参数共享就像是将相似的物品堆叠在一起，让更多的东西装进购物袋。在 ChatGPT 的情况下，这意味着相似权重的合并，从而减小模型的大小。

（5）自适应计算（Adaptive Computation）。自适应计算是一种通过根据输入数据的复杂性动态调整模型中计算资源分配的技术。例如，ChatGPT 可以针对简单任务使用较少的计算资源，而针对复杂任务则使用较多的计算资源。这类似于一个人根据任务的难度调整自己的努力程度，以便在保证完成任务的同时，不浪费过多的精力。通过自适应计算，ChatGPT 可以在不同场景下灵活地调整计算资源使用，从而提高效率和性能。这就像是购物时，你只花时间在需要买的东西上，而不是在商店里闲逛。ChatGPT 根据任务难度分配计算资源，使其在处理不同任务时更加高效。

（6）动态稀疏（Dynamic Sparsity）。动态稀疏是一种通过在运行时动态选择激活神经元的子集来减小模型计算需求的技术。在 ChatGPT 的情况下，动态稀疏可以通过仅在需要时激活神经元来实现，从而降低计算资源的需求。这有点像一个舞台剧演出，在不同场景中只需要部分演员上场表演，从而节省了舞台空间和演员的精力。如果你在购物时只拿走你真正需要的东西。ChatGPT 在运行时也是如此，它只激活需要的神经元，从而节省计算资源。这有点像在商店里，你不会随手拿起所有看起来有趣的东西，而是专注于购买所需的物品。

通过以上技术手段，ChatGPT 在模型压缩方面取得了显著的突破，从而使得这一庞大的模型能够在资源有限的设备上运行和部署。这些技术的应用使

ChatGPT 成为一个具有高性能、高效率和高可用性的语言模型，从而在人工智能领域产生了深远的影响。通过这些有趣的类比，可以更好地理解 ChatGPT 在模型压缩方面的突破，并了解它们是如何帮助 ChatGPT 变得更加高效和实用的。这些技术使得 ChatGPT 能够在有限的资源下运行，就像我们在有限空间的购物袋中购物一样，从而使其成为一种高性能、高效和高可用的人工智能模型。

10. ChatGPT 的超参数优化

超参数优化在深度学习中扮演着重要角色，它就像是为一台复杂的机器进行微调，使其在各种任务上表现得更好。对于 ChatGPT，超参数优化也是关键的一环。

1）超参数搜索策略

如果你是一位顶级厨师，正在寻找制作一道美味佳肴的最佳烹饪参数。这包括火候、烹饪时间、佐料等。超参数优化也是如此，我们需要寻找那些能使模型性能最佳的参数组合。ChatGPT 在这方面的突破在于使用更智能的搜索策略，如贝叶斯优化、遗传算法等，它们能更快地找到那些最佳的参数组合。

2）自适应学习率

在训练神经网络时，学习率是一个关键的超参数。它决定了模型在每次迭代时对参数进行更新的速度。如果你在一条蜿蜒的山路上驾驶，学习率就像是你的油门。你需要在拐弯处减速（降低学习率），以免冲出弯道，而在直路上加速（提高学习率），以便更快到达目的地。ChatGPT 采用了自适应学习率方法，如 Adam 和 RMSProp，它们可以根据训练过程中的情况自动调整学习率，使训练更加高效。

3）正则化策略

在训练神经网络时，过拟合是一个常见的问题。它就像是你在一个舞会上学会了一套非常复杂的舞步，却发现它对其他场合并不适用。为了避免过拟合，我们需要使用正则化策略。ChatGPT 在这方面采用了多种方法，如 Dropout（一种常用的防止过拟合的方法）、权重衰减等，它们能够防止模型过度依赖某些特征，提高模型的泛化能力。

4）多任务学习

ChatGPT 作为一个强大的自然语言处理模型，需要在多个任务上表现出色。多任务学习就像是一个全能运动员，他需要在不同的运动项目上都有出色的表现。为了实现这一目标，ChatGPT 在训练过程中会同时学习多个任务，如文本分类、命名实体识别、情感分析等。这使得 ChatGPT 在各种任务上都能取得显著的进步，同时还可以在不同任务之间共享知识，提高训练效率。

5）模型结构优化

如果你正在搭建一座桥梁，桥梁的结构设计对其稳定性至关重要。同样，神经网络的结构也对其性能有着重要影响。ChatGPT 在模型结构上进行了深入优化，例如，通过调整层次结构、增加残差连接等，以提高模型的表达能力和训练稳定性。

6）预训练和微调策略

ChatGPT 采用了预训练和微调的策略，这就像是先让一个运动员参加全能训练，然后根据具体比赛项目进行针对性的调整。在预训练阶段，模型通过大量无标签数据进行无监督学习，捕获到丰富的语言知识。而在微调阶段，模型通过少量有标签数据进行有监督学习，以适应特定任务。这种策略使得 ChatGPT 能够在各种自然语言处理任务上取得出色的性能。

7）模型可解释性

虽然深度学习模型在许多任务上取得了显著的成果，但它们的可解释性仍然是一个挑战。ChatGPT 在这方面进行了一些尝试，例如，使用注意力机制来解释模型的决策过程。这就像一位出色的导游，能够清晰地解释景点背后的故事，让游客更好地理解和欣赏它们。

总之，ChatGPT 在超参数优化方面的突破主要体现在搜索策略、自适应学习率、正则化策略、多任务学习、模型结构优化、预训练和微调策略以及模型可解释性等多方面。这些优化使得 ChatGPT 能够在各种自然语言处理任务上表现出色，实现了性能的飞跃。

11. ChatGPT 在高效模型架构上的突破

ChatGPT 在高效模型架构上的突破，可以从以下几方面展开讲解。

1）Transformer 模型

如果你在参加一个鸡尾酒会，与你交谈的人会因你的兴趣而调整话题，让你始终保持兴趣。ChatGPT 的基础架构——Transformer 模型，正是这样一种高效的、能够自适应关注信息的模型。通过自注意力机制，Transformer 模型能够在处理长序列时仍具有较高的计算效率。

2）残差连接

如果你正在攀登一座高山，每当你跨越一个难度较大的地段时，都会有一条安全绳帮助你留住先前的位置，这使得攀登过程更加稳定。类似地，ChatGPT 通过引入残差连接，使得深层网络的训练更加稳定。残差连接有助于梯度在深层网络中的传播，降低了梯度消失的风险。

3）层次化表示学习

假设你正在阅读一篇文章，首先关注词汇和短语的含义，然后理解句子和段落的逻辑关系，最后总结出文章的中心思想。ChatGPT 在模型架构上采用了类似的层次化表示学习。底层网络主要捕捉局部信息（如词汇和短语），而高层网络则负责捕捉全局信息（如句子和段落）。这种层次化表示学习有助于模型更好地理解复杂的语言结构。

4）多头自注意力机制

假设你在玩一个角色扮演游戏，不同的角色有不同的视角和能力，共同协作完成任务。ChatGPT 采用了多头自注意力机制，模型可以从不同的角度关注输入序列的不同部分，提高了模型的表达能力和灵活性。

5）权重共享

设想一下，你在家里准备了一套多功能工具，它可以变成锤子、扳手、螺丝刀等多种工具，节省了空间和成本。ChatGPT 在模型架构上实现了权重共享，使得模型在不同任务和层次之间共享参数，降低了模型复杂度，提高了训练效率。

6）动态权重更新

设想一下你正在学习游泳，教练会根据你的进度和需求调整训练计划，以便你能更快地掌握技巧。同样，ChatGPT 在训练过程中采用了动态权重更新策略。这种策略可以根据当前模型的性能和需求自适应地调整学习率，使得模型能够更快地收敛。

7）更大规模的预训练

如果你是一位职业足球运动员，为了在比赛中表现出色，你需要通过大量的训练和比赛来积累经验。ChatGPT 在预训练阶段采用了更大规模的数据集和计算资源，使得模型能够学习到更丰富的知识和语言规律，从而提高了其在各种任务上的性能。

8）知识蒸馏

想象一个大厨通过多年的研究和实践，将自己的烹饪技巧浓缩为一本菜谱，使得其他人可以迅速学习。ChatGPT 在模型压缩方面采用了类似的方法——知识蒸馏。通过将大型模型的知识传递给小型模型，ChatGPT 可以在保持较高性能的同时，降低计算和存储成本。

9）适时终止

适时终止是一种在训练深度学习模型时防止过拟合的方法。它是通过在训练过程中监控验证集的性能来实现的。如果验证集上的性能在一定数量的连续迭代中没有提升，就提前终止训练，从而避免模型在训练集上过度拟合。

如果你正在参加一个烹饪比赛，比赛时间有限。你的目标是在规定的时间内烹制出一道美味的菜肴。然而，如果你过分关注调整食材和烹饪方法，以至于没有时间兼顾其他方面，如摆盘和呈现，那么你可能会因为过度关注某一方面而失去整体的平衡。

在这个比喻中，烹饪方法和食材类似于模型在训练集上的拟合程度，而摆盘和呈现类似于模型在验证集上的泛化能力。过度关注训练集可能导致模型在验证集上表现不佳，这就是过拟合现象。适时终止就像是比赛中的一个"警钟"，提醒你在达到某个平衡点后停止调整食材和烹饪方法，从而更好地关注其他方面，使菜肴整体更加美味。

在 ChatGPT 的训练过程中，适时终止被用来确保模型在训练集上的拟合程度和验证集上的泛化能力之间达到一个平衡。这样一来，ChatGPT 可以在避免过拟合的同时，有效地利用有限的计算资源，从而取得更好的性能。

10）自适应学习率

自适应学习率是一种在训练神经网络时动态调整学习率的方法。它使得模型能够根据训练过程中的表现自动调整学习率，从而加快收敛速度和提高模型性能。为了更好地理解这个概念，可以用一个趣味的故事来解释。

如果你正在教一位学生学习骑自行车，开始时，学生对骑自行车一无所知，你需要引导他／她进行大量的练习。此时，你需要给予学生很多指导和建议，相当于一个较大的学习率。然而，随着学生逐渐熟练地骑自行车，需要的指导逐渐减少，相当于减小学习率。最后，当学生能够熟练地骑自行车时，就几乎不再需要指导了，此时学习率接近于零。

在神经网络的训练过程中，自适应学习率类似于上述故事中的指导调整。在训练初期，模型对数据集的拟合程度较低，需要较大的学习率来进行较大幅度的参数更新。随着训练的进行，模型逐渐拟合数据集，此时需要减小学习率以避免在最优解附近"震荡"。最后，在训练接近收敛时，学习率进一步减小，使模型能够更稳定地收敛到最优解。

ChatGPT 在训练过程中采用了自适应学习率，使得模型能够根据训练过程中的表现调整学习率。这一策略提高了收敛速度，使得 ChatGPT 在有限的计算资源下取得了更好的性能。自适应学习率方法的一些常见实现包括 AdaGrad、RMSprop 和 Adam 等优化器。

综上所述，ChatGPT 在高效模型架构上的突破主要包括 Transformer 模型、残差连接、层次化表示学习、多头自注意力机制、权重共享、动态权重更新、更大规模的预训练和知识蒸馏等。这些突破使得 ChatGPT 在各种任务上表现出色，成为一个具有划时代意义的模型。

12. ChatGPT 如何利用 Adam 优化

ChatGPT 的优化过程主要基于梯度下降法，使用了一种称为 Adam 优化器的自适应学习率方法。Adam 优化器结合了 AdaGrad 和 RMSprop 两种优化方法的优点，能够实现更快的收敛速度和较好的性能。下面详细解释 ChatGPT 是如何利用 Adam 优化器进行优化的。

（1）初始化。在训练开始时，需要对模型参数进行初始化。通常，会采用一些随机初始化策略，如 Xavier 初始化或 He 初始化等。

（2）计算梯度。在每次迭代过程中，首先根据当前模型参数计算损失函数关于参数的梯度。梯度可以看作损失函数在参数空间中的"斜率"，指示了参数应该朝哪个方向更新以减小损失值。

（3）更新一阶矩和二阶矩估计。在 Adam 优化器中，需要维护每个参数的一阶矩（梯度的指数加权移动平均）和二阶矩（梯度平方的指数加权移动平均）估计。这两个估计值有助于自适应地调整每个参数的学习率。

（4）偏差修正。由于一阶矩和二阶矩估计是基于指数加权移动平均计算的，因此在训练初期，它们可能会存在偏差。为了消除这种偏差，需要对这两个估计值进行偏差修正。

（5）计算更新步长。在获得偏差修正后的一阶矩和二阶矩估计值之后，需要计算每个参数的更新步长。具体地，更新步长等于偏差修正后的一阶矩除以二阶矩估计的平方根加上一个很小的常数（防止除以零）。

（6）更新参数。最后，使用计算得到的更新步长对模型参数进行更新。这一步通常包括将更新步长乘以全局学习率并应用到相应的模型参数上。

通过这种方式，ChatGPT 利用 Adam 优化器在训练过程中实现了自适应学习率。这使得模型能够在训练初期进行大幅度的参数更新，同时在训练后期逐渐减小更新幅度以获得更稳定的收敛性能。这种优化策略有助于 ChatGPT 在有限的计算资源下实现卓越的性能。

13. ChatGPT 在端到端微调方面的突破点

ChatGPT 在端到端微调方面的突破点主要表现在以下几方面。

（1）预训练与微调相结合。ChatGPT 采用了预训练 - 微调的两阶段训练策略。首先，在大规模无标签数据上进行预训练，使模型掌握丰富的语言知识和语境理解能力。其次，在特定任务的有标签数据上进行端到端微调，使模型适应下游任务的特点。这种相结合的训练策略可以更有效地利用有限的标注数据，显著提高模型在特定任务上的性能。

（2）更精细的微调策略。相较于早期的模型，ChatGPT 引入了更精细的微调策略，如使用更小的学习率、更长的微调周期等。这些策略有助于防止模型在微调过程中过拟合，从而提高模型在测试集上的泛化性能。

（3）任务特定的结构调整。ChatGPT 可以根据下游任务的需求，对模型结构进行轻微的调整，如添加特定任务的输出头（如分类、序列标注等）。这种灵活性使得 ChatGPT 能够更好地适应各种任务的需求，进一步提高模型性能。

（4）优化数据增强策略。ChatGPT 在微调过程中利用更丰富的数据增强策略，例如通过对输入文本的变换、重组等操作，以生成更加多样化的训练样本。这些数据增强策略有助于增加模型的健壮性和泛化能力。

（5）多任务学习。ChatGPT 在微调阶段可以进行多任务学习，即在一个模型中同时学习多个相关任务。这样可以实现任务之间的知识共享，提高模型在单一任务上的性能，同时减少模型数量，降低部署成本。

总之，ChatGPT 在端到端微调方面的突破点在于它采用预训练与微调相结合的策略，引入了更精细的微调策略、任务特定的结构调整、优化的数据增强策略以及多任务学习等技术。这些突破点共同提高了 ChatGPT 在各种下游任务上的性能，使其成为一个具有广泛应用价值的自然语言处理模型。

14. ChatGPT 的预训练与微调相结合

ChatGPT 的预训练与微调相结合策略是指在大规模无标签数据上进行预训练，以掌握丰富的语言知识和语境理解能力，然后在特定任务的有标签数据上进行端到端微调，使模型适应下游任务的特点。可以通过一个具体的例子来详细分析这种策略。

假设要使用 ChatGPT 构建一个情感分析模型，该模型需要对输入的文本进行正面或负面情感的判断。在此例中，预训练与微调相结合的策略分为以下两个阶段。

（1）预训练阶段。首先，在大规模无标签数据上进行预训练。这些数据可以来自互联网、新闻、书籍等各种文本资源，包含丰富的语言知识和各种语境。通过在这些数据上进行自监督学习（如使用掩码语言模型（Masked Language Model）任务），ChatGPT 可以学习到词汇、语法、句子结构、语义等方面的知识，从而具备较强的语言理解能力。

（2）微调阶段。在预训练完成后，需要在特定任务（情感分析）的有标签数据上进行端到端微调。这些数据可能包括一系列带有正面或负面标签的文本。在微调过程中，模型会根据情感分析任务的需求对输入文本进行分类。通过微调，ChatGPT 能够将预训练阶段学到的通用语言知识与情感分析任务的特点相结合，从而提高在该任务上的性能。

在实际应用中，这种预训练与微调相结合的策略可以带来很多优势。

（1）利用预训练阶段学到的通用语言知识，模型在微调阶段可以更好地利用有限的标注数据，提高模型性能。

（2）预训练与微调的分离使得 ChatGPT 具有很好的迁移学习能力，可以在不同任务之间进行迁移，降低训练成本。

（3）预训练阶段可以使用无标签数据，避免了标注数据成本高昂的问题，降低了训练难度。

总之，ChatGPT 的预训练与微调相结合策略使得模型能够在各种下游任务上取得优秀的性能，并具有很好的迁移学习能力，从而成为一个具有广泛应用价值的模型。

通过这种策略，ChatGPT 的端到端微调有助于解决各种实际应用场景中的挑战。

（1）针对性能的提升。预训练与微调相结合的策略使得 ChatGPT 在各种下游任务上取得优秀的性能。预训练阶段学习到的通用语言知识能够为模型提供强大的基础，而在微调阶段，模型能够根据具体任务的特点进行调整，使其性能得到进一步提升。

（2）迁移学习的强大能力。ChatGPT 预训练阶段获取的丰富的语言知识使得模型具有很好的迁移学习能力。这意味着在完成预训练后，ChatGPT 可以快速地适应各种不同的任务，节省大量的训练时间和计算资源。

（3）降低标注成本。预训练与微调相结合的策略使得 ChatGPT 可以在较小规模的标注数据集上取得较好的性能。这降低了数据标注的成本和时间，使得 ChatGPT 在实际应用中具有更高的价值。

（4）强大的泛化能力。通过在大量无标签数据上进行预训练，ChatGPT 可以学习到多个领域的知识，从而在各种任务上具备较强的泛化能力。这意味着 ChatGPT 能够在未见过的数据上表现出较好的性能，对实际应用具有很高的价值。

如果 ChatGPT 像一个多面手艺人，那么预训练阶段相当于让这位艺人学习各种基本技能，而微调阶段则是为使这位艺人在特定领域变得更加熟练。通过这样的预训练与微调相结合策略，ChatGPT 成为一个在各种领域都能表现出色的多面手，为广大用户提供了极大的价值。

ChatGPT 与其他 LLM 在预训练和微调相结合方面的主要区别在于规模、性能和效率。

（1）规模。ChatGPT 模型的规模远超过之前的 LLM。通过在大量数据上进行预训练，ChatGPT 能够学习到更多的知识和语言结构。这使得 ChatGPT 在各种任务上具有更强的泛化能力。而且，ChatGPT 利用了分布式训练和高效算法，有效地处理大规模模型带来的计算挑战。

（2）性能。ChatGPT 在各种下游任务上的性能显著优于其他 LLM。这主要归功于 ChatGPT 的庞大规模、高效算法和微调策略。ChatGPT 可以在较小规模的标注数据集上取得较好的性能，降低了数据标注的成本和时间。

（3）效率。ChatGPT 在训练和微调过程中表现出更高的效率。通过在大量无标签数据上进行预训练，ChatGPT 可以学习到多个领域的知识。这意味着 ChatGPT 能够在未见过的数据上表现出较好的性能。此外，ChatGPT 利用了更先进的模型压缩技术（如知识蒸馏、网络剪枝和权重量化），在保持高性能的同时减小了模型的计算和存储开销。

总之，ChatGPT 在预训练与微调相结合方面相较于其他 LLM 主要在规模、性能和效率方面取得了显著的突破。这些突破使得 ChatGPT 成为一个在各种领域都能表现出色的多面手，为广大用户提供了极大的价值。

15. ChatGPT 的精细微调策略

ChatGPT 在引入更精细的微调策略方面表现出色，主要体现在以下几方面。

（1）分层学习率调整。如果你在学习烹饪时，不同的菜品可能需要不同的烹饪方法和技巧。在学习的过程中，你可能需要在某些技巧上花更多的时间，而在其他技巧上花较少的时间。ChatGPT 也是如此。在微调过程中，ChatGPT 采用了分层学习率调整策略，即对模型中不同层次的参数使用不同的学习率。这样，模型可以更加灵活地调整参数，使得在特定任务上的性能得到更好的提升。

（2）任务相关的正则化。在微调过程中，ChatGPT 通过引入任务相关的正则化项，使模型在特定任务上更加关注重要的信息。这就好像在学习打篮球时，教练会让你多加练习投篮技巧，以提高你在比赛中的得分能力。任务相关的正则化有助于防止模型过拟合训练数据，并提高模型在实际应用中的泛化能力。

（3）自适应微调策略。ChatGPT 的微调策略具有自适应性，可以根据任务的难度和模型的性能动态调整微调的强度。这就像一个聪明的瑜伽教练，会根据学员的能力和需求调整课程的难度，使学员在不同阶段都能获得适当的锻炼。自适应微调策略使得 ChatGPT 能够在不同的任务和数据集上更好地平衡预训练知识和任务相关知识，提高模型的性能。

（4）模型容量控制。在微调过程中，ChatGPT 通过控制模型的容量来提高模型的性能。这就像一个园丁在修剪树木时，他会根据树的大小和形状，有选择地去除一些枝条，使树木更加健康、美观。通过减小模型容量，ChatGPT 可以降低过拟合的风险，并提高模型在实际应用中的泛化能力。

（5）多任务学习。ChatGPT 利用多任务学习策略，在微调过程中同时学习多个相关任务。这就好像一个杂技演员在表演时，需要同时掌握各种技巧，如空中飞人、走钢丝、骑独轮车等。这些技巧之间可能存在一定的关联，通过同时学习它们，杂技演员可以更好地掌握各种技巧，提高整体表演的水平。同样，ChatGPT 在微调过程中同时学习多个相关任务，可以让模型在不同任务之间共享知识，提高模型的泛化能力和性能。

（6）数据增强。ChatGPT 利用数据增强技术，在微调过程中增加训练样本的多样性。这就像一个画家在创作时，会尝试使用各种不同的颜色、线条和形状，以丰富画作的表现力。通过数据增强，ChatGPT 可以在有限的训练数据中学到更多的知识，提高模型的泛化能力。

（7）强化学习。ChatGPT 还尝试将强化学习引入微调过程。这就像一个学生在参加数学竞赛时，会根据之前的表现和反馈，调整自己的答题策略和解题方法，以提高自己的竞赛成绩。通过强化学习，ChatGPT 可以在微调过程中根据模型的实际表现动态调整参数更新策略，从而更好地提升模型的性能。

（8）元学习。ChatGPT 在微调过程中还利用元学习策略，让模型学会如何更好地学习。这就像一个围棋高手，在不断的对弈和学习中，逐渐领悟到围棋的真谛和心法，从而提高自己的棋艺。通过元学习，ChatGPT 可以在不断的微调和优化中，自动地发现更好的参数更新策略和学习方法，从而提高模型的性能。

通过以上深入探讨，可以看出 ChatGPT 在微调策略上的突破点，使得它在各种任务上的性能得到了显著的提升。同时，ChatGPT 通过引入更精细的微调策略，成功地平衡了预训练知识和任务相关知识，为下一代大规模自然语言处理模型的发展奠定基础。

16. ChatGPT 在数据增强策略方面的突破

在 ChatGPT 的训练过程中，数据增强策略对于提高模型的泛化能力至关重要。以下是一些详细的数据增强策略以及相应的例子。

（1）数据扩充。数据扩充是一种常用的数据增强方法，通过对原始数据进行变换，生成新的样本。这使得 ChatGPT 能够在有限的训练数据中学到更多的信息。例如，可以对一个句子进行词序置换，合成新的句子。如原句子为："我爱吃苹果。"扩充后的句子可能是："吃苹果我爱。"ChatGPT 在数据增强方面也采用了一些数据扩充技术，以增加训练数据的多样性和丰富性。这些数据扩充技术包括词汇替换、句子重组，以及文本生成等。

词汇替换是一种通过替换文本中的部分词汇来生成新的文本的方法。这可以帮助模型学习到更多的同义词和词义关系。句子重组则是通过改变句子内部的结构来生成新的句子。这可以帮助模型学习更多的语法结构和句子组合。文本生成则是利用预训练的语言模型生成新的文本。这可以为训练数据集提供更多的样本，从而提高模型的泛化能力。

（2）平衡类别分布。在自然语言处理任务中，数据往往存在类别不平衡的问题。为了解决这个问题，ChatGPT 采用了采样技术对训练数据进行平衡。例如，在情感分类任务中，积极和消极评论的比例可能不平衡。通过欠采样多数类或过采样少数类，可以使得模型在训练过程中更加关注少数类，从而提高整体性能。

（3）生成合成样本。ChatGPT 还可以通过生成合成样本来增强训练数据。例如，可以利用预训练的 ChatGPT 模型生成一些新的文本样本，然后将这些样本与原始数据一起进行训练。这种方法可以帮助模型更好地理解语言模式，并提高泛化能力。

（4）噪声注入。噪声注入是另一种数据增强方法，通过向训练样本中添加一定程度的噪声，以提高模型的健壮性。例如，可以在句子中随机替换、删除或插入一些词，使模型在面对不同程度的干扰时仍能保持良好的性能。

（5）多语言和多领域训练。ChatGPT 的训练数据来自多种语言和领域，这有助于模型学习更丰富的语言知识，提高在多语言和多领域任务上的性能。例如，在对话系统中，ChatGPT 可以理解并回答关于科学、艺术、历史等多个领域的问题。在 ChatGPT 的训练过程中，研究者发现通过多样性数据采样可以提高模型的泛化能力。这意味着在训练过程中，模型可以从不同来源、不同类型的文本数据中学习。这就好像一个作家，阅读了各种各样的书籍，从而使自己的写作技巧更加丰富多样。

为了实现多样性数据采样，ChatGPT 的训练数据集包括了大量不同来源、不同领域、不同风格的文本数据。这样的数据集可以帮助模型更好地理解和学习多样化的语言表达，从而提高模型在各种自然语言处理任务上的性能。

（6）任务融合与多任务学习。ChatGPT 在训练过程中还采用了任务融合和多任务学习的策略，使模型能够在处理多种任务时共享知识。例如，ChatGPT 可以同时学习文本分类、命名实体识别和情感分析等任务。这样的训练方法可以提高模型在不同任务之间的迁移学习能力，从而提高整体性能。

（7）对抗性训练。在 ChatGPT 的训练过程中，还采用了对抗性训练的方法，通过在训练样本中加入对抗性的扰动，使模型能够更好地抵抗对抗性攻击。例如，可以对一个句子中的某个词进行轻微的修改，如将"苹果"改为"橙子"，使模型在面对这种对抗性扰动时仍然能够正确地判断句子的含义。

（8）半监督学习。ChatGPT 在训练过程中还使用了半监督学习的策略，结合了有标签和无标签数据的优势。例如，在文本分类任务中，有标签数据可以帮助模型学习正确的分类标准，而无标签数据则可以帮助模型学习语言的一般规律。这种方法可以在有限的标签数据下提高模型的泛化能力。

（9）数据平滑。数据平滑是一种处理数据不确定性的方法。在 ChatGPT 的训练过程中，可以采用数据平滑技术对输入数据进行处理，从而降低噪声对模型的影响。例如，在文本中可能存在拼写错误或语法错误，通过数据平滑可以将这些错误纠正，使模型能够关注到更本质的语言规律。

（10）强化学习。ChatGPT 在训练过程中还可以采用强化学习的方法，通过与环境的交互来优化模型的性能。例如，在对话系统中，可以将模型的回答与用户的满意度作为奖励信号，使模型在训练过程中学会如何生成更符合用户期望的回答。

（11）预训练与微调相结合。ChatGPT 的训练过程采用了预训练与微调相结合的策略。在预训练阶段，模型使用大量的无标签数据进行训练，以学习通用的语言表示。在微调阶段，模型使用具有任务标签的数据进行训练，以适应特定的任务需求。

这种预训练与微调相结合的策略有助于提高模型的泛化能力。预训练阶段为模型提供了丰富的语言知识，而微调阶段则使模型能够针对特定任务进行优化。这样的训练策略可以帮助模型在各种自然语言处理任务上实现更好的性能。

通过这些数据增强策略，ChatGPT 在训练过程中可以充分挖掘和利用数据中的信息，从而提高模型的泛化能力和性能。这些策略使得 ChatGPT 在许多自然语言处理任务上表现出色，超越了其他同类模型。

假设我们正在为一部电影编写剧本，而 ChatGPT 就是我们的编剧助手。

首先，多样性数据采样使得 ChatGPT 能够汲取各种类型的剧本和电影文本，如喜剧、悬疑、科幻等。这就像一个编剧阅读了大量不同类型的剧本，从而使自己的写作技巧更加丰富多样。这种策略使得 ChatGPT 能够编写出具有不同风格和类型的剧本。

其次，数据扩充技术为 ChatGPT 提供了更多样化的训练数据。通过词汇替换、句子重组和文本生成等手段，ChatGPT 可以更好地理解语言的多样性。这就像一个编剧通过学习不同的写作技巧和手法，从而使自己的剧本更加引人入胜。

最后，预训练与微调相结合的策略使得 ChatGPT 能够更好地适应特定任务需求。在编写剧本的过程中，预训练阶段为 ChatGPT 提供了丰富的语言知识，而微调阶段则使其能够根据导演和制片人的要求进行优化。这样的训练策略可以帮助 ChatGPT 在各种剧本创作任务上实现更好的性能。

通过这个例子，可以看到 ChatGPT 在数据增强策略方面的突破对实际应用的影响。这些策略为 ChatGPT 提供了更丰富多样的训练数据，使其能够在各种自然语言处理任务上取得更好的性能。

总之，ChatGPT 在数据增强策略上的突破为其在自然语言处理任务上的优秀性能提供了强有力的支持。通过多样性数据采样、数据扩充技术，以及预训练与微调相结合等策略，ChatGPT 在各种任务上都能表现出色，为用户带来更为智能、高效的自然语言处理体验。

17. ChatGPT 训练过程中采用的多种策略

在解释 ChatGPT 优化的数据增强策略时，想象一下将这些策略比作一个大厨手中的厨房工具。这位大厨熟练地运用这些工具，将食材变成一道道美味的佳肴。在 ChatGPT 的训练过程中，也是如此，它采用多种策略，让原本平凡的数据焕发出新的生命力，从而提高模型的性能。

（1）数据扩充。想象一下大厨在烹饪时，发现食材不够用。他灵活地运用手中的调料，将一道菜肴的味道变得多样化。同样，ChatGPT 也可以通过数据扩充，将有限的数据扩展成多样的训练样本，增强模型的泛化能力。

（2）数据重采样。这就好比大厨发现某种食材过多，为了保持菜肴的口感平衡，他会适当调整各种食材的比例。ChatGPT 在训练过程中，也能通过数据重采样，调整不同类别样本的比例，平衡数据分布。

（3）权重采样。就像是大厨在准备一道菜时，会根据各种食材的重要性，精确掌握各个调料的用量。同样，在 ChatGPT 的训练过程中，也会对样本赋予不同的权重，使模型能够更好地关注重要的信息。

（4）多任务学习。如果大厨在忙碌地炒菜、煮汤、烘焙蛋糕等各种任务时，他的烹饪技巧也在不断提升。ChatGPT 的多任务学习也是如此，通过同时学习多个任务，提高模型在不同任务之间的迁移学习能力。

（5）对抗性训练。想象大厨在与其他大厨一较高下时，他们各自尝试使用不同的手法来制作出更美味的菜肴。同样，ChatGPT 通过对抗性训练，让模型在面对对抗性扰动时仍然能够保持稳定的性能。

（6）半监督学习。想象一下大厨在制作菜肴时，有时会根据自己的直觉和经验来调整食材和烹饪方式。在 ChatGPT 的训练过程中，半监督学习也起到类似的作用。通过利用未标记的数据，模型可以在不依赖标签的情况下学习到更多有用的信息，从而提高泛化能力。

（7）自监督学习。大厨在烹饪时，总是在试探和自我检验，通过品尝和调整，让菜肴的味道达到更高的境界。同样，ChatGPT 也利用自监督学习，在无须额外标签的情况下，通过生成式预测任务自我调整，逐步提高模型的性能。

（8）模型集成。这就像是一群大厨齐聚一堂，共同研究如何将各自的拿手菜融合在一起，创造出一道更完美的佳肴。ChatGPT 在训练过程中，也可以通过模型集成，结合多个子模型的优势，实现更强大的性能。

（9）元学习。如果大厨在学习烹饪的过程中，不仅要学会制作各种菜肴，还要掌握如何快速学习新技巧的方法。在 ChatGPT 的训练过程中，元学习也发挥着关键作用，帮助模型在面对新任务时，能够更快地适应和学习。

这些策略就像是大厨手中的法宝，让原本平凡的数据焕发出新的生命力，从而提高模型的性能。正是这些策略的巧妙运用，使得 ChatGPT 在众多其他模型中脱颖而出，成为人工智能领域的一颗璀璨明星。

18. ChatGPT 在多任务学习方面的突破

ChatGPT 在多任务学习方面的突破和其他语言模型的区别在于它的强大学习能力、更大的模型规模、更多的数据集以及有效的训练策略。接下来将详细讨论这些方面的突破。

（1）强大的学习能力。ChatGPT 的学习能力非常强大，可以从大量的文本数据中学习到各种任务相关的知识和技能。这使得 ChatGPT 能够在处理各种任务时，实现出色的表现，无论是文本生成、阅读理解、机器翻译还是情感分析等。

（2）更大的模型规模。ChatGPT 的模型规模比以往的语言模型大得多，这意味着它有更多的参数可以调整和学习。这使得 ChatGPT 在多任务学习方面具有更大的潜力，可以更好地捕捉和表示不同任务之间的复杂关系。

（3）更多的数据集。ChatGPT 使用了大量的多领域、多任务的数据集进行训练，这些数据集包含了丰富的任务相关信息。通过使用这些数据集，ChatGPT 可以更好地理解各种任务的特点和需求，从而提高其多任务学习能力。

（4）有效的训练策略。ChatGPT 采用了一种有效的训练策略，将预训练和微调相结合。在预训练阶段，模型在大规模无标签数据上进行无监督学习，学习到了丰富的语言知识和技能。在微调阶段，模型在具体任务的标签数据上进行有监督学习，进一步优化和调整参数，使其更适应特定任务的需求。

相较于其他语言模型，ChatGPT 的多任务学习能力更强大，这得益于它在以上几方面的突破。通过有效地利用这些优势，ChatGPT 成功地在各种任务中取得了卓越的表现，展示出了前所未有的多任务学习能力。这使得 ChatGPT 在当前人工智能领域备受瞩目。

19. ChatGPT 的跨设备训练突破

ChatGPT 的跨设备训练突破主要体现在以下几方面，这些方面与其他语言模型的实现相比有显著区别。

（1）分布式训练策略。ChatGPT 采用了先进的分布式训练策略，能够在多个设备上进行并行训练。这种策略通过划分数据和模型参数，将训练任务分散到不同的设备上进行。这使得 ChatGPT 能够充分利用现有的计算资源，大大加速训练过程。相较于其他语言模型，ChatGPT 在分布式训练方面的突破更为显著。如果你有一堆玩具积木需要搭建，ChatGPT 就像将这些积木分给多个小朋友搭建，这样能更快地完成任务。其他模型可能没有这么好的策略，导致速度较慢。

（2）高效的通信机制。在跨设备训练过程中，设备之间的通信效率至关重要。ChatGPT 引入了高效的通信机制，有效地减少了通信开销。通过使用高性能的通信库和优化的数据传输策略，ChatGPT 实现了设备间的快速通信，确保了训练过程的顺利进行。当小朋友们搭建积木时，他们需要互相交流。ChatGPT 就像是找到了更快的交流方式，让他们能更高效地合作。其他模型的交流方式可能没那么快。

（3）灵活的设备支持。ChatGPT 在设计时充分考虑了设备兼容性，可以在不同类型的设备上进行训练，如 GPU、TPU、CPU 等。这使得 ChatGPT 能够根据实际需求灵活地选择合适的设备进行训练，降低了训练成本。想象 ChatGPT 能在各种场地（如草地、沙滩、水池等）上搭建积木，而其他模型可能只能在特定场地上搭建。这使 ChatGPT 更加灵活。

（4）优化的设备协同策略。ChatGPT 在跨设备训练过程中采用了优化的设备协同策略。该策略通过合理地分配任务、调度计算资源和平衡设备间的负载，实现了高效的设备协同。这使得 ChatGPT 在跨设备训练过程中能够更好地发挥各设备的优势，提高训练效率。ChatGPT 能够确保每个小朋友在搭建积木时不会因为任务太多而累倒，也不会因为任务太少而闲着。这使得整个搭建过程更高效。其他模型可能没有这么好的平衡。ChatGPT 在跨设备训练方面的突破使其能够更好地应对大规模训练任务，相较于其他模型更加高效。

（5）自适应的任务分配。想象每个小朋友在搭建积木时有自己擅长的部分，ChatGPT 能够识别每个小朋友的擅长领域，并分配适合他们的任务。这样一来，整体效率会更高。而其他模型可能并没有如此智能的任务分配机制。

（6）快速的模型同步。在搭建积木的过程中，小朋友需要不断调整自己的搭建方法以获得更好的结果。ChatGPT 能够确保所有小朋友在同步更新搭建方法时非常迅速，以便他们能继续高效合作。相比之下，其他模型可能没有这样快速的同步能力。

（7）健壮的错误处理。在搭建过程中，可能会有些小失误，如积木摔倒或掉到地上。ChatGPT 能够迅速发现这些错误，并采取措施解决，避免影响整个搭建过程。其他模型可能在错误处理方面不如 ChatGPT 出色。

（8）实时的性能监测。ChatGPT 能够实时监测整个搭建过程的性能，以便在出现瓶颈时迅速采取措施。这让 ChatGPT 能够在整个训练过程中保持高效。而其他模型可能没有如此实时的性能监测能力。

通过这些优势，ChatGPT 在跨设备训练方面相较于其他模型有了显著的提升。这使得 ChatGPT 在大规模训练任务上更加高效，从而为人工智能领域带来更多的可能性。

20. ChatGPT 在训练过程中使用的先进的软件库和框架

ChatGPT 在训练过程中使用了一些先进的软件库和框架，从而实现了性能上的突破。设想 ChatGPT 是一座摩天大楼，而这些软件库和框架就是建造这座大楼所需的各种材料和工具。

下面是一些主要的库和框架以及它们如何帮助 ChatGPT 取得成功。

（1）TensorFlow。这是一个由谷歌开发的用于机器学习和深度学习的开源库。ChatGPT 利用 TensorFlow 实现了高效的矩阵运算和自动梯度计算，从而加速了训练过程。同时，TensorFlow 提供了多种优化器，如 Adam 和 LAMB，帮助 ChatGPT 在训练过程中找到最佳的模型参数。TensorFlow 就像大楼的基石和钢筋混凝土，为整个建筑提供稳固的基础。TensorFlow 提供了各种矩阵运算和自动梯度计算功能，就像混凝土在建筑物中的作用一样，将整个结构连接在一起。使用 TensorFlow 可以有助于更轻松地搭建 ChatGPT 的基本结构，并在训练过程中为其提供支持。而 TensorFlow 中的优化器，如 Adam 和 LAMB，则犹如建筑师在施工过程中调整设计以确保结构稳定一样，帮助我们找到最佳的模型参数。

（2）PyTorch。这是一个由脸书人工智能研究院（Facebook AI Research，FAIR）开发的用于深度学习的开源库。与 TensorFlow 类似，PyTorch 提供了强大的张量计算能力和自动梯度计算。此外，PyTorch 的动态计算图特性使得 ChatGPT 能够更加灵活地构建和调整模型结构。PyTorch 可以看作一种具有高度灵活性的建筑材料，例如新型的玻璃钢材料。PyTorch 的动态计算图特性使得 ChatGPT 能够根据需要更加灵活地调整其模型结构，就像使用玻璃钢材料可以轻松调整建筑物的外观和形状一样。此外，PyTorch 还提供了强大的张量计算能力和自动梯度计算，与 TensorFlow 一起为 ChatGPT 提供稳定的支持。

（3）Hugging Face Transformers（拥抱脸谱）。这是一个用于自然语言处理任务的开源库，提供了多种预训练模型，如 BERT、GPT 和 RoBERTa 等。ChatGPT 利用 Hugging Face Transformers 库进行预训练和微调，从而简化了模型开发过程，并确保了与业界最佳实践的一致性。Hugging Face Transformers 可以看作一套高级的建筑模块，例如预制的混凝土板和梁。这些预训练模型，如 BERT、GPT 和 RoBERTa，已经经过了大量的训练和优化，因此可以直接用于构建 ChatGPT。通过使用这些高级模块，可以节省大量的开发时间，更快地搭建出高性能的 ChatGPT。同时，Hugging Face Transformers 库还确保了遵循业界最佳实践，从而提高了整体的建筑质量。

（4）Horovod（霍伍德）。这是一个由 Uber 开发的用于分布式深度学习的框架。ChatGPT 使用 Horovod 进行跨设备的模型同步，从而实现高效的分布式训练。Horovod 可以与 TensorFlow 和 PyTorch 无缝集成，支持多种通信后端，如 NCCL、Gloo 和 MPI。Horovod 就像建筑工地上的起重机和运输工具。在 ChatGPT 的分布式训练过程中，Horovod 负责在不同设备之间同步模型参数，就像起重机在工地上将混凝土和钢筋运送到合适的位置一样。通过使用 Horovod，可以确保 ChatGPT 在训练过程中有效地利用多个 GPU 设备，从而提高训练速度和性能。此外，Horovod 还负责在训练过程中跟踪各种性能指标，就像现场监督员在建筑工地上监测工程进度和安全一样。

（5）DALI（达利）。这是一个由 NVIDIA 开发的用于高性能数据加载和预处理的库。ChatGPT 利用 DALI 加载和预处理大量文本数据，以便更快地将数据送入模型进行训练。DALI 支持多种数据格式和加速器，如 GPU 和 CPU，可显著提高数据处理效率。

（6）Ray。Ray 就像建筑工地上的现场协调员，负责管理和调度各种任务。在 ChatGPT 的训练和调优过程中，Ray 负责分配计算资源，协调各个设备的工作，确保任务得到高效执行。Ray 提供了一套分布式计算框架，使得 ChatGPT 能够在大规模集群上进行训练，从而进一步提高性能。通过使用 Ray，可以确保 ChatGPT 的训练过程得到良好的调度和优化，从而更好地满足对模型性能的要求。

通过这些软件库和框架的协同作用，ChatGPT 能够在多方面实现突破。从基本的模型结构、预训练和微调策略，到分布式训练和资源调度，这些工具都充当了建筑工地上的重要角色，为 ChatGPT 的发展提供了强大的支持。而 OpenAI 团队就像一群熟练的建筑工人，他们充分利用这些工具，精心搭建了这座 ChatGPT 的摩天大楼，使其在性能和功能上超越了其他的大型语言模型。

这些技术的结合使得 ChatGPT 能够在大规模数据和计算资源的支持下实现卓越的性能，进一步拓宽了人工智能领域的边界。

》》》 7.5　ChatGPT 对 Transformer 模型架构的优化

1. ChatGPT 模型架构详解

在深入了解 ChatGPT 之前，先回顾一下它的核心 ——Transformer 模型。Transformer 模型最初由谷歌公司在 2017 年的论文 *Attention Is All You Need* 中提出，这是自然语言处理领域的一个重要转折点。这个模型的出现，不仅引领了一个新的研究方向，还在后续几年中极大地推动了机器学习领域的发展。从论文的名称不难看出，Transformer 模型架构强调了注意力机制在网络结构中的表示和应用。原始的 Transfomer 模型如图 4-1 所示。

虽然看似复杂，但可以清晰地发现其主要组成为编码器和解码器，这两部分都是由多个相同的层堆叠而成。

1）编码器的结构

编码器包含若干层，每一层都有着类似的结构，但处理的信息和学习的参数是不同的。每一层主要包含以下几部分。

（1）输入嵌入（Input Embedding）。这一部分负责将输入的序列（如一段文本中的单词）转换为高维向量表示。这些向量能够有效地表达单词的语义和语境信息。

（2）位置编码。由于 Transformer 不使用循环神经网络结构，因此需要另一种方法来处理序列中的位置信息。位置编码通过添加一组表示位置的向量到输入嵌入中，使模型能够理解单词在序列中的顺序。

（3）多头自注意力机制。这是 Transformer 模型的核心。多头注意力机制允许模型在生成每个单词的表示时，同时考虑其他所有单词的影响。通过这种方式，模型能够捕捉序列中长距离的依赖关系。

（4）前馈神经网络（Feed-Forward Neural Network）。每一层还包括一个全连接的前馈网络，它对自注意力层的输出进行进一步的处理。

（5）残差连接和层归一化（Residual Connection and Layer Normalization）。为了避免在多层网络中出现梯度消失或爆炸的问题，每个子层都采用了残差连接，并伴随层归一化。

2）解码器的结构

解码器的结构与编码器的类似，但在每一层中加入了额外的子层，用于处理编码器的输出。

（1）编码器 - 解码器注意力（Encoder-Decoder Attention）。这一层使得解码器能够关注编码器的输出。通过这种方式，解码器可以利用编码器对整个输入序列的理解来生成每个单词。

（2）解码器自注意力（Decoder Self-Attention）。与编码器中的自注意力类似，但它仅允许处理解码器当前位置之前的输出，确保解码是按顺序进行的。

通过这种编码器和解码器的结构设计，Transformer 模型能够有效地处理复杂的序列到序列的任务，如机器翻译、文本摘要等。

相比于传统的基于循环的神经网络结构，Transformer 模型的一个显著优势是能够并行处理整个输入序列。在循环神经网络或长短时记忆网络中，模型必须依次处理序列中的每个元素，这限制了处理速度。而 Transformer 模型通过自注意力机制，可以同时处理序列中的所有元素，大大提高了计算效率和训练速度。

这种并行化的能力使得 Transformer 模型特别适合于处理大规模数据集，从而在训练过程中能够学习到更加丰富和深入的语言模式。

2. 聚焦于 ChatGPT 特有的架构改进和优化

ChatGPT 作为 OpenAI 基于 Transformer 模型架构开发的先进模型，不仅继承了原始 Transformer 模型的核心优点，还在此基础上进行了多项重要的改进和优化。这些改进使得 ChatGPT 在处理自然语言任务时更加高效和准确，特别是在长文本生成、对话理解和交互方面表现出色。

ChatGPT 的架构优化主要集中在以下几方面。

1）模型大小的扩展

OpenAI 大幅增加了模型的大小，包括更多的层、更宽的隐藏层维度和更大的参数量。这种扩展使得 ChatGPT 能够捕捉更复杂的语言模式，提高了其在各类任务中的表现。

在神经网络领域，尤其是自然语言处理中，模型的大小往往与其性能成正比。对于 ChatGPT 来说，OpenAI 采用了更多层、更宽的隐含层和更多的参数，这使得模型能够学习和存储更多的信息，捕捉更加细微的语言规律。这种规模的扩展使得 ChatGPT 能够处理更复杂的语言任务，如长文本生成、复杂的对话理解等。

（1）更多的层（More Layers）。通过增加层数，模型可以学习更深层次的语言特征，每一层都在前一层的基础上构建更高级的理解。

（2）更宽的隐含层（Wider Hidden Layers）。更宽的隐含层提供了更多的计算单元，使得模型能够同时处理更多信息，提高了其表达能力。

（3）更多的参数（More Parameters）。随着参数量的增加，模型的学习能力也随之增强，可以捕捉更加复杂和细致的语言模式。

2）训练数据的优化

OpenAI 对训练数据进行了精心筛选和优化，确保数据的质量和多样性。这包括从不同的来源收集数据，并对数据进行预处理，以减少噪声和偏差。

数据的质量对于深度学习模型的性能至关重要。OpenAI 对 ChatGPT 使用的训练数据进行了严格的筛选和优化。

（1）数据源的多样性。ChatGPT 的训练数据来自多种不同的源，包括书籍、网站、新闻等，这样可以确保模型能够理解和生成多样化的文本。

（2）预处理和清洗。通过对数据进行预处理和清洗，去除噪声和不相关的信息，提高了训练数据的质量。

3）训练策略的改进

OpenAI 采用了更先进的训练策略，包括调整学习率、优化器选择（Optimizer Selection）和正则化（Regularization）方法。这些策略帮助模型更有效地学习，并减少了过拟合的风险。

有效的训练策略对于提高模型性能同样重要。OpenAI 对 ChatGPT 的训练策略进行了细致的调整。

（1）学习率调整。通过调整学习率，确保模型在学习过程中既能快速收敛，又不会错过重要的学习信号。

（2）优化器选择。选择最适合大规模模型训练的优化器，如 Adam 帮助模型更有效地优化大量参数。

（3）正则化。采用适当的正则化技术，如 Dropout 和权重衰减，减少模型在训练数据上的过拟合，提高其在未见数据上的泛化能力。

4）注意力机制的定制

ChatGPT 在注意力机制上进行了特定的调整，使其更适合处理对话和文本生成任务。

ChatGPT 在注意力机制方面的定制使其更适合处理自然语言生成和对话任务。OpenAI 对原始 Transformer 模型中的注意力机制进行了优化和调整，使其更适合于长文本和对话场景。

（1）掩码的自注意力。在生成任务中，ChatGPT 使用掩码的自注意力机制。这种机制确保在生成每个新单词时，模型只能访问到之前的单词，不会"看到"未来的单词。这对于维持文本生成的一致性至关重要。

（2）自注意力的细节优化。OpenAI 还对自注意力机制的具体实现细节进行了优化，例如改进了计算注意力得分的方式，优化了多头注意力的分配，从而提高了模型对关键信息的捕捉能力。

5）解码器的优化

在解码器部分，ChatGPT 进行了特定的设计优化，使其在生成文本时更加流畅和连贯。

ChatGPT 的解码器部分针对文本生成任务进行了特定的设计优化。这些优化使得模型在生成连贯、逻辑一致的文本时更加高效。

（1）生成策略的优化。OpenAI 改进了文本生成的策略，例如通过调整温度参数和顶级概率来控制生成文本的多样性和创造性。

（2）反馈循环（Feedback Loop）。在解码器中实施了反馈循环，使得每次生成的单词都会作为下一次生成决策的一部分。这种机制增强了文本的连贯性和上下文相关性。

6）专门针对对话的优化

由于 ChatGPT 特别专注于对话生成，因此 OpenAI 在 Transformer 模型架构上进行了针对性的优化，以更好地处理对话的特点和需求。

（1）对话上下文的处理。ChatGPT 能够有效处理长对话上下文，保持对话的一致性和连贯性。这是通过优化模型的记忆机制和注意力分配来实现的。

（2）适应性回答生成。模型能够根据不同的对话上下文灵活调整其回答，以适应不同的对话风格和内容。

7）高级语言理解能力

ChatGPT 在高级语言理解方面也做出了重大改进。它不仅能够理解和生成基本的语句结构，还能够处理复杂的语言现象，如双关语、隐喻、情感表达等。这种能力的提升得益于模型对大量丰富和多样化语料的学习，使其能够在对话中展现出更高级的语言理解和回应能力。

（1）复杂语境的处理。ChatGPT 能够在复杂的语境中理解文本的含义，甚至能够捕捉到细微的情感变化和隐含的意图。

（2）多样化的语言风格。模型可以适应和生成不同风格和形式的语言，从非正式的日常对话到专业的技术性语言。

8）续写和内容生成的能力

作为一个文本生成模型，ChatGPT 在续写和内容生成方面展现出了卓越的性能。无论是在故事讲述、文章撰写还是在对话模拟中，它都能够流畅地续写和创造内容，保持原有文本的风格和语境。

（1）故事续写。在故事续写任务中，ChatGPT 能够根据已有的故事情节生成新的情节，同时保持故事的连贯性和逻辑性。

（2）文章生成。在文章生成任务中，模型能够根据给定的主题生成连贯、逻辑严密的文章内容。

9）可定制性和适应性

ChatGPT 的另一个显著特点是其高度的可定制性和适应性。OpenAI 通过不断地迭代和优化，使得模型可以根据特定的应用场景和需求进行调整和优化。

（1）可定制性。用户可以根据自己的需要对 ChatGPT 进行定制，例如调整生成文本的风格、长度等。

（2）适应性。模型能够快速适应不同类型的任务和领域，无论是日常对话还是专业知识咨询。

10）持续学习和更新

为了使 ChatGPT 始终保持在前沿水平，OpenAI 采取了持续学习和更新的策略。通过不断地接收反馈、分析数据和调整模型参数，ChatGPT 能够适应新的语言趋势和用户需求。

（1）实时反馈学习。ChatGPT 可以通过用户的反馈进行实时学习，不断优化其回答和生成的内容。

（2）数据驱动的更新。通过分析大量的使用数据，OpenAI 可以识别模型的不足之处并进行针对性的改进。

11）跨领域适应性

ChatGPT 不仅在日常对话领域表现出色，还在多个专业领域展现了其适应性。这是因为模型在训练过程中接触了来自不同领域的文本，能够理解并生成各种专业领域的内容。

（1）多领域知识库。模型内部集成了来自各个领域的广泛知识，使其能够在多种专业对话中提供准确的信息。

（2）专业领域的定制。ChatGPT 可以针对特定的专业领域进行定制，提供更专业和精准的服务。

12）人机交互的自然性

在人机交互方面，ChatGPT 致力于使对话尽可能自然和人性化。这不仅体现在语言的流畅性上，还体现在对用户情感和意图的理解上。

（1）自然对话流。模型生成的语言自然流畅，能够模仿人类的对话风格。

（2）情感和意图理解。ChatGPT 能够在一定程度上理解用户的情感和意图，并做出相应的反应。

3. 训练方法与过程

1）文本数据的预处理

文本数据的预处理在构建像 ChatGPT 这样的复杂语言模型中起着至关重要的作用。这个过程不仅关乎数据的清洁和标准化，而且直接影响模型的学习效率、理解深度和最终性能。以下是这个过程中的关键步骤及其细节。

（1）标记化（Tokenization）。标记化是自然语言处理的基础，其主要目的是将复杂、连续的文本数据切分成更小的、可管理的单元。这些单元通常是单词、短语或其他有意义的字符组合。例如，ChatGPT 使用的高级预训练分词器，不仅能够处理英语等主流语言，还能够处理各种方言和专业术语，从而确保模型能够理解和处理广泛的文本数据。在标记化过程中，还需要考虑不同文化和语言背景中词汇的多样性和复杂性。

（2）子词编码（Subword Encoding）。字节对编码（BPE）等子词编码技术在处理罕见单词或词汇外单词时发挥着重要作用。这种技术通过将未知或罕见的单词分解为更小的、已知的子单元，从而有效地缩小了模型的词汇表大小，同时提升了模型对新词汇的适应和理解能力。这对于处理专业术语、新词汇甚至是网络用语尤为关键。

（3）数据清理（Data Cleaning）。数据清理是预处理中不可或缺的一步，它涉及从原始数据中移除噪声和不相关的信息。这些噪声可能包括无关的标点符号、不规范的格式、错误的拼写，甚至是语法错误。在这个阶段，还需要进行文本的规范化处理，例如将所有文本转换为统一的大小写格式、将特殊字符标准化等。这些处理不仅提高了数据的质量，还使得模型训练过程更加高效。

（4）文本标准化（Text Normalization）。文本标准化是将文本转换为一种统一、标准的格式，以减少模型处理的复杂性。这包括将缩写词扩展成完整形式、统一数字和日期格式，以及处理不同地区和文化背景下的文本差异。例如，英语中的 don't 会被扩展为 do not、数字 1000 可能被标准化为 1，000 等。这一步骤对于提高模型的通用性和准确性至关重要。

2）训练算法

ChatGPT 的训练算法是其能力的核心，它基于先进的无监督预训练技术，分为两个主要阶段。预训练阶段和微调阶段。这两个阶段共同构成了一个全面且高效的训练框架，不仅使模型学习到自然语言的基本特征和模式，还能够根据特定任务进行优化。

（1）预训练阶段。

在预训练阶段，模型的训练基于大量的未标记文本数据。这个阶段的目标是使模型掌握自然语言的基本规律和模式，为后续的微调和应用打下坚实基础。

① 无监督学习。

a. 在这个阶段，模型主要通过无监督学习方式进行训练。这意味着训练数据不需要人工标注的标签，模型通过分析和理解文本本身来学习。

b. 具体来说，无监督学习过程中，模型通过预测文本中的下一个单词或遗漏的单词来进行学习。这种方法称为"掩码语言模型"（Masked Language Model，MLM），通过这种方法，模型能够学习到词与词之间的关系、理解语境和语义，以及掌握语言的语法结构。

② 大规模文本数据处理。

a. 预训练阶段使用的文本数据通常是大规模的，这些数据来源多样，包括书籍、文章、网站内容等。通过处理这些丰富的文本数据，模型能够学习到各种语言表达方式和不同领域的知识。

b. 处理如此庞大的数据集需要高效的数据处理能力和算法优化。这意味着不仅要在算法层面上优化处理流程，还要在硬件资源配置上进行优化，以保证训练过程的高效性。

③ 跨语言和文化学习。

a. 考虑 ChatGPT 需要处理多语言环境，预训练阶段还涉及跨语言和文化的学习。这包括对不同语言的语法、词汇习惯及文化背景的学习，增强模型的多语言处理能力。

b. 这一过程不仅提高了模型对不同语言的适应性，还使模型能够理解和处理多元文化背景下的文本。

（2）微调阶段。

微调阶段是将预训练好的模型应用于特定自然语言处理任务的过程。这个阶段的主要目的是根据具体任务的需求，优化和调整模型的性能。

① 数据准备。

a. 微调阶段使用的是较小的、经过人工标记的数据集。这些数据集通常针对特定任务进行了精心准备，例如情感分析、文本分类、问答系统等。

b. 数据的准备工作包括数据的收集、清洗和标注。数据质量直接影响到微调的效果，因此这一步骤十分关键。

② 模型架构的修改。

根据不同的任务需求，可能需要对模型的架构进行微小的调整。这可能包括添加特定的层、调整网络结构，或者集成额外的模块。例如，在一个问答系统任务中，可能会在模型中加入一个用于理解问题和检索答案的特定模块。

③ 参数优化。

a. 在微调阶段，模型的参数会根据特定任务进行优化，包括学习率的调整、优化器的选择，以及正则化技术的应用，以防止过拟合。

b. 参数优化需要综合考虑模型的性能、效率和任务的具体需求。这一步骤需要大量的实验和测试，以找到最佳的参数配置。

④ 任务特定性能评估。

a. 微调完成后，需要通过一系列的性能评估来测试模型在特定任务上的表现。这包括准确率、召回率、F_1 分数等指标的计算，以及模型在实际应用场景中的表现测试。

b. 性能评估不仅帮助确定模型是否达到了预期的效果，还可以指导进一步的优化和调整。

通过这两个阶段的训练，ChatGPT 不仅能够掌握自然语言的基本规律，还能针对特定任务进行优化和调整。这种结合无监督预训练和有监督微调的训练框架，使得 ChatGPT 在处理各种复杂的自然语言任务时都能表现出色。这两个阶段的结合，提供了一个强大而灵活的框架，用于构建高效、准确的自然语言处理模型。

4. 模型优化与评估

在构建高效且准确的自然语言处理模型如 ChatGPT 时，模型的优化和评估是确保其有效性和适应性的关键步骤。这些步骤不仅涉及使用各种技术和策略来提高模型性能，还包括定期的评估过程，以确保模型在各种任务上的准确性和效率。

1）权重初始化

权重初始化是深度学习模型训练过程中的一个基础但至关重要的步骤。初始化的好坏直接影响模型训练的效率和最终的性能。

（1）初始化方法的选择。通常，权重初始化方法会选择某种特定的概率分布，如高斯分布（正态分布）、均匀分布等。例如，一个常见的选择是使用均值为 0、标准差为 0.02 的正态分布来初始化权重。

这种方法的目的是打破网络中的对称性，确保训练过程中的梯度下降能够有效地进行。不当的初始化可能导致梯度消失或梯度爆炸的问题，从而影响训练效果。

（2）高级初始化技术。除了基本的分布选择外，还有一些更高级的初始化方法，如 He 初始化、Xavier 初始化等。这些方法基于网络层的特点（如输入和输出神经元的数量）来调整权重的初始分布。

这些高级方法特别适用于深度神经网络，可以进一步提升模型训练的效率和稳定性。

2）学习率调整

学习率是决定模型在训练过程中更新权重幅度的一个关键超参数。合适的学习率对于确保模型有效学习至关重要。

（1）学习率的重要性。学习率过高可能导致模型在训练过程中出现震荡，甚至无法收敛；而学习率过低则会导致学习过程缓慢，甚至陷入局部最优。

因此，选择一个合适的学习率是优化模型性能的关键一步。

（2）学习率调整策略。学习率调整策略包括固定学习率、逐渐衰减的学习率以及自适应学习率等。逐渐衰减的学习率可以在训练初期快速学习，后期慢慢减小学习率以稳定训练过程。

自适应学习率算法如 Adam、RMSprop 等可以根据模型的训练进度自动调整学习率，这些方法通常在实际应用中表现良好。

3）正则化技术

在深度学习模型中，过拟合是一个常见问题，尤其是当模型复杂或训练数据有限时。正则化技术可以有效防止过拟合，提高模型的泛化能力。

（1）Dropout。Dropout 是一种常见的正则化技术，它在训练过程中随机丢弃（即"关闭"）一部分神经元，防止模型过度依赖于某些特定的特征。

Dropout 不仅能提高模型在未见数据上的泛化能力，还能作为一种有效的训练加速技术。

（2）其他正则化技术。除了 Dropout 外，还有 L_1 和 L_2 正则化、Batch Normalization（拟正则化）等技术。L_1 和 L_2 正则化通过对权重添加惩罚项来减少模型复杂度；Batch Normalization 则通过规范化输入层来加速训练并提高性能。

4）评估与反馈

持续的模型评估是确保模型性能不断提升的关键环节。这不仅包括定期的模型性能测试，还包括从实际应用中收集反馈，并用这些反馈来进一步优化模型。

（1）定期测试。定期对模型进行测试是评估模型性能的重要手段。这通常包括在验证集和测试集上的性能评估，以及针对特定任务的评估。评估指标可能包括准确率、召回率、F_1 分数等，这些指标可以全面反映模型在特定任务上的表现。

（2）实际应用反馈。模型部署后，在实际应用中的表现往往是检验模型优化是否成功的最终标准。通过收集用户反馈、性能日志和使用情况数据，可以更加深入地了解模型在实际环境中的表现。这些反馈不仅可以用来发现模型的不足，还可以指导未来的优化方向。

（3）持续迭代与优化。基于评估结果和反馈，模型需要不断进行迭代和优化。这包括调整模型结构、优化训练策略，以及改进数据处理流程等。持续的优化不仅提升了模型的性能，还能确保模型能够适应不断变化的数据和应用环境。

总体来说，模型的优化与评估是一个持续的、迭代的过程。通过有效的权重初始化、合理的学习率调整、有效的正则化技术，以及全面的评估与反馈机制，可以确保模型在各种自然语言处理任务上都能表现出色。这些步骤的综合运用不仅提高了模型的准确性和效率，还增强了模型的泛化能力和适应性，使其成为一个强大且灵活的自然语言处理工具。

7.6　ChatGPT 的应用案例

随着人工智能技术的飞速发展，ChatGPT 作为其中的佼佼者，已经在多个领域展现出其强大的应用能力和广阔的前景。从医学教育到法律顾问，从商业智能到个性化教学，再到软件开发和编程领域，ChatGPT 的多样化应用不仅体现了其技术的成熟度，也映射出未来人工智能与各行各业融合的无限可能。本节将深入探讨 ChatGPT 在不同领域的应用实例，揭示其如何为这些领域带来创新和转型，以及对未来发展的潜在影响。

1. 医学领域的应用

在医学领域中，ChatGPT 的应用展现出极大的潜力和多样性。它不仅在信息查询和知识普及方面发挥作用，更深入到临床技能的培养和实践能力的提升中。特别是在辅助教学、模拟病人对话和病历分析方面，ChatGPT 呈现出独特的优势。

首先，作为一个即时响应的知识库，ChatGPT 为医学生提供了一个富有深度和广度的学习平台。它能够根据学生的查询，快速提供详细的医学信息和案例分析。当学生在学习特定疾病或治疗方法时，ChatGPT 不仅能够提供相关的医学资料，还能提供最新的研究进展。这帮助学生不仅能理解基本的医学概念，还能跟上医学领域的最新发展。例如，当一个学生查询关于心脏病的治疗方法时，ChatGPT 不仅能够提供标准的治疗协议，还能引导学生了解最新的临床试验和研究成果。此外，ChatGPT 还能根据学生的具体问题，提供定制化的学习指导和建议，例如在学习心血管系统的解剖时，提供具体的解剖图解和病例分析，帮助学生更好地理解和记忆。

在模拟病人对话的应用中，ChatGPT 的价值更是不言而喻。通过模拟各种临床场景和病人对话，它为医学生提供了一个安全且高效的学习环境。在这种模拟中，学生可以练习提问、听取病史、做出初步诊断和处理建议。例如，在模拟一个心血管疾病患者的情况下，学生可以询问病人的症状、病史、生活习惯等信息，并根据这些信息做出初步判断。这种交互不仅提升了学生的临床技能，还加强了他们的沟通能力和同理心。通过与模拟病人的互动，学生能够在没有风险的情况下，练习临床决策和沟通技巧，为真实的临床环境做好准备。

此外，ChatGPT 在病历分析方面的应用也极为重要。它可以帮助学生分析复杂的病例，提供诊断思路和治疗方案的建议。通过与 ChatGPT 的互动，学生可以学习如何从不同角度分析病例，提升自己的临床思维和决策能力。例如，面对一个具有多种并发症的病例，ChatGPT 能够帮助学生整合病人的各种信息，从而制订出更为全面和合理的治疗计划。这不仅提升了学生的临床判断能力，也加深了他们对医学知识的理解和应用。

综上所述，ChatGPT 在医学中的应用远不止于传统的知识传递。它在培养医学生的临床技能和实践能力方面发挥着重要作用。通过智能化的辅助，医学生能够更有效地学习和掌握医学知识，为他们未来的临床工作打下坚实的基础。随着人工智能技术的不断进步，ChatGPT 在医学领域的应用前景将更加广阔。它不仅能够帮助医学生掌握必要的知识和技能，还能激发他们的创新思维和批判性思考能力。在未来，ChatGPT 可能会成为医学不可或缺的一部分，为培养更多优秀的医学人才提供强有力的支持。

2. 法律领域的应用

ChatGPT 在法律领域的应用正显示出其独特潜力，尤其在法律咨询、案例分析和合同草拟等方面。通过智能化辅助，ChatGPT 不仅能提升法律专业人员的工作效率，还能帮助普通公众更好地理解复杂的法律问题。

在法律咨询方面，ChatGPT 提供了显著帮助。对于法律专业人员，它能快速提供相关法律条文、案例引用和先例分析，加快案件研究过程。对于普通公众，它以易于理解的方式解释法律概念，提供初步指导和建议。例如，面对房屋租赁合同的特定条款疑问，ChatGPT 能提供初步解释和建议，帮助理解权利和义务。

ChatGPT 在案例分析中扮演重要角色。通过分析历史案例和相关法律文献，它帮助律师和法官寻找相似案件的处理方式和判例，为当前案件判决提供参考。它还辅助法律专业人员发现案件关键问题和潜在法律争议点，全面准备诉讼策略。

此外，ChatGPT 在合同草拟过程中发挥重要作用。它帮助法律专业人员快速生成合同草稿，包括租赁协议、购买协议和服务合同。通过引用适用法律条款和结合特定情况要求，生成详细且符合法律规定的合同文本。对企业而言，这意味着可以更高效地处理合同事务，不需要花费大量时间于文档初稿制作。

总体来看，ChatGPT 在法律领域应用逐渐成为重要趋势。它提升法律专业人员工作效率和质量，使普通公众更易接触并理解法律知识。随着技术进一步发展，ChatGPT 在法律领域扮演越来越重要角色。

在技术日新月异的今天，ChatGPT 的进步为法律服务领域带来了前所未有的变革。智能辅助系统正在改变传统的法律研究方法，使得法律信息的获取变得更加高效和准确。通过对大量法律文献的深度学习和分析，ChatGPT 能够迅速识别出与特定案件相关的法律条文和判例，为法律专业人员提供宝贵的信息支持。这种高效率的信息处理方式不仅节省了大量的人力和时间成本，也提高了法律研究的质量和深度。

法律咨询方面的革新尤为显著。传统上，公众获取法律咨询通常需要通过预约律师进行面对面咨询，这个过程既耗时又可能涉及高昂的费用。然而，借助 ChatGPT，普通公众可以随时获取关于基本法律问题的指导。这种即时、低成本的法律咨询方式，极大地提高了法律服务的可及性。尽管 ChatGPT 不能完全替代专业律师的深度咨询，但它为公众在遇到法律问题时提供了一个有效的起点。

在案例分析方面，ChatGPT 的应用同样具有划时代的意义。它通过智能算法分析历史案例，为法律专业人员提供关于先例、法律原则和判决趋势的深入洞察。这对于法律案件的策略规划和辩护准备至关重要。例如，在处理复杂的商业诉讼案件时，ChatGPT 能够迅速筛选出与案件相似的先例和法律论据，为律师团队提供有力的支持。此外，ChatGPT 还可以协助在案件审理过程中发现新的法律问题和辩护点，增强诉讼策略的全面性和针对性。

合同草拟方面的应用同样不容小觑。在商业活动中，合同是保障交易安全和维护权益的重要法律文件。传统的合同草拟过程往往烦琐且耗时，尤其是在需要考虑多方面法律条款和业务细节的情况下。借助 ChatGPT，法律专业人员可以快速生成初步的合同草稿，这不仅加快了合同的制定过程，还确保了合同内容的法律准确性和全面性。此外，ChatGPT 在处理标准化合同和常见法律问题方面表现出色，极大地提高了法律工作的效率。

总而言之，ChatGPT 在法律领域的应用是一场革命性的进步。它不仅在法律咨询、案例分析和合同草拟等方面展现了巨大潜力，更重要的是，它使得法律服务变得更加普及和易于获取。随着人工智能技术的不断发展和完善，未来 ChatGPT 在法律领域的应用将更加深入和广泛，为法律专业人员提供更强大的支持，同时让普通公众更加容易地接触和理解法律。

3. 商业智能和数据分析领域的应用

ChatGPT 在商业智能和数据分析领域展现了巨大潜力，成为企业理解和预测市场趋势、深入分析消费者行为的有力工具。这种先进的语言模型通过分析大量市场数据，识别消费者需求变化、新兴市场机会及潜在风险点。例如，通过分析社交媒体讨论和市场报告，ChatGPT 帮助企业理解特定产品或服务的需求动态，迅速调整市场策略应对变化。

在消费者行为分析方面，ChatGPT 同样表现出色。它通过分析购买历史、在线搜索习惯和社交媒体互动，揭示消费者偏好和行为模式。这种深入分析帮助企业理解目标客户群，提供个性化产品和服务，增强客户满意度和忠诚度。

ChatGPT 处理大量数据的能力不容小觑。在数据驱动的商业环境中，企业面临海量数据挑战。ChatGPT 能有效处理和分析这些数据，提供有价值的洞察和建议，提高数据处理效率，确保企业基于准确信息及时做出决策。

总体而言，ChatGPT 在商业智能和数据分析领域为企业提供强大的工具，帮助理解和适应市场变化，深入挖掘消费者行为的细微差别，带来竞争优势。随着技术的进步，ChatGPT 在此领域将扮演着更重要的角色。

商业智能和数据分析是当代企业竞争的关键领域。在这个信息量巨大且复杂的时代，企业需要依赖强大的工具来洞察市场动态和消费者行为。ChatGPT 作为一种先进的语言处理工具，它的应用不仅限于简单的数据分析，更涵盖了市场趋势的预测和消费者行为的深度解析。

在市场趋势预测方面，ChatGPT 通过对过去的和现在的市场数据进行深入分析，帮助企业预测未来的市场走向。这种预测不仅基于历史数据的统计分析，还包括对市场新闻、行业报告以及社交媒体上的舆论趋势的综合考量。这样的多维度分析使得企业能够在市场变化中抓住先机，快速响应消费者需求的变化。

在消费者行为分析方面，ChatGPT 的能力同样不容小觑。消费者行为的分析涉及从购买历史、在线行为数据到社交媒体上的互动反馈等多方面的数据。ChatGPT 能够综合这些信息，揭示消费者的真实需求和偏好。这种深入的洞察有助于企业设计更符合市场需求的产品和服务，提高市场竞争力。

处理和分析大量数据是 ChatGPT 的另一个显著优势。在当今的商业环境中，企业每天都会产生和接收大量数据。这些数据中蕴含着对企业至关重要的信息，但同时也带来了数据处理的巨大挑战。ChatGPT 能够有效地整合和分析这些信息，提炼出关键的商业洞察。这种高效的数据处理能力对于快速做出基于数据驱动的决策至关重要。

综上所述，ChatGPT 在商业智能和数据分析领域的应用为企业带来了革命性的改变。它不仅在市场趋势预测和消费者行为分析方面展现出了卓越的能力，还在处理大数据方面显示了巨大的潜力。随着人工智能和机器学习技术的不断发展，ChatGPT 在商业智能和数据分析领域的应用将更加深入和广泛，为企业提供更加强大的支持，进而推动企业在竞争激烈的市场中保持领先地位。

4. 教育领域的应用

ChatGPT 在教育领域的应用正在引领教学和学习方法的革新。作为一种先进的语言模型，它推动了个性化学习的发展，并在语言教学和学生评估方面展现出巨大潜力。

在个性化学习方面，ChatGPT 发挥了关键作用。通过根据学生的学习速度、兴趣和能力提供定制化的学习材料和指导，这种方法有效满足不同学习者的特定需求。它帮助学生按照自己的节奏掌握知识，提高学习效率和成效。

在语言教学领域，ChatGPT 展现出卓越的应用潜力。通过模拟真实对话环境，它帮助学生在实际应用中学习新语言，提高语言技能，提供即时反馈和纠正，帮助学生改进语法和发音，对语言学习极为重要。

在学生评估方面，ChatGPT 显示出巨大的优势。通过分析学生作业和测试答案，评估学习进度和理解程度，为教师提供学生学习状况详细信息，帮助调整教学方法和策略，更好地满足学生的学习需求。

总体而言，ChatGPT 在教育领域成为有力工具，提供更有效的学习、教学方法，促进学生全面发展。随着技术的进步，ChatGPT 在教育领域的应用前景更广阔。

ChatGPT 在教育领域的应用不仅限于个性化学习的提升。它通过智能化的交互和定制化的反馈，使得学生能够根据自己的需求和进度进行学习。这种个性化的学习方法特别适用于不同学习风格和能力的学生，能够有效地提升他们的学习动力和效果。通过 ChatGPT，学生可以获得针对性的学习材料，例如针对他们的兴趣和能力水平定制的阅读材料和练习题。这种方法不仅增加了学习的趣味性，也使学生能够更加深入地掌握知识。

语言教学方面，ChatGPT 的应用同样具有革命性的意义。语言学习的关键在于实际应用和不断练习。ChatGPT 通过模拟真实的语言使用环境，使学生能够在日常对话中练习新学的语言。这种方法比传统的课堂学习更加有效，因为它使学生能够在实际交流中运用所学知识，从而更快地提高语言能力。此外，ChatGPT 还能提供即时的语言反馈，帮助学生及时纠正错误，加强语言学习的效果。

学生评估方面，ChatGPT 的应用也显现出其价值。传统的学生评估方法往往依赖于标准化的测试和作业，这可能无法准确反映每个学生的学习进度和能力。而 ChatGPT 能够通过智能分析学生的作业和测试答案，提供更加个性化和深入的评估。这不仅有助于教师了解学生的学习情况，也能够帮助学生自我了解学习的进展和不足之处。通过这种方式，教师可以更有效地调整教学策略，以满足不同学生的学习需求。

综合来看，ChatGPT 在教育领域的应用正逐步改变传统的教学和学习模式。它通过提供个性化的学习材料、模拟实际语言的使用环境以及进行深入的学生评估，使教育更加高效、有趣和有针对性。随着技术的不断发展，ChatGPT 在教育领域的应用将变得更加广泛和深入，为学生提供更加丰富和多样化的学习体验，同时帮助教师更好地理解和满足学生的学习需求。

5. 编程和软件开发领域的应用

在软件开发领域，ChatGPT 的应用正展现出巨大潜力，尤其在代码生成、调试辅助和编程教育方面。ChatGPT 的使用加速了开发流程，提高了编程学习效率，对软件开发行业的未来具有重要意义。

ChatGPT 在代码生成方面显示出显著优势。通过理解开发者意图和需求，能快速生成高质量代码，减少编写时间；能处理各种编程语言，为开发者提供灵活高效的编码体验。

作为调试辅助工具，ChatGPT 协助开发者快速定位修复代码错误。通过分析代码结构和逻辑，提供错误原因和解决方案，简化调试过程。

在编程教育领域，ChatGPT 应用广泛，为学习者提供即时反馈和指导，帮助理解复杂编程概念和技术；模拟现实编程场景，有效提高实践技能。

代码审查方面，ChatGPT 作为智能工具帮助评估代码质量，提出改进建议。通过分析代码风格和结构，确保代码一致性和高效性，提高开发质量。

在项目管理中，ChatGPT 也能发挥作用，协助管理软件开发项目，如跟踪进度、分配任务和优化资源分配；对项目数据分析和预测，帮助项目经理做出明智决策。

持续集成和部署过程中，ChatGPT 显示出潜力，协助自动化测试流程，确保代码稳定性和性能；帮助团队理解和管理软件版本，确保软件持续迭代和优化。

综上所述，ChatGPT 在编程和软件开发应用广泛，覆盖软件开发周期全过程。随着技术的发展，未来将更重要。

ChatGPT 在软件开发中的应用远远超出了代码生成和调试的范畴。它作为一个多功能的工具，能够在不同的开发阶段提供支持。在代码生成方面，ChatGPT 不仅能够快速生成初始代码，还能根据开发者的反馈进行优化和调整。这种灵活性和适应性使得开发者能够更加高效地完成编码工作，同时保证代码的质量和可维护性。

调试过程中，ChatGPT 的作用不可小觑。它能够通过智能分析找出代码中的漏洞和错误，并提供针对性的解决方案。这不仅节省了开发者的时间，也提高了代码的可靠性。此外，ChatGPT 还能够帮助开发者理解复杂的错误和问题，提供更深入的洞察。

总之，ChatGPT 在软件开发领域的应用提供了全面的支持，从代码生成到项目管理，再到持续集成和部署，它不仅提高了开发效率，还提升了软件的质量和可靠性。随着技术的不断进步，ChatGPT 在软件开发中的作用将越来越重要，为软件开发行业带来深远的影响。

本节深入探讨了 ChatGPT 在医学、法律、商业智能、教育以及编程和软件开发等多个领域的应用，不仅展示了 ChatGPT 强大的语言理解和生成能力，也彰显了其在专业领域内提供创新解决方案的潜力。从辅助教学、模拟对话到数据分析和代码生成，ChatGPT 正逐步成为这些领域不可或缺的工具。它的应用不仅提高了工作效率，也开辟了新的学习和发展途径，预示着人工智能技术将继续推动各行各业的变革。

第 8 章 AutoGPT

》》8.1 AutoGPT 的技术特点

AutoGPT 是一个虚构的模型,用于探讨基于 GPT 系列模型的自动编码器。实际上,OpenAI 的 GPT 系列模型,包括 GPT-4 和 ChatGPT,都是基于 Transformer 架构的生成预训练 Transformer(GPT)模型。AutoGPT 将会是一个假想的未来发展方向,可以看作 ChatGPT 的延伸。

可以从以下几方面探讨 AutoGPT。

(1)自动编码器。AutoGPT 将融合自动编码器的理念,通过在输入和输出之间增加一个潜在表示层,学习输入数据的紧凑表示。这有助于在任务执行过程中更有效地处理信息,并可能提高模型在特定任务上的性能。

(2)更高效的微调。利用自动编码器的概念,AutoGPT 可能在微调过程中更高效。通过学习潜在表示,可以在微调过程中更好地利用有限的标签数据,减小过拟合的风险。

(3)任务自适应。AutoGPT 可能会更加灵活地应对不同类型的任务,例如文本生成、分类、序列标注等。通过对潜在表示层进行适当的操作,AutoGPT 可以轻松地适应多种任务。

(4)模型可解释性。AutoGPT 可能会提高模型的可解释性。通过研究潜在表示层,研究人员可以更好地理解模型是如何处理和理解输入数据的,从而提高模型的可靠性和安全性。

(5)更强大的多模态学习。AutoGPT 可能会更好地处理多模态数据,例如图像、文本和音频等。通过在潜在表示层融合多模态信息,可以实现更紧密的跨模态协同学习,提高模型性能。

需要注意的是,AutoGPT 是一个虚构的概念,实际上并没有这样一个模型。但这些探讨可以为未来自然语言处理和自然语言生成领域的研究提供一些灵感。

在生成式人工智能领域，众多人工智能巨头正展开激烈竞争。这些公司都在努力研发前沿技术，为未来的智能应用奠定基础。以下是一些主要参与者在生成式人工智能领域的竞争状况。

（1）OpenAI。OpenAI 是人工智能研究领域的领军企业，推出了一系列成功的生成式人工智能模型，如 GPT 系列（包括 GPT-4 和 ChatGPT）。OpenAI 的目标是开发友善的 AGI（人工智能总体）和确保人类共同受益。该企业在预训练和微调技术、大规模数据处理和算力利用方面取得了突破。

（2）谷歌（Google）。谷歌在人工智能领域同样拥有很大影响力。其子公司 DeepMind 发布了 AlphaGo、AlphaZero 等一系列强大的 AI 模型。谷歌大脑（Google Brain）则推出了 BERT、T5 等自然语言处理模型。谷歌在生成式人工智能方面的竞争优势在于庞大的数据集、强大的计算能力和优秀的研发团队。

（3）脸书（Facebook）。Facebook AI 研究院（FAIR）也在生成式人工智能领域进行了大量研究。FAIR 发布了很多开源项目，例如 PyTorch、fairseq 和 Detectron。此外，FAIR 推出了诸如 RoBERTa、BART 等自然语言处理模型，致力于提高生成式 AI 的性能。

（4）微软（Microsoft）。微软在生成式人工智能领域的研究主要通过其研究院（Microsoft Research）进行。微软发布了一系列自然语言处理模型，如 Turing-NLG、MASS 等。微软还提供了 Azure 云计算平台，支持大规模的生成式人工智能训练和部署。

（5）英伟达（NVIDIA）。英伟达作为 GPU 制造商，为生成式人工智能提供了计算能力支持。同时，英伟达也在人工智能研究领域取得了一定成果，例如发布了 Megatron、StyleGAN 等模型。英伟达还为人工智能研究者提供了专门的硬件和软件平台，如 DGX 系列和 Nsight 开发工具。

1. 生成式人工智能领域的竞争

这些人工智能巨头在生成式人工智能领域的竞争是多方面的。它们之间的竞争主要表现在以下几方面。

（1）模型性能。各大公司都在努力优化生成式人工智能模型的性能，希望各自的人工智能模型在各项任务上表现更加出色。可以将这种竞争比喻为一场奥林匹克运动会，各参赛选手都在努力提高自己的技能，力争在比赛中取得优异成绩。

（2）算力竞赛。在生成式人工智能领域，算力就像是选手们的核心动力。如果谁能在一场汽车大赛中获胜，取决于谁的赛车动力更强大、速度更快。因此，各大公司都在努力提高自己的算力，以便能够在这场竞赛中领跑。

（3）数据争夺。这场竞争中，数据就像选手们的营养补给。没有充足的数据，生成式人工智能模型就无法得到良好的训练。就像运动员需要充足的营养来维持身体状况一样，各大企业都在争夺海量的数据资源，以便为自家的人工智能模型提供丰富的训练素材。

（4）技术创新。在这场竞争中，技术创新就像是选手们的武器。各大公司都在不断研发新技术，以期在生成式人工智能领域取得突破。就像武林高手们在刀光剑影中较量一样，谁能掌握更强大的武技，谁就能在这场竞赛中占据优势。

（5）开源与合作。尽管竞争激烈，但在生成式人工智能领域，各大公司也在开源和合作方面取得了显著进展。这就像是武林高手在一起研讨武艺，互相学习，共同提高。他们通过分享研究成果、开放数据集和技术框架，共同推动整个领域的发展。

在生成式人工智能领域，各大人工智能巨头正展开一场激烈的竞赛。就像在一场盛大的狂欢舞会上，他们都在努力跳出最优美的舞姿，争夺观众的喝彩。而在这场竞争中，无论谁最终脱颖而出，人工智能的未来都将变得更加美好。

2. 生成式人工智能领域中各大巨头的优劣和战略布局

在生成式人工智能领域，各大巨头的优劣和战略布局各有千秋。

1）OpenAI（如 GPT-4）

优势：OpenAI 的核心优势在于其强大的研发实力、大量的数据资源和高效的训练算力。同时，OpenAI 在生成式人工智能领域的技术领先地位使其在研发创新上保持着较高的竞争力。此外，开源策略使得其技术得以广泛传播和应用，为其在人工智能领域赢得了广泛的声誉。

不足：作为一家初创公司，OpenAI 可能在资金和人力资源方面相对有限。同时，随着竞争对手的技术发展，OpenAI 面临着来自其他巨头的竞争压力。

战略布局：OpenAI 以生成式人工智能技术为核心，致力于构建更智能、更高效的人工智能模型。同时，通过开放合作和开源政策，加强与其他公司和机构的合作，以共同推动整个领域的发展。

2）谷歌（如 BERT、T5 等模型）

优势：作为全球最大的搜索引擎公司，谷歌拥有海量的数据资源，这为其在生成式人工智能领域提供了强大的基础。此外，谷歌的技术实力雄厚，具备世界领先的人工智能研发团队。在硬件方面，谷歌也拥有自家的 TPU，可以有效降低训练成本。

不足：虽然谷歌在生成式人工智能领域拥有优势，但与 OpenAI 的 GPT-4 等模型相比，其技术在某些方面可能略显逊色。此外，谷歌在开源策略方面相较 OpenAI 较为保守。

战略布局：谷歌以其强大的数据和技术资源为基础，致力于研发更先进的生成式人工智能模型。同时，谷歌在多任务学习和迁移学习等领域进行深入研究，旨在提高其人工智能模型的通用性和实用性。

3）脸书（如 BART、RoBERTa 等模型）

优势：作为全球最大的社交网络公司，脸书同样拥有大量的数据资源。此外，脸书研究团队在人工智能领域的研究实力非常强大，具备创新能力和实际应用的能力。同时，脸书在多语言模型方面具有优势，能够更好地满足全球用户的需求。

不足：尽管脸书在生成式人工智能领域具有一定的竞争力，但仍然难以在某些方面超越 OpenAI 的 GPT-4 等模型。此外，与谷歌和 OpenAI 相比，脸书在硬件和算力方面的投入可能相对较少。

战略布局：脸书以研发更智能、更实用的生成式人工智能模型为目标，特别关注多语言模型和跨领域的迁移学习。此外，脸书也积极与其他公司和研究机构合作，共同推动人工智能领域的发展。

4）微软（如 Turing-NLG 等模型）

优势：作为全球最大的软件公司，微软在人工智能领域拥有丰富的技术积累。同时，借助于强大的云计算平台 Azure，微软在算力和数据处理能力方面具有优势。此外，微软在企业级应用方面的经验丰富，能够为企业客户提供更加实用的生成式人工智能解决方案。

不足：与 OpenAI 和谷歌相比，微软在生成式人工智能领域的技术实力和研究成果可能稍显不足。此外，微软在开源和合作方面的策略也较为保守。

战略布局：微软致力于研发更实用、更高效的生成式人工智能模型，以满足企业客户的需求。同时，通过与其他公司和研究机构的合作，微软旨在推动整个人工智能领域的发展。

在生成式人工智能领域，各大巨头都有各自的优势和不足，各自的战略布局也有所不同。OpenAI 以技术领先地位和开源策略为核心竞争力；谷歌和脸书则依靠强大的数据资源和研发实力；微软则更注重企业级应用和云计算能力。在这场竞争中，各大巨头都在努力提高自己的技术实力，以期在未来的生成式人工智能领域占据更有利的竞争地位。

3. 生成式人工智能领域中的其他参与者

亚马逊、Oracle 和苹果这三家公司在生成式人工智能领域也有一定的发展，但与前面提到的公司相比，各自的侧重点和竞争力有所不同。下面分别介绍这三家公司在生成式人工智能领域的发展情况。

1）亚马逊

优势：亚马逊（Amazon）拥有全球最大的云计算平台 AWS，它提供了强大的算力和数据处理能力。同时，亚马逊在电商、智能音箱等领域具有丰富的实际应用场景，为人工智能模型的研发提供了实验室和现实世界的数据。此外，亚马逊在自然语言处理和语音识别方面也有一定的技术积累。

不足：与 OpenAI、谷歌和脸书相比，亚马逊在生成式人工智能领域的技术实力和研究成果稍显不足。此外，亚马逊在开源和合作方面的策略相对较为保守。

战略布局：亚马逊的生成式人工智能研究主要聚焦于提高自家产品和服务的智能水平，如提升 Alexa 语音助手的智能交互能力。同时，亚马逊也在探索人工智能技术在电商、物流等领域的应用，以提升客户体验和企业效率。

2）Oracle

优势：作为全球最大的数据库软件和技术服务公司之一，Oracle 在数据管理和处理领域具有丰富的经验。此外，Oracle 在企业级应用方面的积累也为生成式人工智能的研发提供了基础。

不足：相较于其他公司，Oracle 在生成式人工智能领域的技术实力和研究成果较少。此外，Oracle 在开源和合作方面的策略也较为保守。

战略布局：Oracle 的人工智能发展主要集中在为企业客户提供智能解决方案，以提高企业运营效率和决策能力。在生成式人工智能领域，Oracle 更注重将人工智能技术应用于数据库管理、自动化运维等方面，而非直接竞争生成式人工智能模型的研发。

3）苹果

优势：苹果（Apple）在硬件设计和软件开发方面具有卓越的实力。同时，苹果在自然语言处理、语音识别和计算机视觉等领域也有一定的技术积累。此外，苹果在用户体验方面的追求也为生成式人工智能技术的应用提供了动力。

不足：与其他公司相比，苹果在生成式人工智能领域的开源和合作策略较为保守。此外，苹果在生成式人工智能领域的研究成果和技术实力相对较弱。

战略布局：苹果在生成式人工智能领域的发展主要集中在提高自家产品和服

务的智能水平，如提升 Siri 语音助手的智能交互能力。同时，苹果还在探索人工智能技术在硬件设计、操作系统和应用开发等方面的应用。苹果可能会在未来的某个时点突破自身的保守策略，更积极地参与生成式人工智能领域的竞争。

在生成式人工智能领域，虽然亚马逊、Oracle 和苹果在技术实力和研究成果上与 OpenAI、谷歌和脸书有一定差距，但这三家公司在特定领域和场景中依然有自己的优势。它们在生成式人工智能领域的发展更多地聚焦于提高自家产品和服务的智能水平，以满足用户需求和提升企业效率。在未来，随着生成式人工智能技术的不断发展，各大公司之间的竞争可能会更加激烈，从而推动整个行业的进步。

4. 中国互联网巨头在生成式人工智能领域的发展历史、布局以及优劣势分析

腾讯、阿里巴巴和百度这三位"猛将"，在中国互联网巨头的战场上傲视群雄。它们的成长历程犹如中国互联网的发展史，彼此间的竞争让人惊叹不已。在生成式人工智能领域，这些企业同样开始发挥自己的"武力"。

（1）腾讯。作为社交巨头的腾讯，早在 2010 年便开始布局人工智能领域。腾讯成立了人工智能实验室，专注于语音识别、自然语言处理、计算机视觉等核心技术的研究。腾讯在生成式人工智能领域的发展，可以看作"剑走偏锋"的一种策略。

（2）阿里巴巴。电商帝国阿里巴巴在人工智能领域的布局亦不甘示弱。自2016 年成立了阿里巴巴达摩院，聚焦人工智能、量子计算、生物计算等前沿技术研究。其在生成式人工智能领域的发展，可谓是"招兵买马"的表现。

（3）百度。搜索巨头百度则凭借其强大的搜索引擎技术和海量数据积累，自然地走上了人工智能之路。从 2013 年开始，百度便投入巨资成立了百度深度学习研究院（IDL），后改名为百度人工智能技术生态研究院。百度在生成式人工智能领域的发展，犹如一位"智者"在探索未知领域。

5. 布局篇：中国互联网巨头在生成式人工智能领域的布局可谓是"千姿百态"

（1）腾讯。腾讯在生成式人工智能领域的布局，主要集中在社交、游戏、教育等领域。通过优化聊天机器人、游戏 NPC 对话等场景的智能交互，提高用户体验。与此同时，腾讯还在智能硬件、自动驾驶等多领域展开合作。

（2）阿里巴巴。阿里巴巴在生成式人工智能领域的布局，聚焦于电商、物流、金融等行业。通过生成式人工智能技术优化商品描述、智能客服、推荐系统等环节，提升交易效率和客户满意度。同时，阿里巴巴还在人工智能技术中融入新零售、智慧物流、智能家居等多个领域。

（3）百度。百度在生成式人工智能领域的布局，则以搜索引擎、语音识别、自动驾驶等为重点。在搜索引擎领域，百度利用生成式人工智能技术提高搜索结果的质量和相关性；在语音识别领域，百度推出了智能语音助手"度秘"；在自动驾驶领域，百度则凭借"阿波罗计划"成为行业的领军企业。

优劣势分析如下。

（1）腾讯。腾讯的优势在于其庞大的社交生态圈和海量用户数据，有利于生成式人工智能技术在不同场景中的应用和优化。然而，腾讯的劣势在于其人工智能领域的研究相对较晚，与阿里巴巴和百度相比，技术积累和专利储备略显不足。

（2）阿里巴巴。阿里巴巴的优势在于其强大的电商平台和庞大的交易数据，这使得阿里巴巴在生成式人工智能领域具有丰富的应用场景和实践经验。然而，阿里巴巴的劣势在于其主要关注电商领域，使得其在其他领域的布局和发展相对较慢。

（3）百度。百度的优势在于其强大的搜索引擎技术和海量的互联网数据，这为百度在生成式人工智能领域提供了丰富的技术研究和应用基础。此外，百度在自动驾驶领域的布局也是其一大优势。然而，百度在其他行业领域的布局相较于腾讯和阿里巴巴较为有限。

在生成式人工智能领域，中国互联网巨头们各有所长，相互竞争，共同推动着人工智能技术的不断发展。就像煽动烈火的风扇，它们在这场热闹的智能革命中各显神通，争夺市场份额。从腾讯的社交巨头地位到阿里巴巴的电商帝国，再到百度的搜索引擎霸主，它们在生成式人工智能领域各有所长。

然而，这并不意味着它们在竞争中没有短板。腾讯在人工智能领域的研究相对较晚，技术积累和专利储备略显不足；阿里巴巴虽然在电商领域表现出色，但在其他行业领域的发展相对滞后；百度则在非搜索引擎相关领域的布局上略显保守。

在这场硝烟弥漫的人工智能战场上，中国互联网巨头们不仅需要发挥各自的优势，还需弥补劣势，以便在生成式人工智能领域取得更多的突破和进步。就像一场终极"厨艺大赛"，它们要在不断尝试和研究的过程中，制作出各种令人垂涎的"美食佳肴"。

最终，这场智能大赛的胜利者，将是那些不仅能在各自的领域取得突破，还能够跨界合作、共享资源的企业。在这个过程中，它们将不断激发出更多的创新火花，为整个行业带来更多的可能性和机遇。相信在这场人工智能的狂欢中，我们将会见证越来越多令人兴奋的技术奇迹。

字节跳动、京东和 360 这三家企业虽然在生成式人工智能领域相对较晚起步，但它们在各自的核心业务上积累了丰富的经验和技术优势，正在迅速崛起并加入这场人工智能竞争。

字节跳动作为全球最大的短视频平台的开发者，凭借其独特的推荐算法积累了大量的用户数据。这为字节跳动在生成式人工智能领域提供了宝贵的优势。字节跳动正利用这些数据资源发展机器学习和自然语言处理技术，以期在社交媒体、内容推荐等领域更进一步。

京东作为中国最大的电商平台之一，具有丰富的商品数据和用户购物行为分析经验。京东已经开始将生成式人工智能技术应用于商品推荐、智能客服等方面，提升用户体验。京东还在物流、供应链管理等领域开展人工智能研究，力求实现智能化升级。

至于 360，它在网络安全领域积累了丰富的经验。随着生成式人工智能技术的发展，360 也在逐步拓展自己的业务领域。通过利用先进的人工智能技术，360 正在开发智能化的网络安全解决方案，以应对日益复杂的网络攻击。

这就仿佛中国互联网企业在智能竞争中化身为不同的动物，各自展示着独特的魅力。字节跳动如猎豹般敏捷，时刻准备捕捉下一个流行趋势；京东如勤劳的蜜蜂，不断采集数据的花粉，为用户提供更丰富的购物体验；而 360 则如一只警觉的猫头鹰，时刻关注网络安全领域的最新动态，保护用户免受威胁。

虽然这些企业在生成式人工智能领域的起步相对较晚，但它们正迅速迎头赶上，并在各自的领域探索出一条创新之路。这场激烈的人工智能竞争将催生更多技术突破，为整个行业带来无限的可能。

6. 中美公司的对比

中国和美国的公司在生成式人工智能领域的起步和发展存在一定的差异。这主要体现在政策环境、企业文化、人才储备以及技术创新等方面。

（1）政策环境。美国公司在生成式人工智能领域的研究得到了政府的大力支持。美国政府早在 20 世纪 80 年代就开始投资人工智能研究。然而，中国政府在近年来才开始将人工智能作为国家战略，加大政策支持力度。这使得美国公司在起步阶段具有一定的优势。

（2）企业文化。美国的互联网巨头如谷歌、脸书和微软等，在创新和开放方面具有较强的企业文化。这使得这些公司在生成式人工智能领域的研究能够快速推进。相比之下，中国的互联网巨头如阿里巴巴、腾讯和百度等在企业文化上虽然也在追求创新，但与美国公司相比仍有一定差距。

（3）人才储备。美国在计算机科学和人工智能领域拥有一流的教育资源和顶尖的研究机构，培养了大量优秀的科研人才。而中国虽然在近年来人工智能人才培养方面取得了显著进步，但在全球范围内仍存在一定的人才短缺。

（4）技术创新。美国公司在生成式人工智能领域取得了诸多突破性成果，如 OpenAI 的 GPT 系列模型。相较之下，中国公司在这方面的技术创新起步较晚，但正迅速发展，部分企业已经在某些领域取得了重要突破。

尽管中国和美国公司在生成式人工智能领域的起步和发展存在差异，但随着技术迭代和全球化的推进，两国公司之间的差距正在逐渐缩小。中国公司正加快技术创新的步伐，与美国公司在这一领域展开竞争。这种竞争有助于推动全球生成式人工智能领域的整体发展。

》》》8.2 AutoGPT 在各领域的应用

AutoGPT 的多任务自主执行能力使其在各种场景中都能够大显身手。无论是自动化写作、智能客服、知识问答还是其他人机交互领域，AutoGPT 都能够提供卓越的性能。这种全面的适用性让 AutoGPT 成为一种强大的工具，为用户提供更广泛的应用选择和功能。

举例来说，Chef-GPT 是 AutoGPT 家族的一员，专门用于搜索互联网并生成独一无二的"食谱"，使其在内容创建方面具有广泛的用例。这个例子展示了 AutoGPT 在不同领域中的灵活性和适应性。

AutoGPT 还具备自行生成执行任务提示的能力，这意味着它能够更加智能地应对各种任务。同时，它能够无缝地连接应用程序、软件和服务，使其与其他人工智能解决方案区分开来。

举个实际的例子，基于用户给定的目标，AutoGPT 可以设计出切实可行的广告方法，并生成基本的网站。这种能力使得 AutoGPT 不是局限于特定领域，而是能够在多个任务和项目中展现出色的表现。

通过不断的优化和迭代，AutoGPT 将成为开源人工智能代理领域的引领者，为人工智能领域带来更多创新和突破。它所展示的无监督学习能力，通过掌握语言的潜在模式生成连贯的文本，为其在生成式任务上的表现提供了坚实的基础。

在未来，AutoGPT 有望继续推动人工智能技术的发展，为更多行业和领域带来智能化的解决方案。

此外，AutoGPT 一直站在人工智能的前沿，借助大型语言模型成功突破了可能性的界限。其在收集和验证外部数据方面表现卓越，为用户提供了强大的数据支持。

随着人工智能技术的不断演进，AutoGPT 成为简化复杂操作、提高生产力的典范。其在多个领域展现了卓越的性能，为用户提供了智能化的解决方案。通过不断融合最新技术，AutoGPT 助力用户更轻松地应对多样化和复杂性，为其业务和项目的成功提供了有力的支持。这种前沿技术的运用和技术演进的跟进，使得AutoGPT 在人工智能应用领域成为一个充满活力和创新的代表。

1. AutoGPT 的功能

通常来讲，作为一个功能强大的面向任务的对话和自动化工具。AutoGPT 具备以下实质性功能，使其在任务自动化方面非常有效。

1）智能互联网搜索

AutoGPT 引入了强大的智能互联网搜索功能，使其能够无缝连接到广袤的互联网资源，为用户提供全面支持和丰富内容，以更好地完成各项任务。

通过实时与互联网进行连接，AutoGPT 能够轻松进行最新数据和信息的搜索。不仅如此，它还具备根据用户需求和上下文提供相关信息的能力，可以根据用户提供的关键词、问题或主题进行精准搜索，并生成相关内容。此外，AutoGPT 还能够智能筛选、整理和归纳获取到的信息，并以易于理解和使用的方式呈现给用户。通过自动化的信息处理和总结，AutoGPT 极大地减轻了用户的工作负担，为用户提供高效的信息支持和决策依据。

这一智能互联网搜索功能不仅提高了搜索的准确性和效率，还使 AutoGPT 成为用户在信息获取和处理方面的得力助手。

2）先进的记忆管理系统

AutoGPT 引入了一套先进的记忆管理系统，涵盖了长期和短期记忆的处理，使其在对话和信息处理中展现出更高的智能水平。

在长期记忆方面，AutoGPT 能够存储大量的信息和知识，包括以往的对话记录、文本内容以及相关的上下文。这使得 AutoGPT 具备了深度理解用户需求和上下文的能力，为提供更准确、有针对性的回答奠定了基础。

另外，AutoGPT 还拥有强大的短期记忆能力，可以临时存储当前对话和信息。这使得在对话进行中，AutoGPT 能够更好地追踪和处理相关内容，确保对话的连贯性和个性化。通过巧妙结合长短期记忆，AutoGPT 模拟了人类的记忆过程，为用户提供更智能、更自然的对话体验。

这一记忆管理系统不仅提高了 AutoGPT 的对话质量，还使其更好地适应不同场景和用户需求，从而在人机交互中表现出色。

3）GPT-4 文本生成

基于在语言理解方面具备更深入的知识和更广泛的语义理解能力以及更强大的创造性和上下文感知能力，AutoGPT 能够利用 GPT-4 的强大特性进行实例的文本生成，以及更高的语言理解和生成能力。GPT-4 的改进使得 AutoGPT 在生成复杂文本方面更加出色，能够生成准确、流畅、富有创造性的文本内容，满足各种任务的需求。

4）存储和总结文件

作为一个功能强大的工具，AutoGPT 不仅可以生成文本，还可以存储和管理使用 GPT-3.5 生成的文件。这一功能使得 AutoGPT 能够轻松地访问、检索和总结之前生成的文本内容，为任务的完成提供全面的支持和便利。

通过存储和总结文件，AutoGPT 能够提供便捷的文本管理功能，使得用户可以轻松保存、访问和检索之前生成的文本内容，为任务的完成提供有力的支持。同时，AutoGPT 的文件总结功能还能够帮助用户快速获取文件的核心信息，提高工作效率和准确性。

5）插件扩展功能

插件扩展功能使得 AutoGPT 可以根据不同的应用场景和用户需求进行定制化的功能增强以及使得 AutoGPT 可以与其他工具和服务进行无缝集成。

通过插件扩展功能，AutoGPT 提供了高度可定制的解决方案。用户可以根据自己的需求和应用场景，选择适合的插件，将其集成到 AutoGPT 中，从而实现更加个性化和专业化的功能。这种灵活性使得 AutoGPT 在各种任务和领域中都能发挥出色的表现，并满足不同用户的特定需求。

AutoGPT 是一种利用 OpenAI 的 GPT-4 和 ChatGPT API 模型的无监督学习人工智能工具，适用于内容生成和编码项目等任务。同时，基于 Token 使用情况，用户能够根据实际需求使用该工具。

AutoGPT 是一种能够基于无监督的机器学习技术，在没有明确指令的情况下能够学习和改进。为了训练模型，需要将大量的文本数据输入系统，然后系统利用这些数据来学习如何生成自然的文本。模型接收种子文本作为输入，例如问题或陈述，然后根据从训练数据中学到的模式和结构生成响应。

AutoGPT 结合了 GPT-4 和 ChatGPT 的强大功能，GPT-4 是一种高级生成式语言模型，具备更强大的文本生成能力，而 ChatGPT 则专注于提供对话式交互，从而使得 AutoGPT 在内容生成和对话应用方面都有很高的适用性。

通过使用 AutoGPT，用户可以利用其强大的生成能力来自动生成文章、新闻、产品描述等内容，减轻了人工创作的负担并提高了生产效率。同时，可以作为一个智能对话系统，与用户进行自然、流畅的对话，提供个性化的建议和解决方案。

曾有人用 AutoGPT 没有写一个代码，完全自动化建立了一个网站使得 AutoGPT 名声大噪。不少人见证了 AutoGPT 各种神奇自动化大秀之后，纷纷表示，AutoGPT 已经具备了初级通用人工智能的能力。

2. AutoGPT 的应用场景

下面列举 AutoGPT 的 4 个应用场景。

1）开发网站

在当今网站开发领域，AutoGPT 是一款卓越的工具，为开发者提供了自动完成各类烦琐任务的便利，从而有效提升了开发效率和项目质量。可以为这个人工智能取一个生动的名字 WebDevGenius（网站开发天才）。

WebDevGenius 旨在通过自动化流程，简化网站开发的方方面面，其中包括但不限于创建登录 / 注册页面、定制样式、建立 API，以及处理数据库。它的任务流程可以具体描述如下。

（1）创建登录 / 注册页面。WebDevGenius 会根据用户的具体需求智能生成登录和注册页面的代码，包括表单设计、验证逻辑等。用户只需明确功能和样式要求，WebDevGenius 将迅速生成对应的页面。

（2）使用 Bootstrap 设置样式。为了提升网站外观和用户体验，WebDevGenius 将自动融合 Bootstrap 框架，并根据用户指定的样式要求调整页面的外观和布局，包括按钮、导航栏、响应式设计等。

（3）创建 Flask API。针对需要后端支持的网站，WebDevGenius 能够智能生成 Flask API，用于处理用户请求和响应数据等。用户只需明确 API 的端点、请求方法和参数，WebDevGenius 将迅速生成相应的代码。

（4）创建本地 JSON 数据库。WebDevGenius 还能够协助用户创建本地 JSON 数据库，用于存储用户信息、文章内容、产品数据等。它将智能生成数据库表结构，并提供相应的 CRUD（增、删、改、查）操作接口。

在执行任务时，WebDevGenius 会有序地发出命令，确保每个步骤都能流畅执行。如果在执行过程中出现问题，用户可以随时进行人工干预，调整操作或停止执行。一旦所有任务完成，WebDevGenius 将自动关闭，等待下一次任务的到来。

WebDevGenius 几乎能够胜任网站开发流程的所有任务，涵盖前端和后端开发、数据库管理等方面。为了保障生成代码的安全性和稳定性，建议用户在使用代码之前，通过 ChatGPT 对其进行审核，以规避各种潜在的缺陷。这种双重机制为开发者提供了高效且可靠的开发体验。

2）智能客服

AutoGPT 在人工智能领域的突破为 ChatGPT 赋予了联网的能力，这使得 AutoGPT 在智能客服领域表现得尤为出色。具体而言，AutoGPT 可以深入了解客户的查询信息，为其提供全面的支持，甚至在必要时提出附加销售建议，从而提高客户满意度和促进业务增长。

在客服工作中，AutoGPT 的应用不仅限于对话交流，还可以广泛应用于社交媒体管理。通过转发、点赞和销售等指标，AutoGPT 能够智能地管理企业的社交媒体账户。它不仅能够生成高质量的内容和帖子，而且能够以拟人化的方式回复客户，增强用户体验。

举例而言，当有用户在社交媒体上提出问题或留言时，AutoGPT 能够快速而准确地理解用户需求，并提供相应的解答或支持。这种个性化的回复方式能够让客户感到被重视，提升了品牌形象，同时有效解决了用户的疑虑。

在社交媒体运营中，AutoGPT 的能力不仅限于回复用户评论，还可以分析用户的互动行为，为企业提供有针对性的策略和建议。通过理解用户的反馈，AutoGPT 可以生成适当的内容，推动产品或服务的宣传，最终实现社交媒体平台上的业务目标。

总的来说，AutoGPT 在智能客服和社交媒体管理方面的应用为企业提供了高效、智能的解决方案。它不仅提高了客户服务的水平，还为企业的品牌营销和用户互动带来了新的可能性。

3）数据分析

在数据分析和处理领域中，AutoGPT 展现了其在自动化任务执行、提升分析效率，以及加强决策支持方面的强大潜力。这一领域的应用不是局限于简单的数据处理任务，而是延伸到了数据清洗、转换、可视化，甚至是复杂的数据分析报告的自动生成。下面详细探讨 AutoGPT 在这一领域的应用及其对数据科学实践的影响。

数据清洗是数据分析过程中至关重要的一步，它直接影响后续分析的准确性和可靠性。在这个阶段，AutoGPT 通过自然语言处理技术的应用，能够理解和执行数据清洗的相关任务，如识别和处理缺失值、异常值和重复数据等。这种自动化的数据清洗过程不仅提高了数据准备的效率，也减少了因人为错误导致的数据质量问题。

数据转换任务包括将数据从一种格式或结构转换为另一种，以满足特定分析任务的需求。AutoGPT 能够理解复杂的数据转换需求，并自动执行这些转换，例如，从非结构化数据中提取有用信息并将其转换为结构化数据格式，或对数据进行聚合以进行高级分析。这一过程的自动化显著提升了数据处理的灵活性和效率。特别是在市场数据分析方面，为制订销售计划提供了有力的数据支持。

以一家制鞋公司为例，通过充分利用 AutoGPT，企业能够更加深入地了解市场状况，优化业务决策。

首先，AutoGPT 可以协助企业识别所在领域的前 5 名竞争对手。通过搜索引擎的大量数据检索，AutoGPT 能够快速而准确地确定竞争格局，找出在制鞋行业中具有竞争力的对手。这项任务的完成使企业能够更全面地了解市场格局，抓住竞争对手的特点和优势。

其次，AutoGPT 能够为这 5 家竞争对手生成一份详尽的报告，包括它们的优点与缺点。通过搜索引擎收集的评论、新闻报道和其他信息，AutoGPT 能够对这些竞争对手的表现进行全面的分析。这包括了产品质量、市场口碑、服务水平等多方面的评估，为企业提供了更加客观和全面的竞争对手画像。

在报告生成过程中，AutoGPT 还能够自动过滤和分析负面消息，帮助企业了解竞争对手在市场中可能面临的问题和挑战。这对于企业在制订销售计划和市场策略时具有重要的参考价值，使其能够更具针对性地制定应对措施。

最后，AutoGPT 的数据分析能力不仅提供了对竞争对手的深入了解，还为企业提供了基于客观数据的销售计划制订和战略优化的支持。这种全方位的数据支持有助于企业更加明智地决策，提高市场竞争力。

AutoGPT 在数据分析和处理领域的应用不仅提高了数据处理任务的效率和准确性，也为数据科学家和分析师提供了强大的辅助工具，使他们能够更加专注于数据分析的更高层次任务，如模型构建和策略制定。此外，AutoGPT 的应用还有助于降低数据分析的门槛，使非技术背景的用户也能够进行复杂的数据分析和处理任务。

综上所述，AutoGPT 在数据分析和处理领域的应用正成为推动数据驱动决策和创新的重要力量。随着技术的进一步发展和优化，预计 AutoGPT 将在这一领域发挥更大的作用，为各行各业提供更加高效、智能的数据解决方案。这不仅标志着人工智能和机器学习技术在数据科学领域进入新阶段，也预示着数据处理和分析工作方式的根本变革。随着 AutoGPT 等先进技术的不断发展，我们将见证数据分析流程的自动化和智能化程度显著提升，这将极大地增强数据分析的能力，为企业和组织带来前所未有的洞察和价值。

4）数据抓取

在数据抓取领域，AutoGPT 展现出了强大的应用潜力。它能够根据用户的具体设置，智能地执行对各类目标的数据抓取，涵盖新闻、评论、标签、图片等多种数据类型，并将这些数据有序地录入指定的系统中。然而，需要注意的是，有时 AutoGPT 可能会陷入死循环，导致抓取数据重复的情况。

AutoGPT 在数据抓取方面的应用是多种多样的，以下是其最典型的实用案例，同时也是其发挥创造力可以实现更多自动化功能的示例。

（1）新闻抓取。AutoGPT 可以被配置为从各种新闻源中抓取最新的新闻报道。用户只需指定关键词、时间范围或特定新闻源，AutoGPT 将智能地执行搜索和抓取操作，整理相关新闻数据并录入指定系统。

（2）评论抓取。针对特定产品、服务或话题，用户可以要求 AutoGPT 抓取相关的用户评论。这有助于企业了解用户反馈、市场趋势，提供有价值的信息用于业务决策。

（3）标签抓取。AutoGPT 可以帮助用户从互联网上抓取特定标签或关键词的相关内容。这对于了解社交媒体上的热门话题、跟踪特定主题的讨论等方面是非常有用的。

（4）图片抓取。用户可以配置 AutoGPT，使其能够自动抓取互联网上与特定主题或关键词相关的图片。这对于建立图像数据库、收集市场趋势图像等都具有实际应用。

以上案例只是 AutoGPT 在数据抓取领域中的冰山一角，其潜在应用范围几乎无限。通过配置合适的参数和指令，用户可以根据需求定制各种自动化任务，将繁重的数据抓取工作转交给 AutoGPT，从而节省时间和资源。当然，需要在使用过程中密切关注其执行情况，确保数据的准确性和完整性。

AutoGPT 代表了自主人工智能技术的下一个飞跃，它利用 OpenAI 的 GPT-4 语言模型的力量在各个领域执行广泛的任务而无须人工干预。这个创新的人工智能系统突破了可能的界限，使用户能够从其无与伦比的按顺序执行任务、编写和调试代码的功能中受益。

第四部分
人工智能巨头在生成式人工智能领域的竞争

第 9 章　人工智能产业竞争现状与时间线

))) 9.1　人工智能发展的时间线

人工智能产业竞争现状和时间线从多个角度来看，可以追溯到 20 世纪 40 年代。接下来，就让我们一起穿越时空，了解关键节点和巨头们的故事。

1943 年：心灵传输？不，是神经网络！

心理学家 Warren McCulloch 和数学家 Walter Pitts 提出了一个惊人的想法：人脑的工作方式可以用一种被称为神经网络的计算模型来模拟。这是人工智能历史的第一个重要节点，标志着神经网络研究的起点。

1950 年：图灵测试，谈话机器人的摇篮

阿兰·图灵提出了著名的"图灵测试"，检验一台计算机是否具有智能。自此以后，实现与人类对话的机器人就成为人工智能领域的梦想。

1956 年：人工智能的诞生

"人工智能"这个术语最初由约翰·麦卡锡等在达特茅斯会议上首次提出，并从那时起成为一个重要的领域名称。这一年，也被称为"人工智能元年"。

20 世纪 60 年代：美国政府，人工智能领域的"启蒙年代"

美国政府大力投资人工智能研究，开发了许多早期人工智能项目。在这个时期，很多人相信人工智能领域的突破就在眼前，然而事实证明，他们过于乐观了。

20 世纪 80 年代：我们需要更多的知识！知识表示与专家系统兴起

为了解决一些实际问题，人们开始关注知识表示和专家系统。这个时期，专家系统在商业领域取得了一定的成功，但随着计算机硬件的发展，这个领域逐渐没落。

20 世纪 80—90 年代：从"知识"到"数据"，机器学习的崛起

机器学习开始受到重视，让计算机通过学习大量数据来获得知识。这个时期，支持向量机、决策树等算法相继诞生。

2006 年：深度学习，我们需要更深的神经网络

1986 年，深度学习之父 Geoffrey Hinton 等发表了一篇名为 *Learning representations by back-propagating errors* 的论文，该论文对深度学习的基础概念进行了探讨，并提出了使用反向传播算法进行训练的方法。这标志着深度学习概念的初次提出。2006 年，随着深度学习的概念被正式提出，神经网络研究的火焰也再次被点燃。

2012 年：AlexNet，神经网络终于实现了突破

Alex Krizhevsky 和 Geoffrey Hinton 的 AlexNet 在 ImageNet 竞赛中大放异彩，以超过第二名 10% 的准确率获胜。这标志着深度学习的到来，也使得神经网络研究进入了一个新的黄金时代。

2014 年：谷歌收购 DeepMind，巨头们开始争夺人工智能皇冠

谷歌收购了英国人工智能公司 DeepMind，表明了其对人工智能领域的雄心。这是大公司开始争夺人工智能皇冠的开始。其他巨头，如脸书、亚马逊、微软等，纷纷跟进，开始投资人工智能领域。

2016 年：AlphaGo 击败李世石，人工智能震惊世界

DeepMind 的 AlphaGo 击败了围棋世界冠军李世石，使全球对人工智能的关注度达到了前所未有的高度。这也表明了人工智能在某些领域已经超越了人类的智慧。AlphaGo 的胜利标志着人工智能领域取得了重大突破。

2018 年：GPT 的问世，引发人工智能伦理讨论

2018 年 6 月，OpenAI 推出了 GPT-1，一款强大的自然语言处理模型。同年 11 月，OpenAI 发布 GPT-2 模型。然而，由于其潜在的滥用风险，OpenAI 决定不公开完整模型。直至 2019 年 9 月，OpenAI 开放了 GPT-2 模型的部分代码和数据，但仍然限制了访问。GPT 的出现，引发了关于人工智能伦理的讨论。

2020 年：GPT-3 问世，人工智能领域的"巨无霸"

GPT-3 的性能达到了空前的高度，使其在各种任务上的表现都相当出色。与此同时，许多公司开始试验将 GPT-3 应用于实际业务场景。

2023 年：GPT-4 登场，催生新的商业模式

大型多模态模型 GPT-4 的性能更加完善与出色，性能得到了进一步的提升，为各种应用场景提供了更强大的支持。这些应用场景将颠覆传统行业，并催生出全新的商业模式。

在这漫长的时间线中，各大巨头在关键节点上发挥了重要作用。谷歌、微

软、亚马逊等美国公司一直站在人工智能技术的前沿，而中国的阿里巴巴、腾讯、百度等也在积极布局人工智能领域，力求在全球竞争中分一杯羹。这场角逐中，各大巨头不断地推动技术进步，同时也在探索如何将人工智能技术应用于实际场景。虽然未来的人工智能领域依然充满未知，但我们有理由相信，随着技术的发展，人工智能将为人类带来更多福祉和惊喜。

9.2　围棋高手——智能机器人 AlphaGo

2016 年，一个名为 AlphaGo 的围棋人工智能在人类围棋历史上留下了浓墨重彩的一笔。AlphaGo 是由谷歌 DeepMind 团队研发的，它的出现让围棋界乃至整个人工智能领域为之震动。在这个故事中，围绕着一个神秘的人工智能与一位世界冠军的角逐，深入探究围棋世界的奥秘。

1. 背景：AlphaGo 的诞生

AlphaGo 的研发始于 2014 年，当时 DeepMind 被谷歌收购，成为谷歌旗下的人工智能子公司。围绕着一个"如何让计算机学会下围棋"的问题，DeepMind 的创始人 Demis Hassabis 带领着一支才华横溢的团队，投入到这个充满挑战性的项目中。围棋被认为是人类智慧的象征，因为它拥有复杂的策略和无穷的可能性。团队采用了深度学习与强化学习的方法，让 AlphaGo 自我学习和进化。

2. 传奇对决：AlphaGo 与 李世石

2016 年 3 月 9 日至 15 日，AlphaGo 与当时的围棋世界冠军、韩国围棋名将李世石进行了一场五局三胜的人机大战。这场比赛被誉为"围棋的腾格里大战"，因为它不仅考验着 AlphaGo 的实力，更是对人工智能的一次巅峰对决。

在比赛开始前，围棋界对 AlphaGo 的实力众说纷纭。有人认为 AlphaGo 仅仅是一个高级的围棋程序，无法战胜世界冠军；而有人则预测，AlphaGo 或许能够让人类见识到前所未有的围棋奥秘。而李世石本人则抱着一种谦虚与自信兼具的心态，准备迎接这场未知的挑战。

3. 战局激烈：AlphaGo 展现实力

在五局比赛中，AlphaGo 表现出了强大的实力。第一局，AlphaGo 凭借出其不意的战术赢得了比赛。在围棋界看来，这是一场改变了围棋史上格局的战斗。AlphaGo 打破了人们对围棋的认知，展现了前所未有的智慧和策略。

第二局，李世石努力调整心态，试图找出 AlphaGo 的弱点。然而，AlphaGo

的稳定和强大令他倍感压力。最终，AlphaGo 再次获胜，震惊了围棋界和观众。

在第三局中，李世石竭尽全力，但仍无法抵挡 AlphaGo 的攻势。战局结束后，AlphaGo 以 3∶0 的战绩锁定胜局。这一时刻，人工智能在围棋领域取得了历史性的突破。

尽管已经输掉了比赛，但李世石并未放弃。在第四局中，他凭借多年的围棋经验，发现了 AlphaGo 的一个弱点，成功战胜了这个看似无懈可击的对手。这一胜利，让人们再次看到了人类智慧的顽强与勇敢。

最后一局，AlphaGo 调整了策略，再次击败了李世石。五局比赛结束后，AlphaGo 以 4∶1 的总比分赢得了胜利。这场比赛成为人工智能历史上的一个重要节点，让人们看到了计算机智能与人类智慧的融合与碰撞。

4. 深远影响：AlphaGo 的胜利与启示

AlphaGo 战胜李世石的比赛在全球引起了广泛关注。这场胜利不仅推动了围棋界对于棋艺的再认识，还引发了关于人工智能发展的讨论。AlphaGo 的成功使得越来越多的人意识到，人工智能将以不可思议的速度发展，并且可能在未来改变人类生活的方方面面。

这场比赛也让围棋界开始深入研究 AlphaGo 的战术与策略。许多棋手对 AlphaGo 的表现表示钦佩，并认为这是一次人工智能与人类智慧的共同成长。同时，这场胜利也为人工智能在其他领域的应用奠定了基础，从而推动了整个人工智能产业的发展。

在这个关键节点背后，AlphaGo 与李世石之间的较量仿佛上演了一场神话般的对决。人工智能的光辉与人类智慧的顽强，在围棋棋盘上交织出了一幅充满激情与智慧的画卷。这场比赛引发了人们对于科技与人类未来的深入思考，也让更多人看到了科技创新的无穷魅力。

在未来的人工智能发展中，AlphaGo 与李世石之战将成为永恒的经典。这不仅仅是关于一场人机大战，更是关于人类与科技共同探索、追求卓越的过程。我们期待着人工智能在未来能够为人类带来更多的惊喜与启示，共同揭示智慧与创新的无穷可能。

AlphaGo 与李世石的较量是人工智能历史上的一个关键节点。它展现了人工智能的强大潜力，并引发了对人工智能发展的广泛关注。这场比赛是一个寓言般的故事，让人们看到了科技与人类智慧的碰撞与共融。在未来的人工智能发展中，我们期待着更多的故事和突破，共同探索智慧与创新的无限可能。

))) 9.3 人工智能发展的其他关键节点

关键节点 1：2012 年，深度学习的突破

2012 年，多伦多大学的研究团队（Alex Krizhevsky，Ilya Sutskever，Geoffrey Hinton）在 ImageNet 图像识别挑战赛中取得了惊人的成绩。他们的模型，名为 AlexNet，使用卷积神经网络架构，在这个比赛中将错误率降低了将近 50%，这一成果震惊了整个计算机视觉和人工智能领域。

这场比赛可以说是一场"眼见为实"的盛宴。在这个过程中，我们看到了一只名叫"深度学习"的猛虎，如同从丛林深处跃出，一举攫取了世界的目光。人们惊叹于这种技术的强大潜力，并开始纷纷投入深度学习领域的研究与探索。

这场比赛背后的故事可以说是一个关于梦想与毅力的传奇。多伦多大学的研究团队在比赛前几年，就一直在探索深度学习技术。当时，这个领域并不受人们的关注，甚至有人认为这只是一种不切实际的幻想。然而，辛顿教授和他的团队始终坚定地相信深度学习技术的未来潜力。他们付出了无数的辛勤努力与时间，终于在 2012 年创造了一个令世界瞩目的成果。

2012 年的 ImageNet 比赛是人工智能领域的一个关键节点，标志着深度学习技术的突破。在未来的人工智能发展中，我们期待着更多的突破与创新，共同探索科技与智慧的边界。

关键节点 2：2014 年，生成对抗网络的诞生

2014 年，一项名为生成对抗网络的技术从众多人工智能技术中脱颖而出，引发了学术界的广泛关注。这项技术由 Ian Goodfellow 等提出，它通过一种创新的训练方式，让两个神经网络相互竞争，从而生成更加真实的样本。

生成对抗网络就像一场关于绘画的较量。其中一个神经网络（生成器）负责画出一幅画作，另一个神经网络（判别器）则负责判断这幅画作是否真实。在这场较量中，生成器不断提高自己的画作水平，而判别器也在不断提高自己的鉴赏能力。最终，生成器能够画出越来越逼真的画作，而判别器也变得越来越难以分辨真伪。

这一技术的诞生，可以说在人工智能领域掀起了一场"魔术师"的竞赛。生成对抗网络技术被广泛应用于图像生成、图像编辑、风格迁移等领域，实现了许多令人叹为观止的效果。从此，我们可以看到计算机生成的图像如此逼真，以至于人类的眼睛都难以分辨真伪。

2014 年，生成对抗网络技术的诞生为人工智能领域带来了新的突破。在这个关键节点上，我们看到了创新思维如何引领技术的发展，也看到了计算机生成的图像如何逼近甚至超越人类的视觉极限。在未来，我们期待着更多的技术突破与创新，共同书写人工智能的辉煌篇章。

关键节点 3：2016 年，AlphaGo 战胜世界围棋冠军

2016 年，谷歌 DeepMind 的 AlphaGo 人工智能围棋程序在韩国首尔与世界围棋冠军李世石展开了一场令人瞩目的对决。AlphaGo 最终以 4∶1 的比分战胜了李世石，这场比赛被誉为人工智能领域的里程碑。

AlphaGo 的背后是一种名为深度强化学习（Deep Reinforcement Learning）的技术，它将深度学习与强化学习相结合，使得深度强化学习能够通过自我学习和自我改进，不断提高自己的决策能力。

这场对决的背后有一个让人兴奋的故事。在赛前，AlphaGo 与众多围棋高手进行了大量的实战训练，通过不断地自我学习和调整策略，最终形成了一套强大的围棋战术。而李世石则代表着围棋界的传统精英，曾多次获得世界冠军，被誉为围棋史上的传奇人物。在这场激战中，AlphaGo 表现出了超乎想象的实力，最终战胜了这位围棋大师。

AlphaGo 的胜利不仅仅是人工智能领域的一场胜利，更是向世界展示了深度强化学习在未来可能取得的惊人成果。从这个关键节点开始，人工智能技术在越来越多的领域展现出了强大的潜力，使得未来的发展充满了无限可能。

2016 年，AlphaGo 战胜围棋冠军李世石，成为人工智能历史上的一个重要时刻。这场胜利展示了深度强化学习技术的强大潜力，并为深度强化学习在各领域的广泛应用奠定了基础。在这个关键节点上，我们看到了人工智能与人类智慧的较量，也为未来的技术发展提供了更多的启示和想象空间。

关键节点 4：2018 年，BERT 模型的问世

2018 年，谷歌发布了一款名为 BERT 的自然语言处理模型，它在许多自然语言处理任务中取得了突破性的成果。BERT 模型基于 Transformer 架构，通过双向编码器提取上下文信息，极大地提高了模型对自然语言的理解能力。

BERT 模型问世的背后故事颇具戏剧性。在开发过程中，谷歌研究人员面临着一个巨大的挑战：如何让人工智能系统更好地理解人类的语言，从而能够处理复杂的自然语言任务。他们经过大量实验和探索，最终发现了双向编码器的神奇魔力。这种技术能够让人工智能系统同时学习上下文信息，从而提高了模型的语言理解能力。

BERT 的问世，为自然语言处理领域带来了革命性的突破。基于 BERT 模型

的各种变体不断涌现，如 GPT、RoBERTa、ALBERT 等，它们在诸如情感分析、文本分类、问答系统等任务中取得了优异的成绩。

2018 年，谷歌发布的 BERT 模型成为自然语言处理领域的一个重要里程碑。它的出现为 NLP 任务带来了前所未有的性能提升，极大地推动了人工智能在语言处理领域的应用。在这个关键节点上，我们看到了人工智能技术在理解和处理自然语言方面的突破，也为未来自然语言处理的发展提供了新的可能。

关键节点 5：2019 年，GPT-2 引发恐慌

2019 年，OpenAI 正式发布了 GPT-2（Generative Pre-trained Transformer 2），这款基于 Transformer 架构的预训练生成式语言模型在自然语言处理任务中取得了显著的成绩。然而，随着 GPT-2 的成功，一场激烈的争论也随之而来。

GPT-2 在生成文本方面表现出惊人的能力，甚至可以编写出看似合理的故事和文章。这让许多人担忧，这种技术可能被用于制造虚假新闻、网络钓鱼等恶意用途。因此，OpenAI 在发布 GPT-2 时，决定仅发布一个较弱的版本，并保留更强大的版本以防止滥用。

GPT-2 的发布引发了关于人工智能伦理和监管的热议。一方面，人们认为 OpenAI 的决定是明智的，有助于防止人工智能技术被用于不道德的目的；另一方面，一些人担心这种做法可能限制了人工智能技术的发展和应用。尽管争论不断，但 GPT-2 的出现无疑推动了人工智能在自然语言处理领域的发展，也让人们开始思考人工智能技术的伦理和监管问题。

2019 年，OpenAI 发布的 GPT-2 成为自然语言处理领域的又一个关键节点。这款强大的生成式语言模型引发了关于人工智能伦理和监管的讨论，使人们更加关注人工智能技术可能带来的风险。在这个关键节点上，我们看到了人工智能技术在语言生成方面的潜力，也意识到了伦理和监管问题的重要性。

关键节点 6：2020 年，GPT-3 正式发布

2020 年，OpenAI 正式发布了 GPT-3（Generative Pre-trained Transformer 3），这是 GPT-2 的后继者，同时也是目前为止最大的自然语言处理模型之一。GPT-3 在自然语言生成、理解和推理方面取得了巨大的进步，使它成为人工智能领域的一个新里程碑。

GPT-3 的模型规模远超 GPT-2，拥有超过 1750 亿个参数。这种庞大的规模使 GPT-3 在处理各种自然语言任务时表现出惊人的能力。人们发现，GPT-3 可以完成诸如写作、翻译、摘要、代码生成等任务，而无须进行大量的微调。

GPT-3 的成功引起了人们对人工智能技术的巨大兴趣，许多公司和研究机构开始寻求将 GPT-3 应用于各种实际场景。与此同时，GPT-3 也引发了对人工智能伦理和监管的进一步讨论。人们开始关注随着模型规模的增长，如何确保模型的安全和公平成为一个越来越紧迫的问题。

2020 年，GPT-3 的发布成为人工智能领域的一个关键节点。这款具有巨大潜力的模型不仅在自然语言处理方面取得了突破，而且引发了对人工智能技术伦理和监管的深入讨论。在这个关键节点上，我们看到了人工智能技术的飞速发展，同时也意识到了随之而来的挑战和问题。

关键节点 7：2021 年，Transformer 架构的进一步演进与普及

2017 年，随着 *Attention is All you need* 的发表，Transformer 的核心思想和架构被众人关注。2021 年，Transformer 架构在人工智能领域得到了进一步的演进与普及。许多研究团队和公司开始探索将 Transformer 架构应用于其他领域，如计算机视觉和语音识别。同时，对于 Transformer 架构的优化和改进也在不断进行。

在这一年，研究者提出了一系列新的 Transformer 架构变体，例如 Vision Transformer（ViT）和 Speech Transformer。这些变体将 Transformer 的强大能力扩展到了计算机视觉和语音识别领域，推动了这些领域的发展。

同时，为了解决 Transformer 模型在计算和内存方面的挑战，研究者也开始探索更高效的 Transformer 架构。例如，提出了一些更轻量级的 Transformer 变体，如 Longformer、Reformer 等，它们旨在提高模型的计算效率，降低内存需求。

2021 年，Transformer 架构在人工智能领域得到了进一步的演进与普及。在这个关键节点上，我们看到了 Transformer 架构不仅在自然语言处理领域取得了巨大成功，还拓展到了计算机视觉和语音识别等领域。同时，研究者不断探索和优化 Transformer 架构，以应对计算和内存方面的挑战。

关键节点 8：2022 年，大型预训练模型的道德、伦理与监管问题逐渐凸显

随着大型预训练模型在各个领域的应用越来越广泛，人们逐渐意识到这些模型所带来的道德、伦理与监管问题。在 2022 年，这些问题开始成为人工智能研究和产业发展的一个重要议题。

首先，有关数据隐私和安全的问题引起了关注。由于这些大型预训练模型通常使用大量的网络数据进行训练，这可能导致一些敏感信息和隐私数据被泄露。此外，模型生成的内容可能引发版权、知识产权等法律问题。

其次，模型可能存在偏见和歧视问题。由于训练数据可能包含人类的偏见，这些偏见可能被模型学到并放大。因此，如何消除模型的偏见和歧视，确保人工智能的公平性和可靠性，成为一个亟待解决的问题。

最后，大型预训练模型的监管问题逐渐浮出水面。政府和监管机构开始关注这些模型可能带来的潜在风险，如"深度伪造"技术的滥用、网络安全问题等。因此，制定合适的政策和法规，对这些模型进行有效监管，成为一个紧迫的任务。

在 2022 年，大型预训练模型的道德、伦理与监管问题逐渐凸显。这些问题涉及数据隐私、模型偏见、监管等方面，需要人工智能研究者、产业界和政府共同面对和解决。

关键节点 9：2023 年，人工智能界关注模型效能与环境可持续性的平衡

随着大型预训练模型的规模和复杂度不断增长，其对计算资源的需求也在急剧上升。这导致了越来越多的能源消耗和碳排放。因此，在 2023 年，人工智能界开始关注如何在模型效能与环境可持续性之间找到平衡。

一方面，研究者在探索如何提高模型的计算效率，降低能源消耗。这包括优化模型结构、算法改进、硬件加速等方面的研究。例如，研究者尝试通过模型压缩、知识蒸馏等技术，减小模型的规模，提高计算效率。

另一方面，人工智能产业界也在关注如何采用更加环保的能源。例如，部分数据中心开始利用可再生能源，如太阳能、风能等，以减少碳排放。同时，一些公司还在优化数据中心的设计和运营，以提高能源利用率。

此外，政府和监管机构也在推动人工智能领域的可持续发展。例如，出台一系列政策、鼓励采用绿色能源、减少碳排放，以及对高能耗的人工智能项目进行监管。

2023 年，人工智能界关注如何在模型效能与环境可持续性之间找到平衡。这包括提高模型计算效率、采用绿色能源、优化数据中心设计等方面的努力。

关键节点 10：2024 年，人工智能伦理与安全可能会成为行业关注焦点

随着人工智能技术的广泛应用，各行各业都受到了很大影响，人工智能伦理和安全问题也逐渐成为公众关注的焦点。2024 年，人工智能伦理与安全问题将引起广泛关注，各种问题不断涌现，如数据隐私、算法歧视、信息安全等。

在这个背景下，众多企业、政府机构和研究者开始关注人工智能伦理与安全问题。一方面，他们试图确保人工智能的发展符合社会伦理准则，不损害公平和正义。例如，通过对抗性训练、公平性检验等技术，减少算法歧视现象。同时，利用加密、差分隐私等技术，保护用户数据隐私。

另一方面，他们也关注人工智能系统的安全性。例如，防范人工智能生成的虚假信息、提高人工智能系统的抗攻击能力等。同时，为了保护公众利益，政府和监管机构也开始出台一系列政策，对人工智能行业进行监管。

此外，为了提高公众对人工智能伦理与安全问题的认识，各大学、研究机构和企业将纷纷计划开设相关课程，培养具备人工智能伦理与安全知识的人才。

2024 年，人工智能伦理与安全将成为行业关注焦点，各方积极采取措施应对，推动人工智能技术。

关键节点 11：2025 年，人工智能或将与生物科学的交叉融合催生新兴产业

到 2025 年，人工智能可能将与生物科学的交叉融合开始催生出新兴产业。在这一时期，人工智能技术的进步将为生物科学领域提供强大的计算能力和数据分析能力。人工智能技术将在基因测序、蛋白质折叠、药物研发等领域发挥重要作用。

以基因测序为例，人工智能技术的加持使得基因测序的速度大幅提升，成本大幅降低。生物学家可以更快地获取海量基因数据，通过人工智能技术对这些数据进行深度挖掘，加速对生命科学的研究进程。同时，人工智能技术还可以帮助生物学家对基因与表型的关联进行分析，为疾病诊断、治疗提供重要依据。

在药物研发方面，人工智能技术可以通过模拟药物与生物分子的相互作用，筛选出具有潜在疗效的化合物，大幅缩短药物研发周期。此外，人工智能技术还可以帮助科学家开发个性化治疗方案，提高治疗效果。

这个阶段的关键节点归功于人工智能技术与生物科学的紧密结合，或将实现生物科学领域的飞速发展，并催生出新兴产业。

关键节点 12：2026 年，人工智能技术将在教育领域广泛应用

随着人工智能技术的不断进步，2026 年，人工智能技术开始在教育领域得到广泛应用。这一阶段，人工智能技术的教育应用主要体现在以下几方面。

（1）个性化教学。人工智能技术可以根据每个学生的学习能力、兴趣和需求提供个性化的教学方案。通过对学生学习数据的分析，人工智能系统可以实时调整教学内容、难度和进度，使教学更加贴合学生的实际情况。

（2）智能辅导。人工智能技术可以在学生学习过程中提供实时反馈和指导，帮助学生纠正错误、解决疑问。此外，人工智能系统还可以根据学生的学习情况推荐合适的学习资源，提高学习效率。

（3）教育管理。人工智能技术可以协助教育管理者进行教育资源分配、课程安排等工作。通过对学校、教师和学生的数据分析，人工智能系统可以为教育管理者提供科学的决策依据，促进教育资源的合理利用。

（4）在线教育。人工智能技术可以为在线教育提供强大的技术支持，使在线教育更加智能化、个性化。通过人工智能技术，学生可以随时随地享受到优质的教育资源，打破时间和空间的限制。

这一阶段，人工智能技术的广泛应用使得教育变得更加智能化、个性化，将进一步提高教育质量和效率。这一关键节点标志着人工智能技术在教育领域的重要突破。

))) 9.4　OpenAI 的研究与应用

OpenAI 是一家致力于开发友善的人工智能技术的公司。它成立于 2015 年，由 Elon Musk、Sam Altman 等业界知名人士联合创立。OpenAI 的目标是确保人工智能的发展能够惠及全人类，并防止人工智能技术被用于有害或不公平的目的。

自成立以来，OpenAI 取得了一系列显著的研究成果。以下是 OpenAI 历史上的一些重要事件和成果。

2015 年：OpenAI 成立。创始人表示，OpenAI 将专注于创造和推广友善的人工智能技术，以确保人工智能发展造福全人类。

2016 年：OpenAI Gym 发布。OpenAI Gym 是一个用于研究和开发强化学习算法的开源工具包，引起了全球研究者的广泛关注。

2018 年：发布 GPT 模型。GPT 模型是一种基于自注意力机制的自然语言处理模型，能够实现文本生成、翻译、摘要等任务。

2019 年：发布 GPT-2。GPT-2 模型在自然语言处理领域取得了显著的进步，令人担忧其可能被用于制造虚假信息，因此 OpenAI 最初只公开了其降低规模的版本。随着社区对模型的理解加深，OpenAI 逐渐放宽了对 GPT-2 的限制。

2020 年：发布 GPT-3。GPT-3 在自然语言处理领域取得了前所未有的成果，成为当时最先进的语言生成模型。GPT-3 具有强大的生成能力，可以编写文章、编程代码、回答问题等。同年，OpenAI 推出了 GPT-3 API，供开发者调用 GPT-3 功能。

2022 年：发布 GPT-3.5。GPT-3.5 是 ChatGPT 的底层模型，参数量千亿级，预训练数据量百太字节级。其更接近人类对话与思考方式的特点吸引了全球的目光。

2023 年：发布 GPT-4。参数量估计有 3.5 万亿级。GPT-4 可以进行文字加工、图像识别等，极大程度地提升相关工作效率。GPT-4 保留了对话式人工智能的模式，新增图像识别功能。GPT-4 在算力、数据和架构上取得了重大突破，相较于前代模型，具有更强大的生成能力。

在应用方面，OpenAI 的技术被广泛应用于聊天机器人、智能助手、文本生成、自然语言理解等领域。例如，基于 GPT-3 的 ChatGPT 可以帮助用户进行日常对话、解答问题、提供建议等。OpenAI 还与各行业合作，将其技术应用于医疗、金融、教育等领域，推动人工智能技术的产业化进程。

总之，OpenAI 作为人工智能领域的佼佼者，凭借着其卓越的研究能力和对人工智能的深刻理解，不断在人工智能领域取得突破和进步。

在这一过程中，OpenAI 不仅关注技术的研发，还关注人工智能的安全性和道德问题。OpenAI 积极参与人工智能伦理和政策的讨论，为人工智能技术的长远发展提供指导。例如，针对 GPT-3 和 GPT-4 等模型可能带来的虚假信息和不当内容问题，OpenAI 发布了一系列安全指南，并通过 API 限制和审核机制确保模型的合理使用。

与此同时，OpenAI 还通过开源项目、教育培训和合作研究与全球研究者和开发者分享其技术成果，推动人工智能领域的共同进步。此外，OpenAI 也在探索与其他公司的合作模式，以扩大其技术的影响力和应用范围。

总的来说，OpenAI 致力于打造友善、普惠的人工智能技术，为全人类带来福祉。在历史的长河中，OpenAI 在人工智能领域取得了一系列重要突破，为人工智能技术的未来发展奠定了基础。正如一位人工智能领域的勇士，OpenAI 坚定地在人工智能的探索之路上砥砺前行，为实现其美好愿景而努力。

9.5　谷歌人工智能的研究与发展

谷歌作为全球知名的科技巨头，其在生成式人工智能领域的发展历程同样令人瞩目。以下是谷歌在这一领域的一些重要历程和成果。

2014 年：谷歌收购了深度学习领域的创新公司 DeepMind。这标志着谷歌正式进军生成式人工智能领域，开始了一段富有挑战和机遇的探索之旅。

谷歌发布了序列到序列模型，这是一个基于循环神经网络的生成式模型，可以应用于机器翻译、文本摘要等任务。这一技术的推出彰显了谷歌在生成式人工智能领域的技术实力。

谷歌 DeepMind 团队发布了 AlphaGo，这是一个基于深度学习和强化学习的围棋程序，成功战胜了多位世界冠军围棋选手。AlphaGo 的成就表明，生成式人工智能技术在解决复杂问题上具有巨大潜力。

2015 年：谷歌推出了 TensorFlow，这是一款开源的深度学习框架，广泛应用于生成式人工智能的训练和应用。TensorFlow 的发布为全球研究者和开发者提供了一个强大的工具，极大地推动了生成式人工智能领域的发展。

2017 年：谷歌推出了 Transformer 模型，这是一个创新性的自注意力机制，解决了循环神经网络和卷积神经网络在长序列处理中的缺陷问题。Transformer 模型在机器翻译、文本生成等任务上取得了显著的性能提升，为后续的生成式人工智能模型奠定了基础。

2018 年：基于 Transformer 模型，谷歌发布了 BERT，这是一个强大的自然语言处理预训练模型。BERT 的出现在多个自然语言处理任务上刷新了性能纪录，成为生成式人工智能领域的里程碑式成果。

2019 年：谷歌继续发展 Transformer 技术，推出了 XLNet，这是一种改进的自回归预训练模型，相较于 BERT 在部分任务上取得了更好的性能。

2020 年：谷歌出奇制胜，推出了人工智能诗歌写作工具 Verse by Verse。这款工具能够根据用户的输入，以各种风格创作出富有诗意的诗篇。有人说，这是谷歌在人工智能领域的一次"诗意的胜利"。

2022 年：谷歌再创新高，发布了一款名为 Dramatron 的新人工智能写作模型。这款神奇的工具能够根据用户的简单设定，自动生成精彩纷呈的剧本。有评论认为，这是谷歌将生成式人工智能应用到创意领域的一次"华丽转身"。

2023 年：谷歌横扫乐坛，推出了全新的人工智能模型 MusicLM。这款产品可以根据用户的喜好，自动创作出动人心弦的音乐作品。有观察家表示，谷歌在这一领域的突破，再次证明了生成式人工智能的无穷潜力。

在这个过程中，谷歌充分发挥了其强大的技术实力，紧跟时代步伐，不断推出具有创新性和颠覆性的生成式人工智能产品。与此同时，谷歌也积极参与人工智能领域的国际合作与竞争，与其他巨头一同为人类的未来献上一场精彩纷呈的科技盛宴。

总的来说，谷歌在生成式人工智能领域的发展历程可以视为一部激动人心的冒险小说。从收购 DeepMind 到发布 Transformer、BERT 等重要技术，再到推出一系列令人惊叹的应用，谷歌一路砥砺前行，书写了一段传奇般的发展史诗。

在这个过程中，谷歌始终坚守初心，致力于将人工智能技术普及到各个领域，为全球研究者、开发者和用户带来极具价值的产品和服务。如同在一场创新的马拉松赛事中，谷歌不断挑战极限，超越自我，向我们展示了生成式人工智能的未来无限可能。

》》》9.6　微软人工智能的研究与发展

微软作为全球科技巨头之一，始终站在人工智能领域的前沿。在生成式人工智能的发展史上，微软同样留下了深刻的足迹。接下来，就让我们一起回顾微软在生成式人工智能领域的精彩历程。

20 世纪 90 年代：微软涉足人工智能领域，开始研究神经网络和深度学习。微软研究院的成立，标志着微软开启了对人工智能的长期战略布局。

2009 年：微软推出了名为"微软语音识别"的产品。这款产品采用了先进的语音识别技术，为用户提供了便捷的语音输入服务。这标志着微软开始将人工智能技术应用到实际产品中。

2014 年：微软发布了一款名为"小冰"的聊天机器人，这是一款具有自然语言处理和生成能力的人工智能产品。小冰的问世，展示了微软在生成式人工智能领域的实力。

2016 年：微软开源了名为 Microsoft Cognitive Toolkit 的深度学习框架。这款框架为开发者提供了丰富的工具和资源，有力地推动了生成式人工智能领域的发展。

2017 年：微软发布了一款名为 Azure Machine Learning 的云端机器学习平台。这款平台为用户提供了丰富的人工智能算法和模型，助力生成式人工智能的研究和应用。

2019 年：微软研究院开发了一款名为 DialoGPT 的生成式预训练 Transformer。这款模型可以自动生成高质量的文本，为生成式人工智能的研究提供了有力支持。同年，微软成功研发名为 MT-DNN 的多任务深度神经网络模型。这款模型在多个自然语言处理任务上取得了显著的性能提升，为生成式人工智能的发展提供了新的思路。

2020 年：微软发布了名为 CodeBERT 的代码生成模型。这款模型能够理解和生成代码，为程序员提供了强大的智能辅助功能，再次展示了微软在生成式人工智能领域的创新实力。同年，微软研究院成功开发了一款名为 Turing-NLG 的自然语言生成模型。这款模型具有超过 1750 亿个参数，刷新了生成式人工智能领域的规模纪录。Turing-NLG 的出现进一步证明了微软在生成式人工智能领域的领导地位。

2021 年：微软推出了名为 Azure OpenAI Service 的人工智能服务平台。该平台与 OpenAI 紧密合作，为开发者提供了多样化的生成式人工智能模型和服务，大大降低了生成式人工智能技术的应用门槛。

在整个生成式人工智能的历史发展中，微软始终站在行业的前沿，积极投入研究和开发。微软在各个关键节点上的突破和成果，为整个行业的进步做出了巨大贡献。

正如一位业内人士所言："微软在生成式人工智能领域的发展，就像一场精彩的音乐会。每个阶段都有不同的高潮，而微软正是这场音乐会的指挥家，引领着整个行业的前进。"

从语音识别到自然语言处理，从深度学习框架到多任务神经网络模型，再到自动生成代码的人工智能助手，微软一直在不断拓展生成式人工智能的研究领域，提升实际应用的价值。

就像有一位富有创造力的画家，在生成式人工智能的画布上绘制出一幅又一幅惊艳的作品。而微软正是这位画家的化身，用技术和创新为人工智能领域绘制出一幅宏伟的蓝图。

))) 9.7   脸书人工智能的研究与发展

2013 年：脸书正式成立了 FAIR，标志着脸书正式进入人工智能领域。FAIR 的成立使得脸书在生成式人工智能领域开始了一段富有挑战和探索的旅程。

2014 年：脸书发布了 DeepFace，这是一款基于深度学习技术的人脸识别系统。DeepFace 能够在毫秒级别内识别出用户上传照片中的人物，准确率高达 97%。这一技术在当时可谓是业界的黑马，为脸书在生成式人工智能领域奠定了基础。

2015 年：脸书推出了名为 M 的人工智能助手。尽管 M 是一个半自动化的系统，依赖人类助手进行一部分工作，但它的问答能力和任务执行能力仍然让人印象深刻。这表明脸书在生成式人工智能领域的研究取得了实质性突破。

2016 年：脸书推出了一款名为 FastText 的文本分类和表示学习工具。FastText 可以在短时间内处理大量文本数据，为生成式人工智能领域的自然语言处理技术提供了强大支持。

2017 年：脸书发布了一款开源聊天机器人框架——ParlAI，旨在促进生成式人工智能领域对话系统的研究和发展。ParlAI 具有高度灵活性和兼容性，可以与各种人工智能模型无缝集成。

2018 年：脸书推出了名为 Horizon 的强化学习平台。这是一个旨在帮助开发者快速构建、优化和部署生成式人工智能应用的工具。Horizon 的发布使脸书在生成式人工智能领域的技术实力得到了进一步巩固。

2019 年：脸书发布了基于 BERT 的自然语言处理模型 RoBERTa。RoBERTa 在各项自然语言处理任务上的表现都十分出色，成为当时业界最先进的生成式人工智能模型之一。

2020 年：脸书发布了名为 Blender 的聊天机器人。Blender 具有强大的对话能力和生成能力，是当时世界上最大的开放域聊天机器人。Blender 的发布进一步展示了脸书在生成式人工智能领域的实力和成果。

在这段时间里，脸书不仅在生成式人工智能领域取得了一系列的突破，还积极参与了相关技术的开源与共享。这使得全球的研究者和开发者都能够从脸书的研究成果中受益，共同推动生成式人工智能领域的发展。

可以说，脸书在生成式人工智能领域的历史故事充满了探索、突破与创新。而脸书在这个领域取得的成果，不仅让人们惊叹于技术的神奇，也激发了人们对未来更为智能、便捷和高效的生活的向往。正如脸书创始人马克·扎克伯格所说："人工智能将给我们的生活带来更多的便利，我们需要不断地去挖掘它的潜力。"

在这场激烈的生成式人工智能竞赛中，脸书可谓一匹黑马，时而以出人意料的速度超过对手，时而在某些领域领跑。正是脸书这样的企业，不断地为人工智能产业带来新的活力和变革，让人们对未来充满信心和期待。

》》》9.8　亚马逊人工智能的研究与发展

2006 年：虽然早在 2002 年，亚马逊就推出了 Amazon Web Services，但直到 2006 年，才开始进军云计算领域，为全球客户提供云计算服务。这是亚马逊在人工智能领域的初次涉足，奠定了其后续在生成式人工智能研究和应用的基础。

2014 年：亚马逊发布了一款名为 Echo 的智能音箱，内置了智能语音助手 Alexa。这是亚马逊在自然语言处理领域的一项重要成果，标志着其在生成式人工智能研究上取得了突破。

2016 年：亚马逊推出了 AWS 机器学习平台（Amazon Machine Learning），为用户提供了大量人工智能和机器学习工具。这一平台的推出，进一步彰显了亚马逊在生成式人工智能领域的实力和影响力。

2017 年：亚马逊与微软联合发布了名为 Gluon 的深度学习库。Gluon 提供了一种简化和加速深度学习模型开发的方法，受到了广泛关注。这一合作使得亚马逊在生成式人工智能领域的研究更加丰富多元。

2017 年：亚马逊发布了名为 Amazon SageMaker 的机器学习服务平台，旨在帮助开发者和数据科学家快速构建、训练和部署机器学习模型。SageMaker 的推出进一步巩固了亚马逊在生成式人工智能领域的地位。

2017 年：亚马逊推出了名为 Amazon Comprehend 的自然语言处理服务。这一服务可以帮助开发者在自己的应用程序中集成自然语言处理功能，如情感分析、实体识别等。这表明亚马逊在生成式人工智能领域的研究取得了重要进展。

2020 年：亚马逊发布了一款名为 DeepComposer 的深度学习模型，该模型可以实现音乐生成。这一技术在生成式人工智能领域具有重要意义，展示了亚马逊在这个领域的创新能力。在生成式人工智能领域，亚马逊以其强大的云计算基础设施和丰富的技术积累，不断推出创新性的产品和服务。从智能语音助手 Alexa 到 DeepComposer 音乐生成模型，亚马逊一路走来，始终坚持创新，致力于为用户提供更好的生成式人工智能体验。

2020 年：亚马逊发布了一款名为 CodeGuru 的代码审查和应用性能分析工具。CodeGuru 利用机器学习技术来自动检测代码中的缺陷和性能问题，再次彰显了亚马逊在生成式人工智能领域的研究实力。同年，亚马逊推出了一款名为 Lookout for Vision 的计算机视觉服务。该服务可以帮助用户轻松创建和管理用于检测图像中的异常和缺陷的计算机视觉模型，进一步丰富了亚马逊在生成式人工智能领域的产品线。

2022 年：亚马逊与其他人工智能巨头一道，共同推动了生成式人工智能的研究与应用标准化。这一举措有助于推动整个行业的快速发展，同时也凸显了亚马逊在生成式人工智能领域的领导地位。

在过去的十几年里，亚马逊一直致力于生成式人工智能的研究和应用，不断推出创新性的产品和服务。从语音助手到计算机视觉，再到代码审查工具，亚马逊始终保持着前瞻性的战略布局，紧跟着行业发展的脉搏。

亚马逊的发展历程犹如一部激荡人心的冒险故事，从一个在线书店发展成为全球最大的云计算和人工智能服务提供商，背后蕴藏着无数的艰辛与努力。在生成式人工智能领域，亚马逊始终坚守创新信念，为全球用户带来了无数精彩瞬间。在未来的道路上，我们期待亚马逊能继续书写更多传奇故事，引领生成式人工智能行业迈向更高峰。

))) 9.9　百度人工智能的研究与发展

百度，这家中国搜索引擎巨头，自成立以来就一直在生成式人工智能领域不断探索和发展。从早期的搜索算法优化到现今的深度学习技术，百度一直致力于在人工智能领域取得更多突破。

2000 年：百度成立，作为一家搜索引擎公司，其核心技术之一就是生成式搜索算法。百度通过不断优化搜索算法，提高搜索结果的质量和相关性，为用户提供更好的搜索体验。

2013 年：随着互联网的快速发展，百度开始关注人工智能领域。这一年，百度成立了深度学习研究院，专门进行深度学习技术的研究和应用。这标志着百度正式进入生成式人工智能领域。

2014 年：百度发布了基于深度学习的语音识别系统 Deep Speech，这是百度在生成式人工智能领域取得的重要突破。Deep Speech 的识别准确率远超传统的语音识别技术，为人工智能语音识别领域树立了新的标杆。

2016 年：百度成立了百度大脑，专门研究和开发人工智能技术。百度大脑结合了深度学习、大数据和高性能计算等技术，致力于开发智能搜索、语音识别、自然语言处理等应用。百度推出了基于生成式对抗网络的图像生成技术。这项技术可以根据用户的描述，自动生成与描述相符的图像。这一技术的推出进一步展示了百度在生成式人工智能领域的研究实力。

2017 年：百度推出了百度智能对话平台 UNIT，这是一款集自然语言理解、对话管理和自然语言生成于一体的生成式人工智能产品。UNIT 为企业提供了智能客服、智能语音助手等多种应用场景，进一步拓展了百度在生成式人工智能领域的应用范围。

2019 年：百度推出了 ERNIE（Enhanced Representation through kNowledge IntEgration）预训练模型，这是一种生成式的自然语言处理模型，具有强大的语义理解能力。ERNIE 在多项国际自然语言处理任务中表现优异，显示出百度在生成式人工智能领域的领导地位。

2020 年：百度在自然语言处理领域取得重要突破，推出了 PLATO-2 对话系统。PLATO-2 是一款基于生成式预训练模型的开放域对话系统，具有强大的对话理解和生成能力。PLATO-2 在多个对话任务中取得了优异成绩，展示了百度在生成式人工智能领域的技术实力。

如同成长中的孩子一样，百度在生成式人工智能领域的发展可谓步履蹒跚，但充满了探索与勇气。从最初的搜索引擎算法，到深度学习、大数据、GAN、自然语言处理等领域的突破，百度一直在努力寻找与开创人工智能的新时代。今天，百度在生成式人工智能领域已经取得了举世瞩目的成果，成为中国乃至全球人工智能领域的一股重要力量。

回顾百度在生成式人工智能领域的历史故事，就如同回顾一个勇敢的冒险家在未知世界的探索过程。他们在探险途中遇到了种种困难和挑战，但始终坚持前行，不断刷新人们对人工智能的认知。在未来，百度将继续在生成式人工智能领域发挥其技术优势，为人们创造更多便捷、智能的生活体验。而我们也期待着百度在生成式人工智能领域书写更多精彩的篇章。

在人工智能的奥林匹克运动会上，我们见证了传统的生成式人工智能与新兴的多模融合（Multimodal Fusion）大模型之间的较量。其中，稳定扩散（Stable Diffusion）作为一匹黑马，正逐渐在这场竞赛中崭露头角。

))) 9.10　生成式人工智能和多模融合大模型的竞争

首先了解一下传统的生成式人工智能。它就像熟练的厨师，通过大量的食材和精湛的烹饪技艺，将各种美味佳肴呈现在食客面前。传统的生成式人工智能研究各种生成模型，不断地进行预训练与微调，为我们带来了诸如 GPT 系列这样的人工智能佳作。

然而，多模融合大模型正在崛起，其中的佼佼者便是稳定扩散技术。如果这是一场科技版的"变形金刚大战"，传统的生成式人工智能就像是奥迪车队的战将，而多模融合大模型则是宝马车队的猛将。在这场角逐中，稳定扩散就如同一辆宝马新款跑车，犹如黑马般杀出重围。

稳定扩散技术的特点在于它可以同时处理多种类型的数据，如文本、图像、音频等，这使得它在多任务学习中具有更强的竞争力。与此同时，它还可以通过数据扩散的方式，实现更加高效的训练与优化，为人工智能领域带来全新的可能。

1. 一场足球比赛

在这场足球比赛中,传统生成式人工智能如同一支实力强大的老牌球队,在比赛中通过严密的阵型和精湛的技术取得了一场又一场的胜利。GPT 系列等知名人工智能技术就如同这支球队的明星球员,在场上表现出色,为球队赢得了赞誉和荣誉。

然而,在另一边,一支新兴的球队正在崛起,就是多模融合大模型的代表。这支年轻的球队拥有更多元化的战术和更广泛的技能。其强项在于能够处理多种类型的数据,如文本、图像和音频等。这使得其在比赛中能够展现出更丰富的战术组合,给对手带来了巨大的压力。

在这两支球队之间的较量中,稳定扩散技术如同新兴球队的天才球员,在场上展现出惊人的速度和灵活性,能够迅速调整战术应对不同场景。借助稳定扩散技术,这支年轻球队在面对老牌球队时表现出强大的竞争力。

尽管老牌球队在比赛中依然发挥出强大的实力,但随着多模融合大模型的逐渐成熟,未来几年内,这场足球比赛的胜负将变得愈发激烈。而我们作为观众,也会在这场比赛中见证一场科技领域的巅峰对决,感受到人工智能发展的无尽魅力。

多模融合确实属于生成式人工智能的一部分。多模融合是指将不同类型的数据(如文本、图像、音频等)整合在一起,以便模型能够理解和处理更为复杂的信息。

生成式人工智能(如 GPT 系列)主要关注于处理文本数据,而多模融合模型则进一步拓展了这一领域,使模型能够处理多种类型的数据。这种扩展在很多实际应用场景中具有巨大的潜力,如对话系统、图像描述生成、音视频内容分析等。

所以,多模融合模型可以被视为生成式人工智能的一个子集或延伸。未来,随着多模融合技术的不断发展和创新,它将为人工智能带来更广泛的应用和更高的性能。

2. 多模融合的原理、历史、关键节点以及一些有趣的事情

多模融合的目标是将来自不同模态的数据(例如文本、图像、音频、视频等)整合在一起,使机器学习模型能够更好地理解和处理复杂信息。下面,我们将详细介绍多模融合的原理、历史、关键节点以及一些有趣的事情。

1)原理

多模融合主要依赖于深度学习技术,尤其是卷积神经网络和循环神经网络。

卷积神经网络通常用于处理图像和视频数据，而循环神经网络则适用于处理序列数据，如文本和音频。多模融合的关键是设计一种有效的结构，将这些网络整合在一起，从而使模型能够同时处理来自不同模态的信息。常见的融合策略有串联、并联和分层融合等。

2）历史

多模融合的研究始于 20 世纪 90 年代。早期的研究主要关注基于传统机器学习方法的融合策略，如决策树、支持向量机等。然而，由于这些方法的性能和泛化能力有限，多模融合研究进展相对较慢。

随着深度学习技术的兴起，多模融合研究取得了显著的进展。2012 年，AlexNet 的成功引领了卷积神经网络的研究热潮，随后，研究者开始尝试将卷积神经网络与其他类型的神经网络相结合，以实现更为复杂的多模融合任务。

3）关键节点

2014 年：谷歌推出了 Show and Tell 模型，这是一个基于卷积神经网络和循环神经网络的图像描述生成模型，它将图像和文本信息相结合，为计算机视觉与自然语言处理的融合奠定了基础。

2018 年：BERT 模型的出现为自然语言处理领域带来了革命性的突破。随后，研究者开始探索如何将 BERT 等预训练模型应用于多模融合任务，如 ViLBERT、VisualBERT 等。

2021 年：OpenAI 发布了 DALL-E 模型，它能够根据文本描述生成相应的图像。DALL-E 的成功进一步证实了多模融合技术的巨大潜力。

4）有趣的事情

（1）在一个名为"AI 画家"的项目中，研究者尝试让人工智能生成具有艺术家风格的作品。通过训练多模融合模型，人工智能可以从文本描述中获取创意，并将这些创意转换为具有梵高、毕加索等大师风格的图像。这个项目揭示了多模融合在艺术领域的潜在应用。

（2）多模融合技术在电影制作领域的应用也非常有趣。有些研究者利用多模融合技术开发了电影剧本生成器，通过输入一些关键词和场景描述，人工智能可以自动生成一份完整的电影剧本。当然，这些剧本仍然需要人类创作者的修改和完善，但这表明多模融合技术在娱乐产业的潜在价值。

（3）在教育领域，多模融合技术也展现出了巨大的潜力。例如，有些研究者正在开发基于多模融合的智能教育助手，它可以从学生的面部表情、声音和文本输入中捕捉情感信息，并根据这些信息为学生提供个性化的学习建议和辅导。

总之，多模融合技术作为一种强大的人工智能方法，在各个领域都有广泛的应用前景。随着技术的进一步发展，我们有理由相信多模融合将为我们带来更多有趣和实用的应用。

))) 9.11　多模融合技术的实例

1. 关于多模融合技术如何在音乐创作领域大显身手的故事

某天，一位音乐家小明突然想为他的恋人小红创作一首独特的歌曲，作为特殊的生日礼物。可是小明因为创作经验不足而感到非常困扰。幸运的是，他知道了一款利用多模融合技术的人工智能音乐生成器。他决定尝试这个工具，看看是否能够帮助他实现心愿。

小明输入了一段描述："我想要一首温柔浪漫的民谣，描述两人在海边晚霞下漫步的情景。"令他惊喜的是，音乐生成器不仅根据这段描述创作出了一段优美的旋律，还为其配上了贴切的歌词。通过这款神奇的工具，小明成功地完成了这首独特的歌曲，该歌曲成为小红生日派对上的焦点。

另一个故事发生在一位摄影师身上。这位摄影师小李希望能够根据自己的想法生成一幅场景图像。他听说了一款基于多模融合技术的人工智能图像生成器，并尝试使用它。他输入了这样一个描述："一座古老的石桥，横跨在阳光明媚的森林小溪上，周围绿树成荫。"

没过多久，生成器便为他创作出了一幅令人惊艳的图像，完美地呈现了他心中的场景。小李对这个神奇的工具印象深刻，他将这幅图像印刷成了一幅高质量的画作，挂在了自己的工作室中，吸引了众多客户的目光。

这些生动的故事充分展示了多模融合技术在各个领域的应用潜力。随着技术的不断进步，我们有理由期待更多有趣的应用和创新成果。

2. 多模融合技术在新闻报道领域的应用

在一个晴朗的周末，一家知名新闻机构的编辑部接到了一个紧急采访任务：报道一场即将在城市广场举行的抗议活动。然而，当天编辑部的工作人员十分紧张，实在无法分配人手现场报道。这时，他们想到了一款基于多模融合技术的人工智能新闻生成器。

编辑部决定利用这款人工智能工具进行远程报道。他们向生成器提供了一些关键词和背景资料，并输入了一段描述："今天下午，在城市广场举行了一场声势浩大的抗议活动。大约有上千人参加，人们高举标语，呼喊口号，要求政府采取行动。"这款人工智能工具不仅能够理解文字描述,还能通过实时监控的视频流,生成相应的图像和视频片段。

令人惊讶的是,仅用几分钟,人工智能工具就生成了一篇内容翔实、形式丰富的新闻报道。报道中既有生动的文字描述,又有栩栩如生的现场照片和视频。编辑部将这篇报道发布在了官方网站和社交媒体上,获得了众多读者的关注和好评。

这个故事表明,多模融合技术不仅可以帮助解决人力资源紧张的问题,还能提高新闻报道的效率和质量。随着技术的发展,它在新闻、媒体等领域的应用前景将更加广泛。

3. 多模融合技术在艺术领域的应用

有一位著名的画家,他因为创作出色的抽象画而广受赞誉。然而,随着年龄的增长,他的视力逐渐衰退,这让他在绘画时遇到了很多困难。

一天,他的一个朋友告诉他关于多模融合技术的消息。听说这种技术可以根据文字描述来生成图片,他决定尝试一下,看看这种技术是否能帮助他继续创作抽象画。

画家开始向人工智能工具输入一些描述他想要创作的画作的文字。例如:"我想创作一幅充满活力和色彩的抽象画,画面中有橙色和蓝色的线条在交织,背景是淡黄色。"几分钟后,人工智能工具生成了一幅符合描述的抽象画。画家惊讶地发现,这幅画的风格和他自己的作品非常相似。

随着时间的推移,画家越来越喜欢使用这款人工智能工具。他可以先用文字描述自己的创意,然后让人工智能工具将这些创意转换为画作。在这个过程中,画家的视力问题不再成为创作的障碍。最后,他甚至举办了一场展览,展示了自己与人工智能共同创作的抽象画。观众们对这些作品赞不绝口,认为这是一次艺术与科技完美结合的展示。

这个故事表明,多模融合技术有着广泛的应用潜力,可以跨多个领域,为人们的生活带来便利和乐趣。在未来,我们有理由期待这种技术将在更多领域发挥重要作用,推动人类社会的进步。

4. 多模融合技术在医学领域的应用

一个值得关注的案例是一位年轻的放射科医生与人工智能的协作。这位医生每天要阅读大量的医学影像,为病患确诊和制定治疗方案。然而,由于医学影像的复杂性和繁重的工作量,这个过程常常十分耗时且容易出错。

有一天,这位医生得知一款基于多模融合技术的人工智能辅助诊断系统,可以通过语音识别、图像识别和自然语言处理等技术，帮助医生更快速、准确地诊断病患。这位医生决定尝试使用这个系统，看看它能否提高他的工作效率。

医生开始将病患的病史、症状等信息输入人工智能系统。系统迅速分析这些信息，并结合医学影像数据，为医生提供了一份详细的诊断报告。令人惊讶的是，人工智能系统在很多情况下都能做出与经验丰富的医生相同甚至更准确的诊断。这不仅大大减轻了医生的工作负担，还提高了诊断的准确性。

随着这个人工智能辅助诊断系统在医院的推广应用，越来越多的医生开始意识到多模融合技术在医学领域的潜力。这种技术不仅能帮助医生更高效地工作，还能为病患提供更好的医疗服务。

这个案例再次证明了多模融合技术在各个领域的广泛应用价值。从艺术到医学，这种技术都在为我们的生活带来变革，我们有理由相信，在未来，多模融合技术将继续拓展应用范围，为人类带来更多的便利与价值。

》》9.12　多模融合的基本原理与应用

多模融合的基本原理是将来自不同模态（如文本、图像、音频等）的信息结合起来，以提高系统的性能和准确性。它的核心思想是充分利用不同模态之间的互补性，使得整个系统能够对各种输入数据做出更准确的预测。下面解释多模融合的基本原理。

（1）数据预处理。这是多模融合的第一步。数据预处理的目的是确保输入数据的质量，为后续的特征提取和融合做好准备。预处理过程包括数据清洗、标准化、降噪等操作。可以把这个过程想象成为制作一道美味佳肴的准备阶段，我们需要确保食材的新鲜和干净。

（2）特征提取。特征提取是从原始数据中提取出有意义的信息，用以表示数据的关键属性。可以将特征提取过程类比为"炼金术士"将原材料转换为黄金。在多模融合中，特征提取针对每个模态的数据进行。例如，对于图像数据，可能会提取颜色、纹理等特征；对于文本数据，可能会提取词频、主题等特征。

（3）特征融合。特征融合是将来自不同模态的特征整合成一个统一的特征表示。这一过程可以理解为"炼金术士"将各种金属熔合在一起，形成一种更有价值的合金。特征融合可以通过简单的方法实现，如将特征向量拼接在一起；也可以使用更复杂的方法，如矩阵分解、深度学习等。

（4）机器学习模型训练与预测。在融合后的特征基础上，可以训练一个机器学习模型，如支持向量机、神经网络等。这个过程就像是"炼金术士"将合金锻造成一把锋利的剑。模型训练完成后，可以用于对新的多模数据进行预测。

（5）性能评估。评估多模融合系统的性能，可以帮助了解系统在实际应用中的效果，以及为进一步优化提供参考。这一步就像是检验锻造出的剑是否锋利、耐用。

通过数据预处理、特征提取、特征融合、机器学习模型训练与预测以及性能评估等步骤，多模融合系统能够更好地处理复杂的任务。

在实际应用中，多模融合的方法可被广泛应用于各种领域，如自然语言处理、计算机视觉、语音识别等。以下是一些典型的应用场景。

（1）情感分析。通过结合文本、音频和图像信息，多模融合可以更准确地判断用户的情感状态。例如，在社交媒体上，用户可能会发布带有文字、图片和语音的动态，多模融合能够综合这些信息，更好地理解用户的情感。

（2）视频内容分析。视频数据包含图像、音频和文本（如字幕）等多种信息，多模融合可以帮助更好地理解视频内容。例如，在推荐系统中，多模融合能够综合分析视频的画面、声音和字幕等信息，为用户推荐更符合其兴趣的内容。

（3）人机交互。多模融合可以提高人机交互的自然性和准确性。例如，智能语音助手可以通过分析用户的语音、面部表情和手势等信息，更好地理解用户的需求，并给出合适的回应。

在实际应用中，多模融合面临着许多挑战，如特征融合策略的选择、不同模态数据的不对称性等。为了克服这些挑战，研究人员正不断探索新的方法和技术。在未来，随着技术的进步，多模融合有望在更多领域发挥更大的作用，为我们的生活带来更多便利和价值。

多模融合的理论基础来源于多种学科，如模式识别、计算机视觉、自然语言处理、机器学习等。多模融合的研究始于 20 世纪 80 年代，当时科学家开始关注如何将来自不同传感器的信息结合起来以提高系统的性能。随着研究的深入，多模融合逐渐发展成为一门跨学科的研究领域。

))) 9.13　多模融合的发展经历

多模融合的发展经历了如下阶段。

（1）早期阶段（20 世纪 80—90 年代）这个阶段的研究主要集中在传感器融合上。科学家尝试将来自多个传感器的数据结合起来，以提高系统的性能。这一阶段的代表性工作包括卡尔曼滤波器（Kalman Filter）在目标跟踪领域的应用。

（2）中期阶段（21 世纪初）。这个阶段的研究开始关注多模态信息融合。随着互联网和多媒体技术的发展，研究者开始尝试将来自不同模态的信息（如文本、图像、音频等）融合在一起。这一阶段的代表性工作包括 Canonical Correlation Analysis（CCA）等特征融合方法。

（3）近期阶段（21 世纪 10 年代至今）。随着深度学习技术的兴起，多模融合研究进入了一个新的阶段。研究者开始探索将深度学习模型应用于多模融合任务。这一阶段的代表性工作包括基于卷积神经网络的图像和文本融合方法，以及基于长短时记忆网络的视频和文本融合方法。

多模融合的研究是一个持续发展的过程。随着技术的进步，研究者不断提出新的方法和框架以解决多模融合中的挑战。在未来，多模融合有望在更多领域发挥重要作用，为我们的生活带来更多便利和价值。

第五部分
入门与深造

第10章　如何入门生成式人工智能

入门生成式人工智能需要从以下方面着手：理论学习、实践项目、关注前沿动态、参与社区讨论和思考未来趋势等。

1. 理论学习

要入门生成式人工智能，首先要掌握相关的基本理论知识。这包括概率论、线性代数、微积分、最优化理论等数学基础，以及机器学习、深度学习、自然语言处理、计算机视觉等领域的核心概念。

1）数学基础

数学是理解生成式人工智能的基石。在这个领域，我们需要用概率论来描述不确定性，用线性代数来表示和处理数据，用微积分来求解梯度，用最优化理论来优化模型参数。因此，在开始学习生成式人工智能之前，务必打好数学基础。

2）机器学习和深度学习

生成式人工智能是建立在机器学习和深度学习基础上的。要掌握这个领域，需要学习监督学习、无监督学习、半监督学习、强化学习等机器学习方法，以及深度学习中的神经网络、卷积神经网络、循环神经网络、长短时记忆网络、生成对抗网络等核心概念。

3）自然语言处理和计算机视觉

生成式人工智能的主要应用领域是自然语言处理和计算机视觉。要深入了解这两个领域，需要学习词嵌入、语法分析、情感分析、机器翻译等自然语言处理技术，以及图像分类、目标检测、语义分割、图像生成等计算机视觉技术。

2. 实践项目

理论知识是基础，但要真正掌握生成式人工智能，还需要进行实际项目的实践。以下是一些建议。

1）从简单项目开始

从简单的生成式人工智能项目入手，例如使用长短时记忆网络实现文本生成、使用生成对抗网络生成手写数字等。这些项目有助于人们快速上手，并为后续的复杂项目打下基础。

2）挑战复杂项目

在掌握基本技能后，可以尝试一些更复杂的生成式人工智能项目，如使用 Seq2Seq 模型实现机器翻译、使用 Transformer 模型实现问答系统等。这些项目有助于提高问题解决能力，并深入了解生成式人工智能的原理和应用。

3）参加竞赛

参加 Kaggle 等平台上的生成式人工智能相关竞赛，有助于了解业界最新的技术和方法，提高自己的实战能力。此外，竞赛过程中与其他参赛者的交流亦能拓宽视野，有助于提升自己的能力。

3. 关注前沿动态

生成式人工智能是一个快速发展的领域，关注前沿动态有助于掌握最新技术和方法。以下是一些建议。

1）阅读论文

定期阅读顶级会议和期刊上的生成式人工智能相关论文，了解最新的研究成果和趋势，如可以关注 NeurIPS、ICML、ACL 等会议，以及 arXiv 等论文预印本平台。

2）学习在线课程

许多知名高校和研究机构会发布生成式人工智能相关的在线课程。学习这些课程可以有助于系统地学习专业领域知识，提高自己的理论水平。

4. 参与社区讨论

加入生成式人工智能相关的社区，如 Reddit、Quora、知乎等，参与讨论和问答，与同行交流。这不仅有助于巩固已学知识，还能拓展知识面，发现自己的不足。

5. 思考未来趋势

在学习和实践的过程中，要关注生成式人工智能的未来发展趋势，如多模融合、无监督学习、强化学习等。思考这些趋势对产业、社会和个人的影响，为自己的职业发展做好规划。

6. 学习领域内的技术框架和工具

在生成式人工智能领域，有许多优秀的开源框架和工具，如 TensorFlow、PyTorch、Hugging Face Transformers 等。学习这些框架和工具，可以有助于更高效地实现模型，降低入门门槛。

7. 跨学科学习

生成式人工智能涉及多个学科的知识，如计算机科学、数学、统计学、语言学等。跨学科学习有助于更好地理解模型背后的原理，提升问题解决能力。

8. 学习相关的伦理和法规

生成式人工智能的应用涉及许多伦理和法律问题，如数据隐私、算法公平性、版权等。了解这些问题，有助于在实践中遵守相关法规，避免风险。

9. 积累实战经验

多参与实际项目，积累实战经验。可以在实习、工作、个人项目等场景中应用生成式人工智能技术，锻炼自己的能力。此外，可以将自己的项目和成果分享给他人，接受反馈和建议，以便不断提升。

10. 建立个人品牌

在社交媒体、博客、论坛等平台上分享你的知识和经验，建立个人品牌。这不仅有助于巩固已学知识，还能拓展人脉，提高在行业内的影响力。

11. 关注行业动态

关注生成式人工智能行业的动态，了解行业发展趋势和市场需求。这有助于你及时调整学习方向，提升职业竞争力。

12. 保持持续学习

生成式人工智能是一个快速发展的领域，新技术和新方法层出不穷。保持持续学习，不断更新自己的知识体系，才能在激烈的竞争中保持领先地位。

第 11 章　深造与提高

))) 11.1　学术研究方向与国际会议

在学术研究方向和国际会议方面深造和提高生成式人工智能，可以采取以下具体措施。

1. 学术研究方向

1）经典文献回顾与分析

（1）经典论文。深入分析对于 Ian Goodfellow 的 GAN（生成对抗网络）、Alex Graves 的 RNN（循环神经网络）、David Ha 的 VAE（变分自编码器）等经典论文，不仅要理解其数学原理，还要关注它们在实际应用中的局限性和改进空间。

（2）技术对比。研究不同模型之间的差异，例如 GAN 与 VAE 在生成质量和训练稳定性上的差异，以及它们在特定任务上的表现。

2）综述文章及研究趋势

（1）系统阅读。

阅读综述文章有助于快速把握一个领域的全貌，了解主要的研究趋势和未解决的问题。首先是系统阅读，选择领域内的综述文章，这些文章通常会总结过去几年的研究进展，并对未来的研究方向提出展望。例如要定期阅读、订阅相关领域的顶级期刊，如《自然》《科学》《人工智能》等，以及专业会议的论文集，如 NeurIPS、ICML、ICLR 等。关注综述文章中提到的未来研究方向，如自监督学习、小样本学习、模型压缩等，这些可能是未来研究的热点。

（2）研究前沿。

① 持续关注。定期浏览 arXiv、Google Scholar 等平台，关注最新的研究成果，特别是顶级会议的论文。或者利用 arXiv、Google Scholar 等平台的 RSS（简易信息聚合）订阅功能，实时获取新兴的算法、模型架构、应用案例等，以及它

们在解决实际问题中的应用。

② 深度参与。选择一个或几个具体的研究方向，如风格迁移、文本生成、音乐创作等，深入研究。或者参与在线讨论，如 Reddit 的 r/MachineLearning 板块，与研究者互动，了解他们对最新论文的看法和疑问。

3）研究方向的选择和深入探究

（1）方向选择。在进行系统的文献综述分析后，系统地梳理和分析现有文献，识别研究空白和潜在的创新点。这包括对现有理论、方法和应用的批判性分析，以及对未来研究方向的预测。再根据自己的兴趣和背景选择研究方向，如图像生成、自然语言处理、音乐生成等。或者结合你的学术背景和技能，选择一个能够发挥你优势的研究方向。例如，如果你在数学建模方面有扎实的基础，可以尝试研究生成模型的数学理论。

（2）理论框架构建。基于文献综述的结果，构建一个理论框架，明确研究假设、研究问题和预期目标。这个框架应该能够指导后续的实验设计和数据分析。

（3）交叉学科。考虑将生成式人工智能与其他领域结合，如心理学、艺术创作、生物信息学等，探索新的应用场景。

4）实验验证与改进创新

（1）复现实验。通过复现经典论文的实验，验证其结果的可重复性，这是科学研究的基础。这不仅可以复现经典论文的实验，还要尝试在不同的硬件和软件环境下进行，以验证模型的泛化能力。

（2）实验设计。设计新的实验来测试模型在不同数据集、不同任务上的表现，这有助于发现模型的强项和弱点。

（3）性能评估。使用标准化的评估指标来衡量模型性能，如在图像生成领域使用 Inception Score、Fréchet Inception Distance 等。

（4）模型改进。基于实验结果，通过调整模型的超参数，如学习率、批量大小等，来优化模型的训练过程和最终性能。

（5）创新尝试。探索新的模型架构或训练方法，如引入注意力机制、强化学习等，以解决现有模型的不足。例如新技术融合，尝试将最新的技术，如元学习、胶囊网络等，融入生成式人工智能模型中，以提高模型的学习能力和适应性。或者进行模型架构创新，设计新的网络架构，如结合卷积神经网络和循环神经网络的混合模型，以更好地处理时空数据。

5）学术贡献与发表

（1）学术贡献明确。在研究过程中，明确你的工作相对于现有研究的贡献，这可能是理论创新、方法改进、应用拓展等。

（2）学术论文撰写。按照学术规范撰写研究论文，包括清晰的研究背景、方法论、实验结果和讨论，确保论文逻辑严密，论据充分。

（3）同行评审。通过同行评审的过程，接受来自领域专家的反馈，这有助于提高研究质量和论文的学术影响力。

2. 国际会议

生成式人工智能作为人工智能领域的一个重要分支，近年来在国际会议上受到了广泛关注。这一领域的研究涵盖了从基础理论到实际应用的多方面，包括但不限于图像生成、文本创作、音乐合成等。随着深度学习技术的飞速发展，尤其是大型预训练模型的出现，生成式人工智能在多个领域取得了显著进展。近年来，生成式人工智能领域的国际会议逐渐增多，吸引了全球研究者的关注。以下是近年关于人工智能领域方面的国际会议整理。

1）相关会议

以下是一些重要的相关会议。

（1）2024 年生成式人工智能与信息安全国际学术会议（GAIIS 2024）。

时间：2024 年 2 月 23—25 日。

地点：中国广州。

主题：围绕"生成式人工智能与信息安全"的新研究，聚焦人工智能热点和难点问题，深入剖析信息安全核心技术。

（2）世界人工智能大会（WAIC）。

通常每年在中国上海举办，具体时间未定。

主题：涵盖人工智能的多个领域，包括生成式人工智能。

（3）国际机器学习大会（ICML）。

通常每年举办，具体时间和地点未定。

主题：机器学习领域的顶级会议，包括生成式模型的研究。

（4）国际人工智能联合会议（IJCAI）。

通常每年举办，具体时间和地点未定。

主题：人工智能领域的国际会议，涉及生成式模型等研究。

（5）神经信息处理系统大会（NeurIPS）。

通常每年举办，具体时间和地点未定。

主题：深度学习、机器学习等领域的研究，包括生成式模型。

（6）国际计算机视觉大会（CVPR）。

通常每年举办，具体时间和地点未定。

主题：计算机视觉领域的研究，包括生成式模型在图像生成中的应用。

（7）国际人工智能会议（AAAI）。

通常每年举办，具体时间和地点未定。

主题：人工智能领域的广泛研究，包括生成式人工智能。

上述会议的具体时间、地点和主题可能会有变动，建议在计划参加之前查看官方网站获取最新信息。此外，由于各种情况影响，一些会议可能会采取线上或混合形式进行。

2）会议趋势

在国际会议上，生成式人工智能的研究呈现出以下几个显著趋势。

（1）模型架构的创新。研究者不断探索新的模型架构，如基于 Transformer 的模型，这些模型通过注意力机制有效处理序列数据，显著提升了生成任务的性能。例如，OpenAI 的 GPT 系列模型和 DALL-E 模型在文本和图像生成方面取得了突破性成果。

（2）多模态学习。生成式人工智能正朝着多模态方向发展，即模型能够理解和生成跨越多种数据类型的信息，如文本、图像、音频等。这种跨模态能力使得人工智能在创意产业、教育、医疗等领域的应用变得更加广泛。

（3）数据和算力的挑战。随着模型规模的扩大，对高质量数据的需求和计算资源的消耗成为研究的焦点。如何有效利用有限的数据资源，以及如何优化模型训练和推理过程，以减少资源消耗，是当前研究的重要方向。

（4）伦理和社会责任。生成式人工智能在创造内容的同时，也引发了关于内容的真实性、版权、隐私保护等伦理问题。国际会议中，研究者开始讨论如何在技术发展的同时，确保人工智能的负责任使用，避免产生有害信息和误导。

（5）应用领域的拓展。生成式人工智能的应用正在不断拓展，从艺术创作到科学研究，从内容生成到个性化推荐，其在各行各业的应用前景广阔。国际会议上的讨论也反映了这一趋势，研究者探索如何将生成式人工智能更好地融入实际应用场景。

（6）开源和协作。开源文化在生成式人工智能领域蓬勃发展，许多研究团队选择公开他们的模型和数据集，促进了技术的快速传播和应用。同时，国际合作项目也在增加，不同研究机构和企业之间的协作成为推动技术进步的重要力量。

总体来看，生成式人工智能在国际会议上展现出强劲的发展势头，其研究和应用正朝着更加深入、广泛的方向发展。随着技术的不断进步，生成式人工智能有望在未来为人类社会带来更多创新和价值。

3）会议参与（参与者）

（1）研究和选择会议。研究不同会议的声誉、历史、接受率和影响力。根据你的研究方向和兴趣，选择最相关的会议。关注会议的主题和子主题，选择与你的研究兴趣匹配的会议。

（2）论文准备。撰写高质量的研究论文，确保内容的原创性、方法的清晰性和结果的显著性。准备好接受同行评审的反馈，这是提高研究质量的重要环节。

（3）技术准备。如果需要展示实验或项目，确保所有技术细节都准备充分，包括代码、模型、数据集等。对于需要现场演示的，提前在会议现场进行技术测试，确保一切正常。

（4）演讲和海报准备。制作凝练简洁的幻灯片，内容要清晰、有条理，避免过多的文字和复杂的图表。练习演讲，注意语速、语调和肢体语言，确保能够吸引听众的注意力。如果是海报展示，设计清晰、吸引人的海报，并准备好与观众互动的问答环节。

（5）注册和旅行安排。提前完成会议注册，支付所有相关费用。准备必要的旅行文件，如护照、签证、机票、会议邀请函等。办理签证（如果需要），并确保护照有效期超过会议结束日期六个月。预订机票和住宿，考虑会议地点的交通、餐饮和网络设施。

（6）文化和语言适应。学习一些基本的当地语言，以便在非英语国家进行基本沟通。了解当地的文化习俗，尊重当地人民的生活习惯和传统。

（7）网络建设。利用会议的机会与同行建立联系，这可能为你未来的合作或职业发展打开新的机会。积极参与会议的讨论环节，提出问题和见解，有助于更好地理解领域内的争议和共识。准备个人简介和研究兴趣，以便在会议期间与他人交流。考虑加入会议的社交媒体群组，提前与参会者建立联系。

（8）后续跟进。会议结束后，整理会议笔记，总结收获和可能的合作机会。跟进会议期间建立的联系，发送感谢信或邮件，表达合作意愿。如果可能，将会议论文发表在相关期刊或会议上，以增加研究的影响力。

4）会议参与（观众）

作为观众参加生成式人工智能的国际会议，可以按照以下步骤进行准备。

（1）了解会议内容。访问会议官方网站，了解会议的主题、议程、演讲者名单和活动安排。确定你最感兴趣的演讲和研讨会，提前规划好时间和日程。

（2）注册和准备材料。在会议网站上完成注册流程，支付注册费用。准备必要的个人和职业信息，如名片、工作证明等，以便在会议期间进行交流。

（3）技术准备。如果会议提供在线资源或应用，提前熟悉这些工具的使用，如会议 App、在线问答系统等。如果需要，确保你的电子设备（如笔记本电脑、平板电脑）能够连接到会议的网络。

（4）文化和语言准备。如果会议在非母语国家举办，学习一些基本的当地语言词汇，以便进行基本沟通。了解当地的文化习俗，以便更好地融入会议环境。

（5）着装准备。根据会议的着装要求准备合适的服装。通常，学术会议的着装要求较为正式。

（6）网络建设。准备个人简介，包括你的职业背景、研究兴趣和联系方式。同时，准备好自己的名片，以便在会议期间与他人交换信息。

（7）积极参与。在会议期间，积极参与讨论，提问和分享你的观点。利用会议的休息时间和社交活动，与演讲者和其他参会者建立联系。

（8）记录和跟进。携带笔记本或电子设备，记录会议中的重要信息和灵感。会后，整理会议笔记，跟进感兴趣的话题和建立的联系。

（9）后续行动。如果有意向，可以考虑将会议中的学习应用到你的研究或工作中。分享你的会议经历和收获，无论是在社交媒体上还是在你所在的学术或专业圈子。

参与生成式人工智能的国际会议不管对于参与者还是观众都具有深远的意义。它提供了一个平台，能够接触该领域的最新研究成果和发展趋势，能够保持知识更新和专业竞争力。会议中的演讲和讨论往往涉及最前沿的理论、技术和应用，这些信息可以帮助你了解行业动态，启发新的研究思路。通过与来自世界各地的同行、学者、行业专家以及潜在的合作伙伴进行面对面的交流不仅能够促进知识的共享，还可能为你未来的研究项目或职业发展带来合作机会。最后，参与国际会议还能够增强跨文化沟通能力。在全球化的背景下，能够理解和适应不同文化背景下的沟通方式对于国际合作和交流尤为重要。通过这样的经历，你不仅能够学习如何在多元文化环境中有效沟通，还能够培养国际视野和全球意识。

总之，参与生成式人工智能的国际会议是一个全面提升个人能力、拓宽视野、建立联系和推动职业发展的重要途径。

))) 11.2　跟踪前沿进展的方法和途径

1. 学术会议和研讨会

关注并参加国际和国内的重要人工智能会议，如 NeurIPS、ICML、IJCAI、

AAAI 等，这些会议通常会有最新的研究成果展示。参加专门的生成式人工智能研讨会和工作坊，如 Generative AI Summit、Generative AI Conference 等。

2. 学术论文和期刊

定期阅读顶级学术期刊，如 *Nature*、*Science*、*IEEE Transactions on Pattern Analysis and Machine Intelligence* 等，以及专门的人工智能期刊，如 *Journal of Machine Learning Research*、*Artificial Intelligence* 等。使用预印本服务器如 arXiv. org，跟踪最新的研究论文。

3. 在线课程和 MOOC

参加 Coursera、edX、Udacity 等平台上的人工智能和生成式人工智能相关课程，这些课程通常由领域专家授课，内容更新迅速。

4. 行业报告和白皮书

关注行业分析报告，如麦肯锡、Gartner、Accenture 等咨询公司的年度报告，以及政府和研究机构发布的白皮书。

5. 开源项目和代码库

在 GitHub、GitLab 等平台上关注生成式人工智能相关的开源项目，如 OpenAI 的 GPT 系列、谷歌的 BERT 等。加入相关的开源社区，参与讨论和贡献。

6. 社交媒体和专业网络

关注领域内专家和研究机构的 Twitter、LinkedIn、知乎等社交媒体账号，获取最新动态。加入专业论坛和邮件列表，如 Reddit 的 r/MachineLearning、Stack Overflow 的人工智能板块等。

7. 新闻和媒体

订阅科技新闻网站和杂志，如 TechCrunch、*Wired*、*MIT Technology Review* 等，了解行业动态。关注人工智能领域的新闻聚合网站，如 AI Daily、AI News 等。

8. 企业动态

关注行业领先企业如 OpenAI、Google DeepMind、FAIR 等的官方博客和新闻发布。

9. 专利和知识产权

查阅专利数据库，了解最新的技术发明和创新。

10. 学术搜索引擎和数据库

使用 Google Scholar、PubMed、IEEE Xplore 等搜索引擎和数据库进行文献检索。利用 ResearchGate、Academia.edu 等学术社交网络跟踪同行的研究。

11. 专业书籍和出版物

阅读最新的专业书籍和出版物,这些通常是系统性知识的好来源。

12. 持续教育和培训

参加持续教育课程和专业培训,以更新知识和技能。

13. 实验室和研究机构

访问大学和研究机构的网站,了解他们的研究项目和成果。与实验室和研究机构建立联系,获取内部通信和报告。

14. 学术竞赛和挑战

参与或关注学术竞赛和挑战,如 Kaggle、DrivenData 等,这些平台经常发布最新的数据科学问题。

第六部分

人工智能产业人才建设：地方政府和企业推动数字经济发展的新动能

第 12 章　人工智能产业人才建设

随着数字经济的飞速发展，人工智能作为推动产业升级的重要引擎，正逐渐成为全球经济发展的焦点。然而，任何一项技术的进步都离不开人才的支撑，特别是在人工智能这样的新兴领域。

12.1　人工智能产业人才的构成

人工智能产业人才是一个多层次、全方位的人才体系，涵盖了从基础研究到应用开发，再到市场推广的各个环节。一般来说，人工智能产业人才可以分为经营管理人才、专业技术人才和技能人才。其可概括为以下具有代表性的几类。

1. 人工智能科学家

这类人才主要负责前沿技术的研发，包括机器学习、深度学习等领域的基础研究和应用研究。他们通常具有深厚的学术背景和科研能力，能够引领技术发展方向，推动人工智能领域的创新突破。

2. 人工智能卓越工程师

这类人才专注于将人工智能技术转化为实际产品和服务。他们具备丰富的工程经验和技术实践能力，能够解决实际应用场景中的技术难题，推动人工智能技术在各个行业和领域的落地。

3. 人工智能经营管理人才

这类人才主要负责企业的战略规划、市场推广和经营管理等工作。他们具备商业洞察力和市场敏感性，能够将人工智能技术与市场需求紧密结合，推动人工智能产业的商业化进程。

4. 人工智能行业应用人才

这类人才是指将人工智能技术应用于各个领域的人才（专家），如医疗、金融、教育等。他们具备相关领域的专业知识和技能，能够将人工智能技术与实际应用场景相结合，推动人工智能技术在各个领域的普及和应用。

5. 人工智能技能人才

以人工智能数据标注师为代表的技能人才负责为人工智能系统提供高质量的训练数据。他们通过对数据进行清洗、标注和整理，为人工智能模型的训练提供可靠的素材。虽然他们不属于高端人才，但这类人才却在人工智能产业中扮演着不可或缺的角色。

12.2　人工智能产业人才建设发挥重要作用

人工智能产业人才建设对于推动数字经济的发展具有重要意义，具体体现在以下几方面。

1. 满足数字经济对人才的需求

随着数字经济的快速发展，各个行业和领域对各类人工智能人才的需求也在不断增加。人工智能产业人才的建设可以有规划、有步骤、有针对性地培养短期、中期和长期所需的各类人工智能人才，满足数字经济发展不同时点对人才规模和质量的需求，从而更有效率地推动产业可持续发展。

2. 促进创新驱动发展

人工智能产业需要不断进行技术创新、应用创新和模式创新。人工智能产业人才中的各个层次人才都是创新的重要力量。通过培养不同类型的人才，可以不断推动人工智能技术的研发和应用创新，提升数字经济的创新能力和竞争力。

3. 提升产业竞争力

现代产业链建设中人才是核心驱动力之一。人工智能产业人才的建设可以提升地方核心产业数字化与数字化产业的智慧化竞争力。人工智能人才是企业的重要资源，他们能够为企业带来先进的技术和理念，推动企业的产品和服务升级换代，提高企业的市场竞争力。同时，大量高素质的人工智能人才的聚集也可以吸引更多的企业和资本进入当地市场，形成良好的产业生态，可以将传统产业与人工智能技术相结合，提高生产效率和产品质量，实现经济的转型升级和可持续发展，提升整个产业的国际竞争力。

4. 提升人才竞争力

通过培养大量的人工智能产业人才，可以为地方经济的发展提供强有力的人才保障。同时，这些高素质的人才也能够在地方形成良好的创新氛围和合作机制，吸引更多的人才来到当地发展，提升地方的人才竞争力。

5. 增强城市吸引力

随着人工智能产业的不断发展，越来越多的高端人才和优秀企业将涌入人工智能领域。这些人才的聚集和企业的壮大将为城市带来更多的发展机遇和经济效益，吸引更多的人才和企业来到该城市，形成良性循环。

6. 促进产学研一体化

通过与企业、高校和研究机构的合作，可以推动科技成果的快速转化和产业化。同时，高校和研究机构也可以通过与企业合作，提高科研水平和创新能力，实现产学研的深度融合和创新发展。

总之，建设人工智能人才是地方数字经济发展的新动能，具有重要的战略意义和实践价值。只有通过政府、企业、教育机构和社会各方面的共同努力，才能实现人工智能产业人才的全面发展，推动数字经济的繁荣和社会的进步。

》》》12.3　多方协同加快梯队建设速度

为了加快人工智能产业人才建设，需要政府、企业和教育机构等多方面的合作和努力。

1. 政府加大支持力度

地方政府在人工智能人才建设中扮演着核心的角色。通过制定针对性政策、加大人才引进力度、建立人才培养机制等措施加快梯队建设速度与质量，提升地方人才竞争力；通过促进产学研一体化发展、优化产业结构等措施推动经济转型升级；通过打造良好的工作环境、营造创新氛围等措施增强城市吸引力。

1）制定针对性政策

地方政府应引导企业加大对人工智能技术的投入，推动传统产业与人工智能技术的深度融合。通过优化产业结构，发展新兴产业，提高地方经济的科技含量和竞争力。同时，根据当地人工智能产业的发展需求，制定针对性的人才政策。这些政策应包括对人工智能人才的引进、培养、激励和评价等方面，以吸引和留住更多高素质的人工智能人才。

2）加大人才引进力度

地方政府应积极引进国内外优秀的人工智能人才，特别是那些具有丰富经验和高级技能的人才。通过提供良好的工作环境、优厚的待遇和福利以及创新的机会，吸引这些人才来到当地从事人工智能领域的工作。

　3）建立人才培养机制

　　地方政府应鼓励高校和培训机构开设人工智能相关专业和课程，培养更多本地的人工智能人才。同时，应支持企业开展内部培训和技能提升活动，提高员工的技能水平和创新能力。

　4）促进产学研一体化发展

　　地方政府应鼓励企业、高校和研究机构加强合作，推动产学研一体化发展。通过科技成果的快速转化和产业化，可以提高生产效率和产品质量，实现经济的转型升级和可持续发展。

　5）打造良好的工作环境

　　地方政府应打造良好的工作环境，包括提供优质的公共服务、完善的基础设施和良好的居住条件等。这些都将有助于吸引更多的人才和企业来到当地发展。

　6）营造创新氛围

　　地方政府应积极营造创新氛围，包括支持创新创业活动、鼓励企业加大研发投入等。通过营造创新氛围，可以吸引更多的人才和企业来到当地从事人工智能领域的创新活动。

　2. 企业单位加强人才培养

　　企业是人工智能产业人才建设的主体之一。企业可以加强与高校和研究机构的合作，共同培养具有实践经验的人工智能产业人才；加大对员工技能培训和知识更新方面的投入；鼓励员工参与国际交流与合作；建立激励机制吸引更多的人才加入人工智能领域中来。

　3. 教育机构优化课程设置

　　教育机构在人工智能产业人才建设中发挥着基础性作用。可以通过优化课程设置培养学生的综合素质，特别是计算机科学、数学等相关领域知识；加强师资培训和人工智能交叉学科的研究能力；加强实践教学注重培养学生的实际操作能力和创新精神；开展国际化合作与交流，提升学生的国际视野和竞争力等措施来加强人工智能领域人才的培养质量与数量。

　4. 社会组织加大科普氛围

　　社会应该营造尊重知识、崇尚创新的文化氛围，鼓励人们从事人工智能领域的研究与应用；媒体应加强对人工智能领域新技术、新动态的宣传报道，让更多人了解并参与到这个领域中来；各类科技文化场馆也应该加强对人工智能领域展览展示活动，让更多人有机会近距离接触这个领域，从而激发对它的兴趣与热情，营造良好的社会氛围，促进人工智能产业人才建设与发展。

第 13 章　人工智能科学家

》》》13.1　人工智能科学家的独特价值

人工智能科学家不仅具备深厚的学术背景，还拥有将科技转化为生产力的独特能力。他们的每一项创新都可能引领一个产业的发展，甚至改变我们的生活方式。从智能家居到自动驾驶，从医疗诊断到环境保护，人工智能科学家的研究成果正渗透到我们生活的方方面面。

一般情况下，人工智能科学家应至少具备以下特质。

1. 学术背景卓越

人工智能科学家应具备博士及以上学历，且在人工智能领域有卓越的研究成果和学术贡献。他们应该发表过多篇高水平的学术论文，并能够持续跟踪和研究人工智能领域的最新进展和趋势。

2. 技术创新能力领先

人工智能科学家应具备领先的技术创新能力和丰富的实践经验，能够开展前瞻性、战略性、基础性的研究工作，并能够将研究成果转化为实际应用。他们应该熟练掌握人工智能的基本原理和技术，如机器学习、深度学习、自然语言处理等，并能够将这些技术应用到实际问题中。

3. 实践经验丰富

人工智能科学家应具备丰富的实践经验，能够将人工智能技术应用到实际场景中。他们应该熟悉企业的研发流程和项目管理，并能够在团队中发挥领导作用，推动项目的进展和成果的实现。

4. 团队合作能力强

人工智能科学家应具备强烈的团队合作意识，能够与其他成员密切合作，共同完成复杂的项目。他们还应该具备良好的沟通能力和领导能力，能够在团队中发挥核心作用，带领团队取得成功。

5. 持续学习意愿强

人工智能科学家应具备强烈的持续学习意愿和动力，能够不断跟进人工智能领域的最新进展和技术趋势。他们还应该具备自我驱动和自我学习的能力，不断提升自己的专业素养和技能水平。

6. 研究成果丰硕

人工智能科学家应具备丰硕的研究成果，包括获得过国际性学术奖项、在顶级学术会议上发表过多篇论文、拥有多项专利等。这些成果能够证明他们在人工智能领域的研究实力和贡献。

))) 13.2　地方政府引入人工智能科学家的必要性

1. 提升地方科研实力

高层次科学家可以带来先进的学术思想、科研成果和行业经验，提升地方的整体科研实力。他们的加入可以推动人工智能技术在地方的应用和发展，为地方的经济社会发展注入强大的动力。

2. 推动产业发展

高层次科学家在人工智能领域有着丰富的产业经验和技术积累，他们的引入可以带动地方人工智能产业的发展，促进相关企业的技术创新和产品升级。这不仅可以创造更多的就业机会，还可以推动经济的可持续发展。

3. 培养后备科学家与优秀人才

高层次科学家不仅是学术带头人，也是优秀人才培养的导师。他们的引入可以吸引更多的优秀学生和青年学者来到地方，培养更多的人工智能领域人才，为地方的长远发展提供源源不断的动力。

))) 13.3　"多管齐下"采取有效措施

1. 提供优厚待遇

为了吸引更多的高层次人工智能科学家来到地方，地方政府可以制定吸引人才的优惠政策，为他们提供具有竞争力的待遇，包括薪酬、住房、子女教育等方面的优惠。这样可以提高地方对高层次科学家的吸引力。

2. 搭建科研平台与交流平台

地方政府可以支持高校和企业搭建良好的科研平台，为高层次科学家提供科研所需的设施和资源。这样可以为他们开展科研工作提供便利条件。同时，注重与国际先进科研机构和高校的合作交流，吸引更多的国际一流人才参与地方的人工智能研究和发展，同时积极与国内外高校和研究机构开展合作交流，邀请知名专家学者前来访问讲学或担任顾问指导。这样可以吸引更多的高层次科学家关注地方的发展并参与其中。同时，还可以通过合作交流进一步了解国际人工智能领域的最新动态和发展趋势，为地方的人工智能发展提供有益的借鉴和参考。

3. 加强宣传推介

可以通过各种渠道加强对地方的宣传推介，让更多的高层次科学家了解地方的发展优势和潜力。这样可以提高地方的知名度和吸引力。同时，还可以通过举办人工智能领域的学术会议、研讨会等活动，吸引更多的专家学者前来交流和合作。

4. 实施专项计划

可以制订专项计划，针对高层次科学家的引进和培养制订具体的措施和计划，为他们提供更多的支持和机会。例如，可以设立专门的人才引进基金，用于支持高层次科学家在地方的工作和生活；可以建立人才库和人才信息共享平台，方便政府和企业寻找合适的人才；可以设立专门的人工智能研究基金，支持科学家们开展前沿研究和技术创新等。

第14章　人工智能卓越工程师

地方政府作为推动地方经济发展的重要力量，应当充分认识培养人工智能卓越工程师的重要性，为地方经济的腾飞注入强大的动力。有规模和质量的人工智能卓越工程师将成为未来经济发展的新引擎之一。

))) 14.1　人工智能卓越工程师的魅力

人工智能卓越工程师不仅具备扎实的学术基础，还有丰富的实践经验。他们能够将人工智能技术转化为实际生产力，推动企业生产效率的提升，降低成本，推动新产品的研发，引领全新的产业领域。他们的研究成果不仅推动了科技的进步，更改变了我们的生活方式。

地方政府通过加大对人工智能卓越工程师的培养力度，可以满足地方经济发展的需求，推动相关产业的发展和升级。同时，培养人工智能卓越工程师也是提升地方创新实力的重要途径。他们凭借自己的专业知识和技能，可以推动地方产业的创新和发展，提升地方的科技创新能力和竞争力。此外，培养人工智能卓越工程师还有助于促进产业结构调整和增强地方人才储备。

))) 14.2　具有代表性的人工智能卓越工程师

1. 人工智能架构师

人工智能架构师之所以不可或缺，是因为他们在人工智能梯队中扮演着关键的角色，连接着技术和业务领域。他们能够将业务需求转化为技术实现方案，同时确保系统的性能、可扩展性和安全性等方面达到最佳状态。此外，人工智能架构师还能够为团队提供技术支持和指导，帮助团队成员更好地理解和应用人工智能技术。

1）人工智能架构师核心作用

简单将人工智能架构师核心作用概括为 4 方面。

（1）设计人工智能系统的架构，包括选择合适的技术、工具和算法，并进行优化。他们需要考虑系统的可扩展性、可用性和安全性等方面，确保系统能够满足不断变化的应用需求。

（2）了解各种人工智能技术的优缺点，并根据应用需求选择合适的技术。他们还需要在技术选型、算法优化等方面做出决策，以确保系统能够高效地实现业务目标。

（3）通常负责管理项目的整体进度和技术方向，与团队成员密切合作，确保项目按时完成，同时还需要协调各个团队之间的工作，确保项目的整体质量。

（4）需要与业务团队、开发团队、测试团队等多个团队进行沟通和协调，理解业务需求，并将其转化为技术方案，同时还需要与开发团队密切合作，确保系统的实现符合预期。

2）人工智能架构师所需特质

在人工智能架构师培养中，建议聚焦以下这些特质将有助于他们在人工智能领域提供高质量的人工智能系统架构服务，为企业的成功和发展提供有力支持。

（1）专业知识。

人工智能架构师应具备扎实的计算机科学、数学和统计学专业知识，掌握机器学习、深度学习、自然语言处理等领域的基本理论和算法。他们应具备扎实的技术基础，能够根据实际应用场景选择合适的技术和工具进行设计和开发。

（2）战略思维。

人工智能架构师应具备高瞻远瞩的战略思维能力，能够从全局和长远的角度分析问题，制定人工智能系统的整体架构和发展战略。他们应具备对人工智能技术的深入理解和分析能力，能够把握技术趋势和发展方向，为企业的智能化转型提供有力支持。

（3）技术实践。

人工智能架构师应具备强大的技术实践能力和编程能力，能够将理论知识转化为实际应用，实现人工智能系统的设计和开发。他们应具备熟练的编程技巧和工具使用能力，能够使用各种编程语言和开发工具进行高效开发，并能够利用各种库和框架进行模型训练和评估。

（4）业务理解。

人工智能架构师需要深入理解业务场景和需求，能够将业务问题转化为人工智能系统的设计和开发任务。他们对公司业务流程、产品特点、市场趋势等方面要有足够的理解和认识，以便能够设计出符合业务需求的优质系统。

（5）团队协作。

人工智能架构师应具备强烈的团队协作精神和服务意识，能够与其他团队成员紧密合作，共同完成复杂的项目。他们应具备良好的领导能力和团队管理能力，能够在团队中发挥核心作用，推动项目的进展和成果的实现。

（6）持续学习。

人工智能架构师应具备强烈的持续学习意愿和动力，能够不断跟进人工智能领域的最新进展和技术趋势。他们还应具备自我驱动和自我学习的能力，不断提升自己的专业素养和技能水平，以适应不断变化的市场和企业需求。

（7）沟通能力。

人工智能架构师应具备出色的沟通技巧和人际交往能力。他们能够与产品经理、开发人员、设计师等多方面人员进行有效的沟通和合作，共同完成复杂的项目。他们应具备良好的沟通协调能力，能够解决各种冲突和问题，促进团队协作。

（8）项目管理。

人工智能架构师需要具备一定的项目管理能力，能够敏捷地组织和协调团队成员完成人工智能系统的设计、实现和部署工作。他们需要制订项目计划、分配任务、跟踪进度并确保项目的按时完成。

目前人工智能架构师的缺口较大，主要是因为人工智能技术的发展非常迅速，而具备足够经验和技能的人工智能架构师数量有限。此外，随着企业对人工智能技术的需求不断增加，对人工智能架构师的需求也在不断增长。因此，未来这个领域的竞争可能会更加激烈。

2. 人工智能算法工程师

随着人工智能技术的快速发展和应用，人工智能算法工程师已成为企业、科研机构和创业公司等人工智能领域不可或缺的重要人才。

人工智能算法工程师是推动技术创新和产业升级的重要力量。他们通过对新技术的研究和开发，不断推动人工智能技术的进步和创新，为企业和行业提供更高效、更智能的解决方案，推动产业的升级和转型。他们也是实现数据价值的重要桥梁。他们通过对数据的采集、清洗、分析和挖掘，提取出有价值的信息和知识，为企业的决策和运营提供数据支持和智慧见解，助力企业实现数据驱动的精准决策和优化运营。同时，他们通过将人工智能技术与实际业务场景相结合，为企业提供智能化、自动化的解决方案，帮助企业降低成本、提高效率、提升品质，增强企业的核心竞争力和市场占有率。

从人才建设上看，人工智能算法工程师是促进产学研合作和人才培养的重要纽带。他们不仅需要在企业和科研机构中发挥核心作用，还需要与高校和研究机构紧密合作，推动人工智能领域的技术研究和人才培养。同时，他们还需要与市场营销人员、产品经理等其他相关人员合作，共同推动人工智能技术在各个领域的应用和发展。

人工智能算法工程师在产业发展中发挥着至关重要的核心作用，是推动人工智能技术创新、实现数据价值、提升企业效率和竞争力、促进产学研合作和人才培养的重要力量。

在人工智能算法工程师培养中，建议聚焦以下特质。

1）专业技能

人工智能算法工程师需要具备扎实的计算机科学和数学知识，包括编程语言、数据结构、算法设计等方面的知识。此外，他们还需要了解和掌握人工智能领域的相关技术和方法，如机器学习、深度学习、自然语言处理等。

2）实践能力

需要具备实际开发的能力，能够将理论知识应用到实际项目中。他们需要熟悉常用的开发工具和框架，如 Python、TensorFlow、PyTorch 等，并能够独立完成算法设计和开发工作。

3）创新能力

需要具备创新思维和创新能力，能够不断探索新的技术和方法，提出新的解决方案和创新性应用。他们需要具备自主学习和不断进化的能力，以适应快速变化的人工智能领域。

4）团队合作能力

需要具备团队合作能力，能够与其他开发人员、数据科学家、产品经理等团队成员紧密合作，共同完成复杂的项目。他们需要具备良好的沟通和协作能力，以实现团队目标。

5）行业洞察力

需要了解和掌握相关行业的知识和发展趋势，能够洞察市场需求和竞争态势，为公司的产品和服务提供有效的技术支持和建议。

6）职业道德素质

需要具备职业道德素质，能够遵守职业道德规范和法律法规，保证企业产品的质量和安全。

（1）他们需要始终坚守道德准则，尊重人类的尊严和价值；在设计和开发人工智能系统时，他们应该确保这些系统不会伤害或歧视任何人，遵循公平、公正和无偏性的原则。

（2）他们应具备保护用户隐私和数据安全的意识。他们应该明白数据的价值，并采取必要的措施来保护数据隐私，遵守相关法律法规和伦理准则。

（3）遵循科学精神。他们在研究、开发和评估人工智能技术时，应该追求真实、准确、公正的结果，不夸大或歪曲技术的能力和应用场景。

（4）他们应持续关注人工智能技术对社会的影响和责任。他们应该深入思考和评估人工智能技术可能带来的风险和挑战，积极参与社会和伦理讨论，推动建立相关的法律法规和伦理准则，以保障人工智能的安全和可持续发展。

第15章 人工智能经营管理人才

人工智能经营管理人才是当前市场上奇缺，但经常被"技术光环"屏蔽的一类人才。根据行业特点划分，人工智能经营管理人才可以分为传统行业的人工智能战略经营管理人才和人工智能原生科技企业经营管理人才，根据企业管理层级，划分为企业家与中层管理者。

》》15.1 传统行业的人工智能战略经营管理人才

传统行业的人工智能战略经营管理人才具备丰富的行业经验和经营管理经验。他们能够将人工智能技术与传统业务相结合，制定出符合企业战略目标的人工智能应用方案，提升企业的效率和竞争力。

1. 具备特质

（1）扎实的业务知识和丰富的管理经验，对人工智能技术有较深入的了解，能够根据企业实际情况制定合适的人工智能战略规划。

（2）熟悉传统行业的业务模式和运营流程，能够将人工智能技术与传统业务相融合，实现业务的数字化转型和升级。

（3）具备创新思维和敏锐的市场洞察力，能够发现并抓住人工智能技术的应用机会，推动企业的创新发展。

（4）具备良好的沟通和协调能力，能够与不同部门和团队紧密合作，共同推进人工智能技术在企业中的应用。

2. 培养关键点

（1）加强人工智能技术的培训和学习，掌握相关的技术和应用场景，熟悉人工智能技术在传统行业中的应用模式和案例。

（2）注重培养战略思维和创新能力，提高他们在传统行业中应用人工智能技术的能力和水平，能够从战略高度制定人工智能技术的应用方案。

（3）提供实践机会，让他们在实际工作中积累经验并不断成长进步，熟悉传统行业的业务模式和运营流程，能够将人工智能技术与传统业务相融合。

15.2　人工智能原生科技企业经营管理人才

这类人才通常来自人工智能产业或相关技术领域，具备深厚的技术背景和一定的经营管理经验。他们能够根据市场需求和竞争态势，开发和推广人工智能技术和应用方案，实现企业的商业目标。

1. 具备特质

（1）具备扎实的人工智能技术和应用能力，深入了解市场和客户需求，能够根据市场需求进行产品设计和推广。

（2）熟悉人工智能产业的商业模式和运营模式，能够将技术优势转化为商业优势，实现企业的商业目标。

（3）具备创新思维和敏锐的市场洞察力，能够发现并抓住市场机会，带领企业实现快速发展。

（4）具备良好的沟通和协调能力，能够与不同部门和团队紧密合作，共同推进企业的商业发展。

2. 培养关键点

（1）加强人工智能技术的深入学习和实践，掌握相关技术和应用场景的核心技术，熟悉人工智能产业的发展趋势和应用场景。

（2）注重培养市场洞察力和商业思维，提高他们在人工智能产业中应用技术和实现商业目标的能力和水平，能够从市场需求出发进行产品设计和推广。

（3）提供实践机会，让他们在实际工作中积累经验并不断成长进步，熟悉人工智能产业的商业模式和运营模式，能够将技术优势转化为商业优势。

15.3　企业家层次的经营管理人才

这类人才通常具备深厚的行业经验和出色的领导能力。他们能够根据市场需求和行业趋势，制定出符合企业战略目标的人工智能应用方案，推动企业的数字化转型和升级。

1. 具备特质

（1）具备扎实的业务知识和丰富的管理经验，对人工智能技术有较深入的了解，能够根据企业实际情况制定合适的人工智能战略规划。

（2）具备创新思维和敏锐的市场洞察力，能够发现并抓住人工智能技术的应用机会，带领企业实现快速发展。

（3）具备出色的领导能力和团队管理能力，能够带领团队实现企业的战略目标和发展规划。

（4）熟悉行业的发展趋势和市场变化，能够及时调整战略和经营策略，应对市场的变化和挑战。

2. 培养关键点

（1）增强人工智能技术的培训和学习，保证其对企业数字化转型和升级的深刻理解，并能够制定出合理、前瞻的策略规划。

（2）提供实际领导经验，通过实践提升其领导能力和团队管理能力，使其能够带领团队实现企业的战略目标和发展规划。

（3）增强其创新思维和商业洞察力，通过案例分析、研讨会等方式，提升其发现并抓住市场机会的能力。

（4）提供与行业内其他企业家、专家交流的机会，以拓宽视野，获取更多行业信息。

))) 15.4　中层管理者经营管理人才

这类人才通常具备一定的人工智能技术背景和业务知识，负责企业日常运营和管理。他们能够协调不同部门之间的工作，确保人工智能技术在企业中顺利实施和应用。

1. 具备特质

（1）具备一定的人工智能技术和业务知识，能够理解和执行企业的人工智能战略规划。

（2）具备优秀的组织和协调能力，能够协调不同部门之间的工作，确保项目的顺利进行。

（3）具备创新思维和问题解决能力，能够在面对挑战和问题时提出有效的解决方案。

（4）具备良好的沟通和表达能力，能够与团队成员和上级领导进行有效沟通。

2. 培养关键点

（1）提供系统化的人工智能技术和业务知识培训，加深他们对人工智能技术的理解和应用能力。

（2）提供实践机会，让他们在实际工作中积累经验并不断成长进步，培养其组织和协调能力。

（3）通过案例分析和实践经验积累，提升其创新思维和问题解决能力。

（4）鼓励团队成员之间的交流和合作，提升其沟通和表达能力。

))) 15.5　小结

不同类型的人工智能经营管理人才具有不同的特点、人才画像和培养关键点。为了培养这些人才，需要针对不同类型的人才制订不同的培养计划和方案，提高他们的技术水平、领导能力和市场洞察力等方面的素质和能力。同时，需要加强实践锻炼和交流学习，让他们在实际工作中积累经验并不断成长，不断进步。

第16章　人工智能行业应用人才

人工智能技术的推广和应用过程中，人工智能技术行业应用专家扮演着至关重要的角色。他们不仅具备跨学科的知识和技能，还拥有丰富的行业经验，能够将人工智能技术与实际业务场景相结合，为行业提供创新性的解决方案和商业模式。

16.1　人工智能行业应用专家

1. 具备特质

人工智能行业技术应用专家是当前非常热门和紧缺的人才。这类人才通常具备跨学科背景，能够将人工智能技术与特定行业相结合，实现技术的商业化应用和创新。跨学科背景和思维对于人工智能行业应用专家来说非常重要，具体表现在以下几方面。

（1）行业理解。需要深入理解特定行业的业务需求和发展趋势，以便将人工智能技术应用于该行业。跨学科背景能够为他们提供更广阔的视野和更深入的行业理解。

（2）技术应用。需要具备扎实的人工智能技术和应用能力，同时需要具备将技术应用于特定行业的能力。跨学科背景能够为他们提供更多的技术视角和创新能力，从而更好地将人工智能技术与特定行业相结合。

（3）问题解决。需要具备问题解决能力和创新思维，以便解决复杂的技术和业务问题。跨学科背景能够为他们提供更全面的问题视角和分析能力，从而更好地解决问题。

（4）团队合作。需要与不同领域的人才合作，包括技术人才、业务人才和市场人才等。跨学科背景能够为他们提供更全面的合作能力和沟通技巧，从而更好地与团队合作实现商业目标。

2. 培养难点

然而跨学科背景的教育与培训在规模化人才培养方面存在客观困难。

（1）学科建设和师资力量。目前，许多高校缺乏完善的学科建设和师资力量，没有明确规定人工智能人才必须在哪个系统或者哪个学院培养，导致培养体系不健全。同时，由于人工智能领域的技术发展迅猛，新的算法、框架和应用层出不穷，教师需要不断更新自己的知识体系，以提供高质量的跨学科教育。

（2）教材和课程设置。目前，人工智能领域的教材和课程设置还存在着诸多问题。例如，教材内容过于陈旧，未能及时更新以反映人工智能技术的最新发展；课程设置过于单一，缺乏跨学科的综合性课程，导致学生无法全面了解人工智能技术的各方面。

（3）学生自身因素。由于学生自身的学习能力和兴趣爱好不同，他们在面对跨学科学习时也会表现出不同的适应能力。一些学生可能更擅长于传统的学科学习方式，对于跨学科学习感到困难和不适。

（4）行业和企业的参与度。目前，许多高校在培养人工智能人才时，缺乏与行业和企业的紧密合作，未能充分利用行业资源和企业实践机会来提高学生的实践能力和应用能力。

3. 地方政府应发挥作用

地方政府可以通过制定相关政策、加强基础设施建设、提供资金支持、加强宣传和推广以及提供咨询服务和支持等方式，发挥积极的引导作用，促进跨学科背景培养。同时，地方政府还应该注重与高校、企业等各方面的合作，形成合力，共同推动跨学科教育和研究的快速发展。具体措施可以包括以下几点。

（1）制定相关政策。地方政府可以制定相关政策，鼓励和支持高校开展跨学科教育和研究。例如，可以设立跨学科研究项目，提供资金支持，鼓励不同学科的专家合作开展研究。同时，可以出台相关政策，鼓励高校与企业、产业园区等开展深度合作，促进科技成果转化和应用。

（2）加强基础设施建设。地方政府可以加强基础设施建设，为高校提供良好的教学和科研环境。例如，可以建设先进的实验室、科研中心和实习基地等，提高高校的教学和科研水平。

（3）提供资金支持。地方政府可以提供资金支持，帮助高校开展跨学科教育和研究。例如，可以设立专项资金，用于支持跨学科研究项目、师资培训、学生实习等。

（4）加强宣传和推广。地方政府可以加强宣传和推广，提高公众对跨学科教育和研究的认识和重视程度。例如，可以通过媒体宣传、举办学术会议等方式，促进学术交流和合作。

（5）组织咨询服务和支持。地方政府可以协助组织多方构建的咨询服务和支持，帮助高校解决跨学科教育和研究中的问题。

4.其他特质

除去跨学科背景外，人工智能技术行业应用专家还应具备以下典型特质。

（1）技术实力扎实。他们应具备扎实的技术实力，包括人工智能算法和模型的开发与应用能力、数据分析和处理能力、系统架构和软件开发能力等。他们应该能够熟练掌握人工智能技术的核心原理和实现方法，并能够根据实际应用场景进行技术选型和优化。

（2）行业经验丰富。具备丰富的行业经验，熟悉特定行业领域的业务逻辑和流程，了解行业发展趋势和市场需求。他们应该能够将人工智能技术与实际业务场景相结合，提供创新性的解决方案和商业模式，推动人工智能技术在行业的广泛应用。

（3）沟通能力突出。具备优秀沟通能力，能够与不同领域的专业人士进行有效的沟通和合作。他们应该能够将复杂的技术概念和解决方案转化为各方都能理解的语言，促进合作和交流。

（4）创新思维活跃。具备活跃的创新思维，能够敏锐地发现和解决行业中的问题，并能够提出具有前瞻性和创新性的解决方案。他们应该具备强烈的创新意识和能力，不断探索新的应用场景和技术趋势。

（5）团队协作能力强。具备强烈的团队协作意识，能够与其他专业人士紧密合作，共同完成复杂的项目。他们应该具备良好的领导能力和团队管理能力，能够在团队中发挥核心作用，推动项目的进展和成果的实现。

（6）持续学习意愿强烈。具备强烈的持续学习意愿和动力，能够不断跟进人工智能技术的最新进展和行业趋势。他们还应该具备自我驱动和自我学习的能力，不断提升自己的专业素养和技能水平。

))) 16.2　人工智能技能人才

人工智能技能人才不是高层次专业技术人才，而是人工智能产业发展不可或缺的人才类型。

1.具备特质

以人工智能数据标注师为例，他们通常具备以下特质。

（1）数据敏感度。对数据有较高的敏感度，能够发现数据中的规律和特征，并能够根据需求进行有效的数据标注。

（2）细致耐心。能够耐心细致地进行数据标注，保证数据的准确性和质量。

（3）沟通协调能力。能够与数据提供方、数据使用者等进行有效的沟通和协调，确保数据标注的准确性和及时性。

（4）项目管理能力。能够有效地管理数据标注项目，包括进度管理、质量管理等，确保项目按时、按质完成。

2. 培养关键点

在培养过程中，为了夯实人工智能数据标注师的基础，具备更宽的岗位拓展空间，培养时应注意以下几方面。

（1）专业知识。具备扎实的计算机和人工智能领域的相关专业知识，了解机器学习、深度学习等基本原理和算法，并能够根据具体应用场景选择合适的数据标注方法和标注标准。

（2）数据敏感度。具备敏锐的数据洞察力和感知能力，能够准确地理解数据含义和特征，并能够根据数据特征进行精细化的标注和分类。他们应具备对数据的敏感性和分析能力，能够发现数据中的规律和趋势，为人工智能算法的训练和优化提供高质量的数据支持。

（3）耐心细心。具备耐心和细心的品质，对待数据标注工作认真负责，不遗漏任何一个细节。他们应具备严谨的工作态度，能够严格按照标注规范和标准进行操作，保证数据标注的质量和准确性。

（4）团队协作。具备强烈的团队协作精神和服务意识，能够与其他团队成员紧密合作，共同完成复杂的项目。他们应具备良好的沟通能力和协调能力，能够及时与团队成员进行交流和合作，确保数据标注工作的顺利进行。

（5）学习能力。应具备突出的学习能力，能够不断学习和掌握新的知识和技能，适应不断变化的市场和企业需求。他们应具备自我驱动和自我学习的能力。

（6）心态积极。具备积极向上的心态和乐观的态度，能够面对工作中的挑战和困难，积极寻求解决方案，保持工作的热情和动力。他们应具备自我激励和自我调整的能力，不断挖掘自身潜力，提高工作效率和质量。

))) 16.3　地方政府应提供强有力的保障

1. 完善人工智能人才政策体系

地方政府需要制定和完善人才政策体系，包括人才引进、培养、评价、激励等方面的政策措施，为高层次人工智能科学家的引进和各类人工智能人才的培养提供政策支持和保障；需要加强知识产权保护工作，为人工智能企业与人才创新创业提供良好的创新环境和法律保障；需要建立多渠道资金投入机制，鼓励企业、高校和社会资本参与人才引入与培养，安排资金进行成果转化工作；需要加强地区全民数字素养与技能水平的提升，促进人工智能产业生态建设，为地方经济社会发展做出更大的贡献。

2. 加强人工智能知识产权保护

人工智能领域的知识产权保护至关重要，需要地方政府加强知识产权保护工作，为高层次科学家提供良好的创新环境和法律保障。只有通过完善的制度建设和法律保障才能激发人工智能产业投资与创业创新热情，推动人工智能技术的快速发展和应用。

3. 建立多渠道资金投入机制

人工智能领域的研究和应用需要大量的资金投入，需要地方政府建立多渠道资金投入机制，鼓励企业、高校和社会资本参与其中，共同支持人工智能研究和成果转化工作。引导地方各主体聚焦各类人工智能人才的引入与培养，安排专项培育资金，结合本地产业发展规划，制定人工智能产业人才体系的资金安排与考核机制。

4. 提升地区全民数字素养水平

地方政府应重视并促进地区全民数字素养水平，将对地区人工智能产业发展具有正面、高效的促进作用，有助于形成更加有利于产业发展的生态环境，为人工智能产业提供更加有利的政策环境，降低创新创业的成本和风险。

（1）增加市场需求。随着数字素养的提升，人们对数字化产品和服务的需求将不断增加。这将为人工智能产业提供更大的市场空间，推动产业的快速发展。

（2）提升创新力。提高数字素养水平可以激发更多人对科技创新的兴趣和参与度，为人工智能领域注入更多创新力量。

（3）扩大人才培养范围。提升数字素养水平意味着更多人将具备基本的计算机和数据分析技能。这将为人工智能产业提供更多合格的人才，推动产业的发展和创新。

（4）促进产业链协同。数字素养的提升将促进各个行业之间的数字化转型和跨界融合。这将有利于人工智能技术与各行业应用场景的深度融合，形成更加完善的产业链和生态系统。

（5）提高社会认知度。提升数字素养水平将增强社会对人工智能技术的认知和接受度。这将有助于消除一些对新技术的误解和抵触情绪，为人工智能产业的健康发展营造良好的社会氛围。

》》》16.4　总结与展望

在这个充满变革和机遇的时代，人工智能无疑是一个黄金赛道。而在这个赛道上地方政府的作用不可忽视。本章内容从产业人才体系中具有代表性的人才、典型特质和培养关键点等方面对人工智能产业人才进行了描述；探讨了人工智能产业人才建设是推动数字经济发展的关键因素之一；建议地方政府通过制定相关政策、加强基础设施建设、提供资金支持、加强宣传和推广等方式，积极发挥政府的引导作用，促进人工智能产业的发展。

在人工智能领域，跨学科背景的人才具有人工智能行业应用发展的重要影响地位。他们能够将不同学科的知识和技能融合在一起，解决复杂的问题，并推动人工智能技术的不断创新和应用。因此，地方政府应注重培养具有跨学科背景的人工智能人才，促进不同领域之间的交流和合作。

展望未来，人工智能产业将继续快速发展，对人才的需求也将不断增加。地方政府需要继续加强对人工智能产业人才的培养和支持，提高人才的技能水平和专业素养。同时，地方政府还应积极推动人工智能产业与其他产业的融合，促进数字经济的快速发展，为地方经济带来更多的机遇和发展空间。

第七部分
生成式人工智能的法律治理

第 17 章　生成式人工智能的全球监管态势

人工智能的迅猛发展为世界各国的法律监管提供了新议题。在全球范围内，对生成式人工智能的监管态势呈现多样性，面对科技先行于法律的现实局面，各国都在制定和调整政策以应对这一新兴技术带来的挑战和机遇。生成式人工智能的法律治理是一个不断演化的过程，需要政府、产业界、学术界和社会各方的共同努力，通过建立明确的法规和伦理准则，在确保生成式人工智能推动科技创新的同时，维护国家利益、社会经济秩序和公共利益。

目前来看，全球生成式人工智能的监管尚处于探索阶段，仅有少数国家或地区已建立或即将建立成熟且较为严格的监管制度，如欧盟、中国、加拿大；少部分国家对生成式人工智能设有一定的法律限制和监管要求，如美国；少部分国家目前还没有相关制度，但是监管机构未来有计划对生成式人工智能制定规则，如英国、澳大利亚和印度；还有部分国家目前没有相关制度，且监管机构也倾向于在未来不采取强制性的监管措施，如日本、新加坡。总体而言，全球对生成式人工智能的法律监管处于探索和演进的阶段，各国都在努力平衡推动创新和确保公共利益的两端需求。法律监管与技术发展同频，以应对人工智能带来的伦理、隐私、商业竞争和社会影响等方面的挑战。

依照中国科学技术信息研究所联合北京大学发布的《2022 全球人工智能创新指数报告》，世界各国人工智能技术发展呈"美中两国引领、阶梯式分布"的总格局。本章将以生成式人工智能的技术发展梯队为索引，首先介绍处于第一梯队的美国和中国的监管动态；随后在第二梯队中，重点介绍引领全球人工智能立法进程的欧盟，还有采取新兴人工智能治理方案的代表性国家，如新加坡、日本，以及南半球最大的数字经济体——澳大利亚；最后在第三和第四梯队中，重点选取其制度与法律规定较有代表性的国家进行介绍，例如，正大力加速其数字化进程的印度，以及在拉美地区具有地缘影响力的巴西。

》》》17.1　第一梯队国家的现状

1. 美国

在美国，生成式人工智能技术的发展呈现出迅猛势头。尖端技术的发展推动美国成为现阶段全球人工智能技术的策源地，同时，也将法律监管的聚光灯打向这些先进技术领域的开创者。美国政府高度重视生成式人工智能产业的发展，以积极、灵活的立法姿态迎接人工智能技术浪潮。面对鼓励创新和竞争力与人工智能技术的潜在危险之间的平衡关系，美国政府主张以促进人工智能负责任的创新（Responsible Innovation）为目标。为实现这一目标，美国认为应通过一系列的监管和非监管措施，最大限度地减少对人工智能开发和部署的不必要制约。

在政策层面，美国人工智能监管总体政策呈现出"总 - 分"式布局，即由总统确定宏观蓝图，各部门分别在其职责范围内制定相应的人工智能监管政策。2019 年 2 月，特朗普政府发布名为《保持美国在人工智能领域的领导地位》的行政命令，旨在刺激人工智能的监管和发展。2020 年 5 月，美国发布《生成式人工智能网络安全法案》（*Generating Artificial Intelligence Networking Security Act*），提出制定国家人工智能战略的建议。2022 年 10 月，拜登政府发布《人工智能权利法案蓝图》（*Blueprint for an AI Bill of Right*），为人工智能设立了安全有效的系统、算法歧视保护、数据隐私、通知和解释、人工替代方案与后备五项核心原则，这份综合性文件为美国人工智能系统的开发与监管提供了指导方向。

在立法层面，近几年美国出台一系列法案，在推动人工智能技术发展的同时，对公民的数据隐私保护、人工智能的伦理规范等关键问题做出要求。其中，在联邦层面，众多议员已就不同领域的人工智能监管事项提请立法，但美国联邦立法进程仍处于早期阶段。2022 年 2 月，美国民主党参议员提出《算法问责法案》（*Algorithmic Accountability Act*），要求为自动化决策系统设立新的透明度和问责制，筛除不公平、歧视性决策。该法案视为美国国会首次从总体上监管人工智能的立法尝试。在州层面，2022 年共有 17 个州通过了有关人工智能的监管法案，科罗拉多州、伊利诺伊州和佛蒙特州等专门在立法机构成立了工作组或委员会，来对人工智能进行研究并负责提供报告与建议。各州的相关立法主要涉及人工智能大模型中的歧视与偏见、大模型的透明度、人工智能在生物识别领域的应用等。

在具体监管机构层面，美国尚未建立专门针对人工智能的独立监管机构，而是由各领域的主管部门在其职权范围内对人工智能的相关问题进行管理和监督。

例如，美国劳工部制定《公正的人工智能行动手册》，重点关注人工智能对劳动者的偏见问题，而美国交通部则对自动驾驶汽车的人工智能技术进行监管。

总体而言，虽然美国政府对生成式人工智能采取较为灵活的监管态度，但也不乏对现有情况的积极回应，美国将会继续评估现有生成式人工智能系统的发展现状，并存在加强监管的政策趋势。目前，尽管部分州已通过有关人工智能的法案，但美国尚无专门规制生成式人工智能的通用性法律文件，主管部门的政策文件、指南、行业自律与共识等依然是现阶段涉人工智能相关业务的企业在美国开展活动的主要参考依据。

2. 中国

得益于政府支持以及科研机构与技术企业的研究与投入，中国在人工智能治理领域取得了显著成就，逐步在该领域成为全球的领军者之一。

以时间为线，过去十年，中国人工智能法律监管的发展历程存在几个关键节点。2013—2016 年是国内人工智能的初步发展阶段，这一阶段主要在产业、经济发展规划文件中提及人工智能。2016 年，国务院印发《"十三五"国家战略性新兴产业发展规划》，提出培育人工智能产业生态、促进人工智能在重点领域推广应用的总体规划。2017 年，国务院发布《新一代人工智能发展规划》，这是中国首个人工智能国家战略，明确提出"到 2025 年，初步建立人工智能法律法规、伦理规范和政策体系"。

从 2021 年起，中国监管机构开始加强对人工智能的法律监管。2021 年 9 月，中国国家新一代人工智能治理专业委员会发布《新一代人工智能伦理规范》，旨在将伦理道德融入人工智能全生命周期，为从事人工智能相关活动的自然人、法人和其他相关机构等提供伦理指引。2022 年，国家互联网信息办公室联合其他部门发布《互联网信息服务算法推荐管理规定》《互联网信息服务深度合成管理规定》，在算法推荐、深度合成领域对人工智能技术服务的提供者提出监管要求。

自 2022 年年底以来，大模型的发展催生了人工智能技术的迭代，生成式人工智能成为人工智能产业全新的发展方向。2023 年 7 月 13 日，国家互联网信息办公室联合国家发展和改革委员会、教育部、科技部、工业和信息化部、公安部、国家广电总局公布《生成式人工智能服务管理暂行办法》（以下简称《办法》），这是中国首次对生成式人工智能的研发及服务作出明确规定，开启了通用人工智能立法的新进程。《办法》明确，生成式人工智能服务提供者应当依法开展预训练、优化训练等训练数据处理活动，使用具有合法来源的数据和基础模型；涉及知识产权的，不得侵害他人依法享有的知识产权；涉及个人信息的，应当取得个人同意或者符合法律、行政法规规定的其他情形；采取有效措施提高训练数据质量，增强训练数据的真实性、准确性、客观性、多样性。此外，《办法》明确了数据标注的相关要求。

在具体监管机构层面，中国并未建立专门针对人工智能的独立监管机构，由各部门分工合作。例如，中央网络安全和信息化办公室网络管理技术局负责算法备案、评估与监管，公安部门、电信主管部门、市场监督管理部门依据职责负责相应监督管理工作。

总体而言，目前中国尚未制定一部专门针对人工智能的通用性监管法律，而是衔接多部法律法规，针对不同业态分别规制，大体形成了一个针对人工智能的初步监管框架。中国将坚持安全和发展并重、促进创新和依法治理相结合的原则，采取有效措施鼓励生成式人工智能创新发展，对生成式人工智能服务实行包容审慎和分类分级监管政策。

))) 17.2　主要第二梯队国家或地区的现状

1. 欧盟

作为人工智能法律监管政策的主要策源地之一，欧盟近年来积极推进人工智能的法律治理，相较于美国、日本等国呈现出强监管的态势。欧盟主张"以人为本"（human-centric）的人工智能发展路径，在激励人工智能技术发展的同时，构建系统监管体系，重点保障公民的个人自由、人格尊严以及数据和隐私安全。

在立法层面，欧盟在人工智能法律监管领域始终走在前列。从 2016 年《通用数据保护条例》至 2020 年《塑造欧洲数字未来》《人工智能白皮书》《数字服务法案》《数字市场法案》，欧盟出台了系列规范，为人工智能的产业发展及数据使用提出了诸多引导性建议与管理性要求。

2023 年 12 月 8 日，欧洲议会、欧盟成员国和欧盟委员会三方就出台《人工智能法案》的提案达成协议，这是全球首部人工智能领域的全面监管法规，于 2024 年 8 月 1 日正式生效。《人工智能法案》采取基于风险的方法（Risk-based），将人工智能系统分为 4 个级别——风险最小、有限风险、高风险和风险不可接受，不同风险层级的人工智能系统根据其风险大小承担有所区分的责任和义务，例如，风险最小级别不予关注，而风险不可接受级别则不得准入。生成式人工智能系统一般属于有限风险的人工智能系统，须遵守最低限度的透明度义务，即进行人工智能标识、防止生成非法内容与违法训练数据。然而，生成式人工智能也可能因其适用领域和生成内容而落入高风险人工智能系统的范畴。例如，更先进的 GPT-4.5 模型具有可能带来系统性风险的高影响力，必须经过彻底评估，并负有向欧盟委员会报告的义务。

在具体监管机构层面，欧盟目前并未建立专门针对人工智能的独立监管机构，主要由欧盟及各成员国不同领域的主管部门进行联合监管。《人工智能法案（草案）》要求成员国设置一个或多个主管机构，负责监督《人工智能法案》的实施。同时，草案提议在欧盟层面建立一个独立机构"欧洲人工智能办公室"，就法案的统一实施提供支持、建议、监督并协调联合调查。此外，欧洲数据保护委员会（EDPB）、国家市场监督机构、海关、国家消费者保护当局会负责各自领域与人工智能有关的执法工作。

总体而言，作为首个对数据经济发布单独政策的地区，欧盟对人工智能的法律监管处于较高水平，《人工智能法案》的制定体现了欧盟对人工智能的严格监管态度。

2. 英国

人工智能技术的发展为英国带来巨大的经济潜能与社会效益。据英国政府测算，2022 年人工智能对英国经济的贡献约为 37 亿英镑，并提供了超过 5 万个工作机会。因此，英国政府对人工智能的治理重心不在于监督与管控，而在于激励并维持科技企业的创新意愿。英国人工智能委员会发布的"人工智能路线图"指出，英国希望成为世界上最适合发展人工智能的国家之一，打造访问和使用高质量数据、开发新的应用程序和业务模型的最佳场所。

2023 年 3 月，英国政府发布《支持创新的人工智能监管方式》（*A Pro-Innovation Approach to AI Regulation*），这份支持人工智能监管创新的政策文件旨在建立社会共识，增强公众对尖端技术的信任，促使企业更有效地进行创新和发展，从而为社会创造更多就业机会。该文件提出了英国政府在人工智能监管领域的五项原则，即安全性和稳健性、透明度和可解释性、公平性、问责制和管理、可竞争性和补救性。

与此同时，英国政府对生成式人工智能的法律监管侧重于对个人主体数据和隐私的保护。2023 年 3 月，英国教育部发布《生成式人工智能在教育中的应用》（*Generative Artificial Intelligence in Education*），报告明确指出，个人数据和特殊类别数据必须根据数据保护法施加保护，确保生成式人工智能工具使用者的数据不会被滥用和泄露。英国信息专员办公室也提示，开发或使用生成式人工智能的组织负有数据保护的法定义务，他们需要考虑处理个人数据的合法依据、处理或控制数据的身份、数据保护影响评估（DPIA）、透明度、安全风险、不必要处理、个人权利请求、完全自动化决策等问题。在知识产权领域，对于人工智能生成的作品，英国知识产权署于 2022 年 6 月公布咨询结果，认为目前暂无证据表明人工智能生成的作品具有危害性，其仍然受到英国版权法的保护。2023 年 12 月 20 日，英国最高法院在一起有关人工智能的发明能否被授予专利的上诉案件中，再次确认只有"人"，而非"人工智能"，才是有资格申请专利的"发明人"。

在具体监管机构层面，欧盟目前并未建立专门针对人工智能的独立监管机构，主要由各领域主管部门在其权责范围内对人工智能的相关问题进行监管。如英国信息专员办公室作为英国的数据保护机构将对人工智能相关主体处理数据的行为进行监管，英国竞争与市场局将对不公平竞争、损害消费者的行为进行监管等。

总体而言，出于对人工智能产业技术创新与经济活力的保护，英国目前并未专门对人工智能进行立法监管，而是主要通过发布指南等非监管措施为人工智能企业提供指导建议，对生成式人工智能持较为开放的态度。

3. 新加坡

新加坡作为东南亚人工智能产业中心，具有强大的发展势头与增长动力。新加坡在《国家人工智能战略》（*National AI Strategy*）中提出，其目标是提供可扩展、有影响力的人工智能解决方案，并巩固新加坡作为人工智能全球开发中心的战略地位。为创造先进且值得信赖的环境，新加坡对人工智能采取温和且自愿的监管原则，目前尚未考虑对人工智能进行专门监管。一方面，新加坡将人工智能视为发展经济和提高公民生活质量的关键推动者，以期激励创新、吸纳投资；另一方面，新加坡政府认为，随着人工智能全球治理规模的扩张，当下策略并未重塑人工智能原理，而是"顺应世界潮流而去，无意改变世界潮流"。

在立法层面，新加坡未制定针对人工智能的专门性法律，主要依靠指南、实践指引等非监管措施为企业提供指导。2019 年 1 月，新加坡推出《人工智能治理框架模式》（以下简称《框架模式》），为企业大规模、负责任地部署人工智能提出指导方案，由各组织自愿履行，不具有强制约束力。为辅助《框架模式》落地实施，新加坡同期发布了配套文件《人工智能治理框架——机构实施及自我评估指引》与《人工智能治理案例汇编》，为企业提供参考借鉴。

在具体监管机构层面，新加坡目前未设立专门针对人工智能的独立监管机构，主要由各领域主管部门在其权责范围内对人工智能的相关问题进行监管。新加坡个人数据保护委员会（PDPC）负责人工智能的治理与数据使用等监管事宜。

此外，2022 年 5 月，新加坡信息通信媒体发展局（IMDA）和个人数据保护委员会（PDPC）共同推出了全球首个官方人工智能治理测试框架和工具包 AI Verify。AI Verify 通过一套定量和定性相结合的标准化评测，辅助人工智能企业验证其人工智能系统是否符合相应的技术标准和性能，并根据企业需求制定客观、可验证的合规报告。

总体而言，新加坡政府大力支持人工智能产业的发展，通过治理框架、案例汇编以及测试工具等加强人工智能引导规范，实现对人工智能的柔性治理。

4. 日本

"社会 5.0"（Society 5.0）是日本政府对下一个社会阶段的战略构想，这一阶段将形成虚拟空间和现实空间高度融合的系统，借此解决社会问题并发展经济，最终建成以人类为中心的超智能社会。对此，日本针对人工智能的治理提出了"以人类为中心的人工智能社会原则"，包括人类中心原则、教育应用原则、保护隐私原则、安全保障原则、公平竞争原则、公平说明责任与透明原则和创新原则共七项。与此同时，在人工智能的治理模式上，日本并未选择以政府为唯一主导的传统治理方式，而是建立起了鼓励多方利益主体共同参与和决策的敏捷治理（Agile Governance）模式。

在立法层面，日本未制定针对人工智能的专门性法律，主要通过政策性文件、指导性文件等对人工智能进行规范，鼓励企业、个人自愿遵守相应规则，采取行动共同构建以人为本的人工智能社会。

日本政府对生成式人工智能的法律监管侧重于对数据和隐私保护，主要聚焦于医疗、教育、农业、交通等领域。值得注意的是，在人工智能与知识产权的相关问题上，日本采取了较为开放的治理态度。日本于 2018 年修订《著作权法》，在保留著作权例外的一般条款的基础上，将"计算机信息分析"的目的修改为"为了提供新的知识或信息"。由此可见，日本目前对文本与数据挖掘行为的合理使用认定采取了一种灵活的态度，为生成式人工智能的开发研究提供了自由发展的空间，显示了日本近年来促进大数据和人工智能产业发展的坚定立场。

在具体监管机构层面，日本目前未设立专门针对人工智能的独立监管机构，主要由各领域主管部门在其权责范围内对人工智能的相关问题进行监管。例如，日本个人信息保护委员会负责保护包括个人信息在内的个人权益，人工智能处理数据的行为将落入该委员会的监管范围内。日本经济产业省作为负责提高民间经济活力、维护对外经济关系、保护经济产业发展的部门，也参与人工智能治理的政策、指南等文件的制定。

总体而言，日本对人工智能的监管采取了较为开放的治理态度，强调以人为本、多方共建，最大限度地保障人工智能产业的创新与经济活力。

5. 澳大利亚

澳大利亚政府和学术界正在开发"负责任的人工智能"（Responsible AI），以确保人工智能系统安全、可信赖并合乎道德。

在立法层面，澳大利亚未制定针对人工智能的专门性法律，且不准备对人工智能进行硬性监管。2016 年，澳大利亚工业、科学、能源与资源部分离出一个下属组织——Data61，聚焦监管并指导澳大利亚数字科技的研发，并于此后进行人工智能伦理研究。历经多轮研讨与调查，Data61 于 2019 年 7 月推出《澳大利亚人工智能伦理框架》，提出如下八项基本准则，包括人类、社会和环境福祉及以人为中心的价值观、公平、隐私保护和安全、可靠性和安全性、透明度和可解释性、可竞争性与问责，首次规范人工智能的研发道德标准。

在具体监管机构层面，澳大利亚目前未设立专门针对人工智能的独立监管机构，主要由各领域主管部门在其权责范围内对人工智能的相关问题进行监管。例如，澳大利亚知识产权局正在继续研究和调查生成式人工智能对知识产权制度潜在的影响，以确认生成式人工智能对知识产权制度的变革潜力。

总体而言，澳大利亚形成了以《澳大利亚人工智能伦理框架》为核心框架，以构建负责任的人工智能为核心思想的人工智能道德行业价值观，并以此对澳大利亚人工智能研发进行软性约束。《澳大利亚人工智能伦理框架》是一种实时更新的数字科技伦理监管框架，其将根据公众意见和数字经济的发展需求进行不断修订，通过删除和添加规定，确保该框架能够科学合理地适应澳大利亚人工智能研发环境的变化。

))) 17.3　主要第三、四梯队国家的现状

1. 印度

近年来，印度政府高度关注人工智能监管议题。印度电子和信息技术国务部表示，尽管意识到人工智能技术发展可能带来的道德问题与算法风险，但将优先考虑人工智能对数字经济的积极影响。

在立法层面，印度尚未出台针对人工智能的正式法规。与此同时，印度《个人数据保护草案》历经多次修改尚未通过。目前，仅有《信息技术法案》（*Information Technology Act*）与《信息技术（合理的安全实践和程序及敏感个人

数据或信息）规则》（*Information Technology*（*Reasonable Security Practices and Procedures and Sensitive Personal Data or Information*）*Rules*），对数据处理者提出了安全措施、隐私政策与告知义务。

人工智能已经进入印度政府的立法进程。2023 年 6 月，印度电子和信息技术国务部长拉吉夫·钱德拉塞卡（Rajeev Chandrasekhar）表示，印度将对人工智能技术及其应用实施监管，并称议会将尽快推出"数字个人数据保护法案"，并于当月开始对"数字印度法案"展开磋商。

在具体监管机构层面，印度目前未设立专门针对人工智能的独立监管机构。印度电信监管局（Trai）建议设立一个独立的法定机构——印度人工智能和数据管理局（AIDAI），以实现跨行业监管人工智能的负责任使用。

总体而言，印度目前虽未制定针对人工智能的正式监管规范，但印度政府表示出了对人工智能议题的高度关注，人工智能将划入政府的立法进程，以尽快实现对人工智能技术及其应用的法律监管。

2. 巴西

人工智能技术的发展与应用是巴西政府关注的重点议题。2018 年 3 月，巴西科技与创新部发布了《巴西数字化转型战略》，旨在充分发挥数字技术的潜力，以实现巴西数字化转型的预期目标。2021 年 4 月，巴西发布《人工智能战略》，指导联邦政府各方面的行动，鼓励人工智能解决方案的研发与创新，以及有意识、有道德、以创造美好未来为前提地应用人工智能技术。

在巴西，已有议员向参议院提交人工智能监管法案草案。2022 年 12 月，巴西联邦参议院一委员会提交并公布了一份关于人工智能监管的研究报告和人工智能法草案，这将成为巴西参议院审议人工智能立法的新起点。在草案中，巴西联邦参议院委员会综述了巴西早期人工智能监管提案、经济合作与发展组织成员国在人工智能监管与计划监管方面的成果，也汇总了政府在公开听证会中收集的意见。在具体内容上，该草案界定了"人工智能系统"的含义，明确了人工智能系统的风险评估和评估结果公示要求、高风险人工智能系统的标准、禁止性人工智能系统范围、受影响的个人权利、人工智能系统的治理和行为准则、民事责任、严重安全事件的报告义务、版权的合理使用等问题。

总体而言，巴西目前尚未制定针对人工智能的专门性法律，相关提案正在专家委员会的讨论进程当中。尽管巴西在人工智能监管领域起步相对较晚，相关制度与监管环境尚处于萌芽状态，但考虑拉美地区的人工智能发展现状与巴西的地缘政治地位，巴西人工智能治理框架依然有望引领拉美各国对于人工智能规范的塑造。

第18章　生成式人工智能的重点法律关注

由于人工智能及其底层算法的不透明性、歧视性，很多负面影响逐渐呈现。随着人工智能与各行各业融合应用的不断深入，其潜在的安全风险不断增大，数据集质量、算法安全、对抗样本攻击等成为新的挑战，客观上需要对人工智能安全保障问题做出明确要求。而生成式人工智能作为人工智能技术的一种重要应用场景，分析生成式人工智能的潜在风险并制定法律治理路径绝非科幻意义上的"感性空想"，而是建构在现实基础之上的理性思考。为此，如何结合生成式人工智能的运行机理与安全风险进行法律规制，成为当下法律界的焦点话题。

当前，全世界主要司法辖区均在积极部署人工智能发展的战略规划，同时积极探索人工智能的相关法律法规。相关立法正逐步完善，从源头治理走向综合治理，从粗放治理走向精细治理。在国际治理层面，2023 年 11 月 1 日，全球首届人工智能安全峰会在英国举办，包括中美在内的 28 个国家参会，会上签署了《布莱切利 AI 宣言》。这是全球第一份针对人工智能的国际性声明，旨在确保人工智能技术的安全开发和使用，防范人工智能可能带来的威胁。

生成式人工智能技术正在迅猛发展和广泛应用，未来会作为一种通用能力，在诸多社会领域广泛深入地进行泛化，但是其中也涉及许多法律问题亟待解决。本章选取了生成式人工智能监管领域的几项重点法律问题进行深入剖析，分别为数据合规、著作权和开源软件问题。下面将对这三类复杂问题进行层层拆解，挖掘其中的痛点和难点，并剖析实践中的应对思路。

18.1　数据合规

1. 生成式人工智能的数据来源及处理过程

生成式人工智能的数据来源主要分为两部分：第一部分为生成式人工智能的训练数据库，内容涵盖网络文本、语言学知识库、对话数据集、科学论文等；第二部分为生成式人工智能在服务用户的过程中所收集和输出的信息。对于训练数据库，其数据来源主要有三条渠道：其一是公有领域的内容，公有领域的内容不属于私人，是本身不受法律保护或起初受法律保护但已经经过著作权保护期限而进入公有领域的内容；其二是通过签订合同而获得合法授权的内容，即通过与权利人签订合同而获得有效授权，进而能够由生成式人工智能合法使用的内容；其三是未经授权的内容，即该部分内容属于受著作权保护的客体，但生成式人工智能在未经授权的情况下利用"爬虫"等技术对其进行非法挖掘或使用。

生成式人工智能的数据处理过程主要分为以下六个阶段：第一，数据收集，即从前述的不同数据来源收集原始数据；第二，数据预处理，即将收集到的原始数据进行清洗和标准化，便于后续处理分析；第三，数据标注，即将数据进行标注，为机器学习提供训练数据；第四，特征提取，即从标注好的数据中提取特征；第五，模型训练，即对训练数据进行分析和学习；第六，结果生成，即输出生成物。

2. 生成式人工智能的数据合规要点和相关规范

1）数据来源合法性

就生成式人工智能而言，其数据来源合法性主要是指生成式人工智能收集的数据是否以合法、正当的方式取得，是否无损数据权益人的权益，如是否取得了知识产权所有者的同意，或在处理个人信息时是否取得了个人信息主体或其他数据权利人的同意。因此，判断数据来源的合法性时，一方面需要注意数据是否具有受保护的权益；另一方面需要注意是否以合法、正当的方式取得收集、处理数据的权利。

就数据权益是否受保护而言，从现行法律法规上看，我国现行法律法规对数据权益的保护具有不断加强的趋势。例如，《中华人民共和国民法典》第 127 条对数据保护做出了上位性的规定："法律对数据、网络虚拟财产的保护有规定的，依照其规定"；《反不正当竞争法（修订草案征求意见稿）》第 18 条更是进一步对商业数据的获取和使用做出了规定，明确禁止"以违反诚实信用和商业道德的其他方式不正当获取和使用他人商业数据，严重损害其他经营者和消费者的合法权益，扰乱市场公平竞争秩序"等行为。例如，在淘宝诉美景案中，杭州中级人民法院认为"'生意参谋'数据产品，产品研发者投入大量成本尤其是智力投入，能为其带来可观的商业利益与市场竞争优势，这一数据产品已经成为淘宝公司一项重要财产性权益。"由此可见，在数据越来越得到法律保护的趋势下，数据来源的合法性需要受到更加严格的核查。

具体到不同的生成式人工智能数据来源，对于来自训练数据库的数据而言，从公有领域获得的数据不存在数据权利人，因此不具有受保护的数据权益；经过合法授权获得的数据具有数据权益，但因为其已经经过了数据权利人的同意，因此具有数据来源合法性。不过，需要注意的是，由于此处通过合法授权获得的数据属于第三方数据，还需要注意核查第三方是否以合法方式获得该数据，以及从第三方处所获得的授权是否完全覆盖了己方的数据处理需求。此外，未经授权而获得的、不属于公有领域的数据则不具有数据来源合法性，因为其具有受保护的数据权益，但生成式人工智能在对其进行挖掘、利用前未取得数据权利人的同意。

对于来自服务过程中所收集的信息而言，其属于向用户收集的数据，具有受保护的数据权益，在现行法律法规体系下需要以知情同意为核心规则进行收集和处理，即通过在隐私政策或其他授权文本中列出收集使用个人信息的目的、方式、范围等方式取得用户的授权。由于生成式人工智能一般通过在使用协议中说明用户同意其输入输出的信息被再次利用，且若不同意可以拒绝授权，因此在服务过程中所收集的数据获得了数据权利人的同意，具有数据来源合法性。

由上述讨论可知，生成式人工智能的数据来源合法性问题主要集中于未经授权而获得的、不属于公有领域的数据。未经授权而获得的、不属于公有领域的数据主要是通过爬虫等技术获取的。当使用爬虫获取数据时，所收集到的数据中，一部分是允许爬虫获取，而另一部分则不允许爬虫获取，该部分即为未经授权而获得的不属于公有领域的数据。由于我国现行法律法规并未对爬虫行为做出明确评价，因此只能通过个案判决抽象归纳评价爬虫行为的合法性标准。

2）数据二次利用训练算法的合规要求

数据二次利用训练是指生成式人工智能的开发者将生成式人工智能在服务用户的过程中收集和输出的信息再次利用于算法模型的训练。数据二次利用训练算法的合规要求主要在于获取个人信息主体对数据二次利用的同意。

我国 2023 年 8 月施行的《生成式人工智能服务管理暂行办法》也明确提及，涉及个人信息的，应当取得个人同意或者符合法律、行政法规规定的其他情形。《中华人民共和国个人信息保护法》第 14 条对于个人信息主体同意的获取则做出了更为详细的规定。由此可见，在数据二次利用的情况下，即使开发者在数据二次利用之前已经取得了个人信息主体对于开发者处理其信息的同意，当开发者希望将用户信息进行二次利用以训练算法模型时，个人信息的处理目的、处理方式都可能发生变更，因而开发者应当重新取得用户的个人同意。

与之类似，欧盟的《通用数据保护条例》第 14.3 条也规定，如果个人数据被用于收集之外的其他目的，数据控制者需要在"二次利用"前告知个人信息主体，并且"二次利用"的目的应与起初收集的目的兼容。而在企业使用个人信息用于算法训练的情况下，即使算法训练与起初收集信息的目的兼容，企业通常仍然需要重新获得个人同意，如英国信息专员办公室（ICO）在《AI 和数据保护的指南》（*Guidance on AI and Data Protection*）中指出，"如果数据最初是为了其他目的而处理，但您后来决定将其用于训练人工智能系统这一额外目的，则需要通知相关人员（并确保新目的与前一目的兼容）。"又如新加坡个人数据保护委员会（PDPC）发布的《AI 治理框架》（*Model AI Governance Framework*）第 3.5 条也建议信息处理者告知用户其数据将被用于算法研发目的。

3. 算法合规要求

算法合规要求主要包括算法透明、算法歧视、算法不良影响这三大问题。

1）算法透明

算法的透明度和可解释性是算法合规的重要要求之一，生成式人工智能同样需要遵守算法透明度和可解释性的要求。我国现行法律法规对算法透明问题多有规定，例如，《国家发展改革委等部门关于推动平台经济规范健康持续发展的若干意见》要求："在严格保护算法等商业秘密的前提下，支持第三方机构开展算法评估，引导平台企业提升算法透明度与可解释性，促进算法公平。严肃查处利用算法进行信息内容造假、传播负面有害信息和低俗劣质内容、流量劫持以及虚假注册账号等违法违规行为。"与之类似，《互联网信息服务算法推荐管理规定》第 4 条规定："提供算法推荐服务，应当遵守法律法规，尊重社会公德和伦理，遵守商业道德和职业道德，遵循公正公平、公开透明、科学合理和诚实信用的原则。"《互联网信息服务算法推荐管理规定》第 16 条则进一步明确："算法推荐服务提供者应当以显著方式告知用户其提供算法推荐服务的情况，并以适当方式公示算法推荐服务的基本原理、目的意图和主要运行机制等。"上述内容均体现了我国现行法律法规对算法透明度和可解释性的严格要求。

2）算法歧视

欧盟正在审议的《人工智能法案》强调，应使用高质量的训练、确认和验证数据集，数据集应相关、具有代表性、无误且完整，以最大限度地降低风险和歧视性结果；美国科罗拉多州也在立法中提出，禁止特定行业（如保险行业）使用人工智能和消费者数据制定歧视性费率；伊利诺伊等州则要求相关企业就纯粹依赖人工智能技术筛选候选人的情况进行数据汇报，以帮助政府部门分析是否存在由于使用人工智能而产生的种族歧视。

3）算法不良影响

由于算法输出的结果可能因其含有的暴力、色情、悲观等因素而对人的身心产生不良影响，我国《互联网信息服务算法推荐管理规定》进一步要求："算法推荐服务提供者应当定期审核、评估、验证算法机制机理、模型、数据和应用结果等，不得设置诱导用户沉迷、过度消费等违反法律法规或者违背伦理道德的算法模型。"

4. 总结

生成式人工智能数据合规体系搭建任重而道远。基于风险分级的合规范式在面对具有动态特性的生成式人工智能应用时，难以发挥前置规划和连续监督的治理效能；基于算法主体责任的体系，面对生成式人工智能主体呈多元化、分散化和场景化特征，难以精准划定承担责任人主体。有学者认为，应当迈向"治理型监管"，即以监管权的开放协同、监管方式的多元融合、监管措施的兼容配适为核心特征的新型监管范式；还有学者认为，应当构建政府政策倡导与科学监管、社会深度监督、企业有效自治的多元共治体系。

至于企业的合规路径，一是应当健全合规管理与监测机制。企业一方面应当自我管理和监控，考虑从网络数据安全、算法技术安全、内容安全、用户管理、落实平台责任等不同的角度设置不同的管控措施降低合规风险；另一方面应当与公众和政府等外界充分互动，如及时披露，积极备案和履行上报义务。二是充分引入合规科技等技术手段。生成式人工智能的交互性和实时性都很高，这也对内容安全管理的及时性提出了很高的要求，很难完全依靠人工来完成，引入合规科技可以实现全生命周期的风险合规管控。

》》》 18.2　著作权

目前，人工智能生成物的知识产权问题集中于对其可版权性、可专利性以及侵权风险的讨论。其中，因其著作权问题的基础性和复杂性而成为知识产权界讨论的焦点。一方面，针对人工智能生成物能否作为著作权法保护的作品，社会各界已分化为反对、支持两派；另一方面，在此基础上，人工智能生成物的权利归属问题也引发了广泛的探讨。

1. 人工智能生成物的可版权性问题

1）各国相关法规

根据《中华人民共和国著作权法》（以下简称《著作权法》）第 3 条，著作权法所称的作品是指文学、艺术和科学领域内具有独创性并能以一定形式表现的智力成果。《著作权法》第9条和第11条规定，著作权人包括作者、法人和非法人组织。对于由法人或非法人组织主持、代表其意志创作并由其承担责任的作品，法人或非法人组织被视为作者。此外，根据《著作权法》第18条，职务作品也受到特殊规定。因此，有人认为中国的著作权法以自然人作者为中心，对人工智能作品无法获得版权保护；但也有人认为中国的著作权法与美国的实用主义立场相似，且职务作品的法律规定进一步说明了对人工智能作品的保护。目前中国尚未对人工智能生成物的版权保护问题进行进一步的立法尝试。法院在多个案件中通过争议裁决逐步明确了人工智能生成物受到著作权保护的条件。这表明中国正在通过调研和协商的方式寻求共识，以明确对人工智能生成物的版权保护态度。

2023年3月16日，美国版权局（USCO）在《联邦公报》上发布了一则"含有人工智能（AI）生成元素的作品"的版权注册指南（以下简称《指南》），进一步澄清了实践中美国版权局对于人工智能生成内容进行审查和注册的基本政策。《指南》明确规定了作品必须由人类作者创作（"作品"中的文学、艺术或音乐表达或选择、编排等要素为人类完成）才能受到版权保护，因此对于单纯的人工智能生成物（而非包含AI生成元素的生成物），人类仅通过向AI工具进行提示（Prompt）便生成了"作品"，则完全不具有可版权性。

面对人工智能的快速发展趋势，2020年欧盟委员会发布了《人工智能的趋势和发展：对知识产权框架的挑战》报告。其中，基于现行欧盟版权法和欧盟法院的判决，分析人工智能协助产出能否以及在多大程度上受欧盟版权法或者邻接权法保护，得出结论：人工智能协助产出是否能够被认为是作品，需要满足4个条件。

（1）属于文学、科学或者艺术领域的产品。

（2）人类智力活动的产品。

（3）创作选择的成果。

（4）在最终产品中被"表达"。

绝大部分人工智能产出都属于"文学、科学或者艺术领域"，并至少存在一些"人类智力活动"。因此，在实践中，是否能够成为"作品"的关键在于第（3）点和第（4）点。

2）理论探讨

对人工智能生成物是否享有著作权保护的问题，理论界形成了截然不同的观点。其一是"反对论"。以王迁教授为代表。其认为"迄今为止这些内容都是应用算法、规则和模板的结果，并不属于创作，不能体现创作者独特的个性，并不能被认定为作品，自然无须再去讨论作者"。其二是"支持论"。以吴汉东和熊琦等教授为代表。持"支持论"的学者针锋相对地指出，人工智能不仅仅是基于既定的算法、程序做出的指令性输出，而是能够使其在没有预先算法或者规则设定的情况下，通过主动学习来进行创作。只要是由人工智能独立进行创作的，就是符合法律中对于"独"的要求，因此它就可以成为作品，受到著作权法的保护。

2. 人工智能生成物的权利归属问题

人工智能生成物的权利归属是一个需要考虑相关主体权益的问题，这也引起了广泛的讨论。这些讨论主要涵盖 5 种主张。第一种观点是将权利归属于人工智能本身，即将人工智能视为法律主体（拟制人工智能为法律主体）。这种观点认为，人工智能的运行直接导致了创作物的生成，因此应该给予人工智能相应的权利地位。第二种观点是将权利归属于投资者。在人工智能创作过程中，投资者承担了巨大的成本，保护他们的利益是合理的要求。这种观点强调投资者在创作过程中的贡献和风险，因此应该享有相应的权益保护。第三种观点是将权利归属于设计者。设计者使得人工智能创作成为可能，因此人工智能创作物可以被视为设计者的衍生物。设计者在算法的开发和训练中发挥了关键作用，应该享有相应的权益。第四种观点是将权利归属于使用者。人工智能创作物的生成与使用者密切相关，将权利归属于使用者可以促进文化市场的繁荣和人工智能的广泛应用。这种观点认为使用者应该享有对创作物的控制和收益权。第五种观点是根据相关主体的约定确定权利归属。这种观点主张遵循契约精神，允许相关主体根据自愿达成的约定（合同）来决定权利的归属。由于现行法尚未明确规定人工智能创作物的权利归属，通过签订契约来自主安排权益分配被认为是一种解决方案。第六种观点是将人工智能创作物放在公共领域下，成为全体公民的公共财产，从而更好地促进知识产权的传播与发展，促进我国社会主义文化、科技事业的繁荣。

3. 国内外相关案例

1）中国案例

我国司法实践中针对人工智能生成物的可版权性已经涌现一系列案件。目前已经涉及文字作品、美术作品等领域，对该问题的讨论也深入应用场景，更具有实践意义。

最早是北京菲林律师事务所诉北京百度网讯科技有限公司著作权侵权纠纷一案，北京互联网法院的审理围绕分析软件生成的文章是否属于智力劳动创造获得、著作权法领域文字作品的创作主体要求等方面展开，并根据双方呈递的证据和举证责任分配规则，确认百度百家号平台侵害了菲林律师事务所享有的信息网络传播权、署名权，支持了律师事务所要求被告刊登道歉声明、赔偿经济损失的主张。涉案人工智能生成物为使用 Alpha 法律智能操作系统选定关键词生成的《北京市文化、体育和娱乐业可视化分析报告》，其生成过程选定相应的关键词，使用威科先行库"可视化"功能自动生成，并进行人工加工。根据判决书的观点，人工智能生成的报告不构成作品，经人工加工之后构成作品。

此后，深圳市南山区人民法院立案受理深圳市腾讯计算机系统有限公司（以下简称腾讯公司）与上海盈讯科技有限公司侵害著作权及不正当竞争纠纷一案，为全国首例认定人工智能生成的文章构成作品的生效案件。争议双方就涉案文章是否构成文字作品、是否构成法人作品以及是否构成侵权等方面展开了争论。深圳市南山区人民法院认为，涉案文章的外在表现符合文字作品的形式要求，具有一定的独创性，文章的生成属 Dreamwriter 软件自身特性决定，体现了腾讯公司的主观选择，即使在腾讯公司主创团队为涉案文章生成相关选择与安排的涉案文章实际撰写之间存在时间间隔，缺乏同步性，涉案文章仍属于我国著作权法所保护的文字作品；且涉案文章文末注明"本文由腾讯机器人 Dreamwriter 自动撰写"，署名的指向结合其发布平台应理解由腾讯公司对外承担责任，腾讯公司可被理解为作者，认定涉案文章是腾讯公司主持创作的法人作品。且根据已有证据表明，未经许可在"网贷之家"上发布相关文章，南山区人民法院认定其侵害了腾讯公司所享有的信息网络传播权，应承担相应的民事责任，判决"网贷之家"赔偿腾讯公司经济损失和合理的维权费用。此外，原告腾讯公司同期立案起诉了"华体网"运营方上海乾衡公司，主张被告未经原告许可转载原告利用 Dreamwriter 自动撰写的 4 篇体育赛事文章构成著作权侵权与不正当竞争。被告未出庭应诉也未作书面答辩。南山区人民法院对软件自动撰写生成的文章是否构成作品、原告是否享有著作权等争议焦点问题进行处理，裁判思路与方法与前文所介绍案件一致。另有案件涉及根据原稿自动生成字库字体的人工智能生成物，一二审法院一致认为，权利人获得字稿后，并非直接使用，还要从中提炼、开发具有独创性的基本书写特征并加以固定后，才能形成涉案字体，这个过程就是对现有文字字体的再创作。涉案字体是通过人工智能并运用一定的技术手段获得的，构成了著作权法规定的美术类作品。因此基本可以确认人工智能软件生成的字体属于作品，只是在实践中，对于免费字体能否商用尚存争议。

近来自动生成图像技术逐渐成熟、应用广泛，该场景下人工智能生成物可版权性随着"人工智能文生图"著作权侵权第一案的宣判展开热议。2023 年 2 月 24 日，原告李某利用开源 AI 软件 Stable Diffusion 生成一张图片，并发布在自己的社交平台上。后被告刘某在网络平台发布诗歌时将涉案图片用作插图。原告认为被告未获得原告的许可，且截去了原告的署名水印，使得相关用户误认为被告为该作品的作者，严重侵犯了原告对该作品享有的署名权及信息网络传播权，遂向北京互联网法院提起诉讼。根据北京互联网法院的判决书，涉案图片被认定为作品，并受到著作权法的保护。法院认为，涉案图片满足作品的 4 个前提条件：属于文学、艺术和科学领域内；具有独创性；具有一定的表现形式；属于智力成果。涉案图片是通过人类输入的文字描述生成的，代替了人类的绘画过程，体现了原告的智力投入和个性化表达。利用人工智能生成图片时，需要个案判断是否体现了作者的个性化表达，本案中涉案图片体现了与在先作品存在可以识别的差异性，且原告通过输入提示词、设置参数进行调整修正，体现了其审美选择和个性判断。因此，涉案图片被认定具备独创性智力投入，符合作品的定义。同时法院还强调，人们利用人工智能模型生成图片时，本质上仍然是人利用工具进行创作，但原告应该显著标注使用的人工智能技术或模型。最终北京互联网法院做出判决，肯定了人工智能生成的涉案图片属于著作权法上的美术作品，原告对其拥有著作权。刘某未经许可，在自己的账号使用涉案图片作为配图，并去除图片水印，侵害了原告的署名权和信息网络传播权。依据著作权法，法院判令刘某发布致歉声明，持续时间不少于 24 小时，同时赔偿原告经济损失 500 元。本案的判决结果对中国的 AIGC 行业也有着重要影响，可能会激励 AIGC 产业的发展。

可见，目前我国司法实践中倾向于赋予人工智能生成物版权保护，不过前提是该生成物并非严格意义上的纯属机械劳动产物，必须有人类的智力投入，但对于人类智力投入的程度与可版权性的关系尚存争议。

2）国外案例

国外针对人工智能生成物可版权性的纠纷多集中爆发于版权登记案件中，更为直接地表达了行政机关和司法机关对于该问题的看法。

Thaler 与 Porlmutter（Porlmutter 曾任美国版权局的注册官和局长）案表明了美国版权局将严格或纯粹的人工智能生成物排除版权保护范围的态度。原告泰勒（Stephen Thaler）研发了人工智能软件 Creativity Machine，并用其自动生成了一幅绘画 *A Recent Entrance to Paradise*。美国版权局（USCO）以"缺乏支持版权主张所必需的人类创作"为由拒绝了人工智能生成作品的登记申请。泰勒根据行政程序法对 USCO 的拒绝向哥伦比亚特区法院起诉，要求更正版权局的决定，声称这种拒绝违反了版权法的明文规定和其促进科学进步的法定目的。在向美国版权局提交的注册申请中，原告三次强调并确认涉案绘画内容由"人工智能自主生成"且"缺乏人类作者干预"。作为行政诉讼案件，原告不能超出美国版权局做出裁定时依据的事实来重新主张自身权益。Howell 法官指出，本案唯一需要解决的法律争议是"完全由人工智能生成的内容能否获得版权"，最终基于"版权法仅对自然人进行财产权激励""版权法渊源表明作者身份等同于人类创作""联邦最高法院一直坚持人类作者的要求"三点理由，重申了美国版权法"只保护人类作者身份，不对纯机器生成内容加以保护"的论断，驳回了原告的起诉。

上述裁判思路在 Kris Kashtanova 的 *Zarya of the Dawn* 作品登记纠纷中得到进一步厘清。2023 年 2 月 21 日，美国版权局称，艺术家 Kris Kashtanova 使用人工智能驱动的 Midjourney 图像生成器为漫画书《黎明的查莉娅》（*Zarya of the Dawn*）创作的图片本不应该获得版权保护，因此这些图片的版权保护应取消。这项裁决意味着，没有人类创作元素的人工智能生成的图像目前不能在美国获得版权。

4. 总结

人工智能生成物具有特殊性，需要对现行著作权法进行相应的理论调适和制度更新，以解决一般与特殊之间的冲突，这不仅有助于丰富传统著作权理论的内容，推动著作权法律制度的自我革新，还能提升著作权法律制度面对新技术环境下产生的非典型客体所引发法律困局的应对能力，为产业发展提供理论制度上的支撑，规范各利益主体的行为，促进技术研发与文化创新，维护权利主体与社会公众的利益平衡，推动人工智能产业的健康发展。因此，对上述问题的考虑，应兼顾传统与创新，深入具体技术实践，从个案中积累经验，探索适合中国法律传统与现实国情的解决方案。

》》》 18.3 开源软件

在科技领域，技术通常会跑在法律法规前面。在开源领域，推动开源发展往往是技术专家，而不是法律专家，所以技术和法律的关系更是如此。诚如希瑟·米克（Heather Meeker）所言，"对于开源许可而言，既定法律与最佳实践之间相去甚远"。所以开源的使用不仅仅是商业选择的过程，而是需要结合技术和法律，在几者之间寻找平衡的过程。

虽然过程复杂，但开源在生成式人工智能领域有着广泛的应用，且具有重要的意义。这不仅需要在技术层面了解开源项目，也需要在法律层面了解项目背后的规则，以降低法律风险，尽可能确保合规，有效地推动开源为生成式人工智能的发展做出贡献。

1. 开源和开源许可证

1）开源的定义与开源许可证

开源作为一种软件开发模式，已经成为包括生成式人工智能领域在内的全球技术创新的重要驱动力。根据 OSI 的定义，开源需要满足自由再分发、源代码、派生作品、尊重原作者的版权、无歧视等原则，其核心理念是开放、共享和协作。开源鼓励了开发者协作开发和共享源代码，这不仅可以加速技术创新，还可以有效降低软件开发的成本，提高软件的质量和安全性。

开源许可证是开源实现的重要法律工具，提供了开源软件的规则、权利和义务。开源许可证的种类繁多，从限制的严苛程度这个角度，可以分为两类：宽松许可证和著作权（Copyleft）许可证。宽松许可证，如 MIT 和 BSD 许可证，对使用和修改开源软件的限制较少，通常只需要保留原始的版权声明和免责声明。著作权许可证，如 GPL 和 AGPL，则要求任何分发的修改版本也必须以开源形式提供，以此保证源代码的开放性（区别在于 AGPL 在 SaaS 情况下也会触发开源要求）。

2）开源许可证的分类和演进

许可证并非一成不变，从早期的自由软件许可证到逐渐演进中的开源软件许可证，开源许可证在不断地发生着变化。

（1）早期的自由软件许可证。

自由软件运动的先驱理查德·马修·斯托曼（Richard Matthew Stallman，RMS）提出了 free software 的概念，free 并非免费，而是指包括软件使用、研究、分享和修改的自由。为了实现这一目标，他发起了 GNU 项目并创建了通用公共许可证 GPL，这是第一个著作权许可证。该许可证规定，如果一个给定的程序中包含任何使用 GPL 的代码，那么该程序中所有代码都必须基于 GPL 提供。

（2）演进中的开源软件许可证。

随着开源运动的不断发展，开源社区也逐渐开始接受并鼓励商业利用。因此出现了一些更加宽松的开源许可证，如 BSD 许可证和 MIT 许可证等。这些许可证允许商业利用，不再要求分发修改后的源代码，但多数要求保留原始的版权声明和免责声明。随着时间推移，开源软件开始尝试在自由和商业之间寻求平衡，一些新的许可证如 Apache 许可证和 Mozilla 公共许可证逐渐出现，这些许可证既保留了著作权的要求，又允许了一定程度的商业利用。例如 Apache 许可证允许在满足一定条件下的商业利用；而 Mozilla 公共许可证则更为特殊，它融合了 BSD 许可证和 GNU 通用公共许可协议的特性，允许使用者修改和重新发布代码，但要求修改后的代码版权归软件的发起者。

总的来说，开源许可证的分类和演进，反映了开源社区对软件自由和开放精神的理解的变化。从早期的反对商业利用，到逐渐接受，再到在自由和商业之间寻求平衡，许可证的不断演进也体现了开源运动在软件领域的蓬勃生命力。

2. 开源在生成式人工智能领域的主要应用

开源在生成式人工智能领域有着广泛的应用，为使用者提供了（包括但不限于本小节所提及的）丰富的工具和资源，包括学习框架、处理工具和素材库等，可以帮助使用者快速构建 AIGC 模型。这些应用主要包括：

1）开源机器学习框架

如之前的章节所述，机器学习对生成式人工智能乃至整个人工智能领域都至关重要。开源的机器学习框架如 TensorFlow、PyTorch 和 Scikit-learn 等，为研究人员和开发者提供了丰富的工具和资源，使得开发和部署变得更容易。虽然这些框架最初的开发者不同，例如 TensorFlow 源自谷歌的人工智能团队，而 PyTorch 源自脸书的人工智能团队等，但作为开源项目都获得了广泛的社区支持。用户在遇到问题时能够获得及时帮助，同时也能参与到项目的贡献中，共同推动技术的发展。

2）开源自然语言处理工具

自然语言处理是生成式人工智能领域的一个重要技术分支，关注计算机如何理解和生成人类的语言。开源自然语言处理工具，如 NLTK、SpaCy 和 Gensim 等，为开发者提供了处理文本数据的库和算法，使其能够更容易地构建聊天机器人、情感分析和机器翻译等。

开源自然语言处理工具在开发领域有广泛的应用，以 NLTK 为例，NLTK 是一个被广泛使用的 Python 库，提供了大量的自然语言处理功能，如分词、词性标注、命名实体识别和情感分析等。再如 SpaCy，它是一个高质量的 Python 和 CPython 的自然语言处理文本库，具有强大的依赖解析和词向量功能，可以帮助使用者快速实现各种自然语言处理任务。

3）开源视觉库

计算机视觉是生成式人工智能领域的另一个重要技术分支，关注如何使计算机能够从图像和视频中提取信息。开源视觉库如 OpenCV、Pillow 和 Dlib 等，为开发者提供了丰富的图像处理和分析功能，使得他们能够开发出人脸识别、物体检测和图像分割等应用。

开源视觉库在计算机视觉领域被广泛使用，例如 OpenCV 是一个源自 Intel 的开源计算机视觉库，提供了大量的图像处理和计算机视觉算法，如图像滤波、特征检测、目标跟踪和三维重建等。Pillow 则是基于 Python 社区的图像处理库，它提供了简单的图像处理功能，如图像缩放、裁剪和旋转等。

4）开源数据集和预训练模型

如果我们扩大开源讨论的范围，还应当关注开源的数据集和预训练模型在生成式人工智能领域的应用。开源数据集是指在包括图像、文本、音视频等各个领域的可以自由下载和使用的数据集，开源的预训练模型是指开源的在大型数据集上训练好的模型。开源数据集在早期如 ImageNet、COCO 和 Open Images 等，近期比较流行的如 LAION-5B、C4、The Pile 等，为使用者提供了丰富的图像、文本和视频数据，以便他们在各种任务上进行使用。开源预训练模型如 BERT、GPT-Neo 和 llama2 等，为使用者提供了可以微调的基础模型，加速了模型的开发和部署。

开源数据集以 The Pile 为例，The Pile 数据集是一个由谷歌人工智能创建的大型文本和代码数据集。它包含了万亿级的字符，已经成为生成式人工智能领域的最重要的文本数据库之一，已被用于开发多种大型语言模型。开源预训练模型以 GPT-Neo 为例，它是由 Eleuther 的人工智能团队开发的高度可配置的 GPT-3 复现模型，证明了其在各种任务中的有效性，可以被自由下载和使用。

事实上，开源在生成式人工智能领域的应用远不止前述应用，例如还包括代码生成、辅助翻译等。这些应用促进了技术交流与合作，控制了模型开发和训练的成本，极大促进了生成式人工智能技术的发展。具体而言：

（1）降低了创新门槛。开源使得研究人员和开发者能够自由获取高质量的软件、数据和其他资源，让更多主体能参与到生成式人工智能领域的研究和开发中，极大地降低了创新的门槛。

（2）提高了开发效率。开源提供的丰富的工具和资源，使得开发者能够更快地开发和部署应用，避免了重复造轮子的过程，节省了大量的时间和精力，有效地提高了开发效率。

（3）促进了技术交流与合作。开源项目中，参与者可以在开源项目中分享各自的知识和经验，同时能够学习他人的成果，协作解决问题，促进了全球范围内的技术交流与合作。

（4）保障了技术的可持续发展。开源项目通常具有强大的社区支持，使得项目能够在长期内得到维护和更新。同时还有助于避免技术垄断，确保技术的多样性和竞争力，从多方面保障了生成式人工智能领域的技术可持续发展。

（5）提高了透明度和可信赖度。用户可以查看和审查开源项目的源代码，确保其安全性和可靠性。同时开源项目通常还会受到广泛的审查和测试，以试图发现和修复潜在的问题，提高项目的质量，最终有助于提高生成式人工智能领域的透明度和可信赖度。

所以，开源技术在生成式人工智能领域具有广泛的应用和重要作用，是该领域的重要基础设施。随着生成式人工智能技术的不断发展，开源将在其中继续发挥重要作用，为其创新和进步贡献力量。

3. 开源在生成式人工智能领域的潜在法律风险

开源在生成式人工智能领域的应用日益广泛，作用愈发重要，但在使用开源软件时也存在一些潜在的风险。为有效应对这些风险，使用者应在使用开源软件时，对如下问题加以关注。

1）许可证问题

（1）许可证选择。

如前所述，开源许可证种类较多，不同的许可证之间区别较大。在使用开源软件前，应充分了解各种许可证的特点和要求，特别是许可证的核心条款，如权利归属、责任范围、使用条件等；然后根据项目的实际需求，权衡各种许可证的利弊（是否传染和强制开源、是否可商用、是否有限制竞争条款、是否可改编等），选择最符合项目目标的许可证。使用者也可以参考行业内其他类似项目的许可证选择，借鉴其经验教训，确保所选许可证符合开发主体的实际需求。

（2）许可证兼容。

许可证兼容问题主要是当一个项目使用多个开源组件时，这些组件所受到的许可证之间可能存在冲突。例如，一个组件采用宽松的 MIT 许可证，允许用户自由地使用、修改和分发；而另一个组件采用严格的 GPL，要求用户在使用、修改或分发该组件时，必须遵循 GPL 的规定，包括公开源代码等。这种情况下，如果开发者将这两个组件集成到一个项目中，可能面临许可证不兼容的问题。

所以在使用多个开源组件前，使用者要了解要使用的许可证的类型，尤其是要求和限制，据此评估不同组件之间的兼容性，尽量选择许可证兼容的开源组件，避免潜在的法律风险。同时，在模型开发过程中也可以采用许可证检查工具（如 FOSSA、Black Duck 等）来自动检测项目中使用的组件及其许可证，确保其兼容性。

（3）许可证变更。

在整个开源项目的生命周期，许可证可能随着项目的发展而发生变化。所以在使用开源软件时，使用者应当密切关注许可证的变更情况，定期检查开源软件项目的更新，了解许可证的最新变动。在许可证变更时，评估其对本项目的影响，如是否需要调整软件使用策略、是否需要重新审查合规性等。

（4）许可证合规审查。

对于已有的项目的使用，还应当关注是否遵循了许可证的要求。使用者应当建立许可证合规审查制度，进行定期审计，确保在使用开源软件时遵循许可证的各项规定，确保合规的持续性。

2）项目评估和替代问题

（1）项目评估。

开源项目多如牛毛、鱼龙混杂，而且适配性不同。所以使用者在选择开源项目时，需要对项目的稳定性、成熟度、活跃度等进行评估，以确保选用的开源项目能够满足使用需求。具体而言，评估应当包括分析项目的代码质量、文档完整性、更新频率等，以评估项目的稳定性和成熟度；同时应当分析项目的贡献者数量、活跃度、治理结构等信息，以评估项目的社区支持程度；最后还应当分析项目的安全性，评估项目可能存在的安全隐患和漏洞，以及可能在使用开源软件时面临的安全风险，如数据泄露、系统崩溃等。最后结合各项评估指标，选择最适合的开源项目。

（2）项目终止与替代。

很多开源项目并不是永远活跃的，随时可能因为各种原因而终止，如开发者失去兴趣、资金链断裂等。同时随着时间的推移，由于技术原因或许可证原因等，某些开源项目可能已经不再适合继续使用。在这种情况下，使用者可能面临开源项目终止或替代的问题。所以建议使用者准备好替代方案，以便在开源软件终止时能够及时切换。在软件终止或替代过程中，也要确保遵循相关许可证规定；同时加强与开源社区的合作，争取在项目终止前获得必要的支持和资源。

3）开源社区治理问题

开源项目的开发和维护往往依赖于社区的协同合作。地理位置不同、法律地位各异的社区参与者既是开源的生命之源，也可能是相应的混乱之根，恶劣的社区环境往往会影响项目的使用。使用者应关注开源社区的治理状况，并在可能的情况下积极参与社区治理。不仅要了解开源社区的治理结构和决策流程，而且要积极参与社区讨论，为项目的发展提供建议和支持。当遇到社区治理问题时，使用者也可以积极寻求解决方案，如推动社区改进治理结构、协调解决分歧等。加强与开源社区的合作，会极大地有利于软件的使用。

4）跨境问题

部分开源软件可能涉及敏感技术因而受到出口管制的约束，同时由于我国对境外网络的访问有规定，使用者在跨国开发、使用、传播开源软件时，需要遵循相关的法律法规，否则可能面临法律制裁。所以使用者应关注跨境问题，特别是出口管制、跨境数据传输、境外网络访问等问题，结合本书前述章节的讨论，最终使项目能够符合本国和目标国家的规定。

5）知识产权冲突问题

在使用开源软件的过程中，可能会遇到与前述章节讨论的知识产权相结合的问题，例如许可证中对项目专利权或商标权的规定，或者对于著作权的声明，以及在开源网站上发布他人源代码可能构成商业秘密侵权等问题。所以使用者要充分了解和评估潜在的知识产权冲突风险，做好开源中的知识产权尽职调查，加强相关员工的知识产权培训。

6）开源中的竞争问题

开源的本质是群智激发、群智汇聚与群智创新，法律的作用在于引导这种发展从无序走向有序的繁荣。在当前的国际竞争中，开源已经成为一个关键的竞技场。为了促进公平竞争和市场秩序，主要国家都在积极推进相关法律建设。开源始于反"垄断"也成于反"垄断"，其积极竞争效果体现在避免重复造"轮子"，具有打破垄断寡占状态的效果，降低市场进入难度、增加经营者和产品多样性，增加了社会福利等。但开源领域的网络效应和规模效应也会形成对技术路径的依赖，可能会导致部分主体以开源之名义，行垄断之实。

法律调整的是人与人之间的社会关系，知识产权采取的是权利规范的路径，而竞争法采取的则是行为规范的路径，所以开源本身并不会成为竞争法规制的"原罪"，但是对开源中限制竞争的行为需要加以关注。

7）开源中的安全问题

开源的优点不再赘述，但随着大模型的出现与能力的提升，开源带来的潜在不可控后果也越来越值得警惕，例如根据开源模型爬取不良数据训练出来的WormGPT。这些被恶意利用的开源项目，可能会被用来传播虚假信息、进行网络攻击，甚至对社会稳定构成威胁。

但我们不能就此简单地放弃开源，开源不仅仅是一种技术范式，更是一种理念和未来的趋势。我们应该积极探索如何在保障安全的前提下，继续推动开源的发展。开发者在开源模型的设计阶段，提前进行技术接入，防止其成为违法犯罪的工具。前文关于数据和算法的章节已经介绍过，可以通过实施严格的数据使用政策，确保生成式人工智能模型的训练数据来源合法、透明；加强对开源模型输出内容的限制，防止其被用于非法目的等。

4. 总结

在本节中，我们探讨了在生成式人工智能领域中开源技术的应用及其所涉及的法律问题。开源技术在生成式人工智能领域具有广泛的应用，为使用者提供了丰富的工具和资源，降低了创新门槛，提高了开发效率，也促进了技术交流与合作。然而，在使用开源技术的过程中，也存在一些潜在的风险，如许可证选择、项目评估和替代、开源社区治理、跨境竞争与安全问题等。为了加强在生成式人工智能领域中开源的使用，使用者在做技术衡量的同时，也需要充分了解和评估潜在风险，并采取相应的措施，如选择合适的许可证、关注项目评估和替代方案、积极参与开源社区治理等，确保开源项目的使用高效且合规。

在开源这条路上，争议与挑战是不可避免的。我们在相信正义终将战胜邪恶的同时，也有责任确保技术的发展符合伦理和法律标准，最终推动生成式人工智能的健康发展和最终通用人工智能的实现。